普通高等教育"十三五"规划教材
（风景园林/园林）

园林建筑设计

温泉　董莉莉　王志泰　主编

中国农业大学出版社
·北京·

内 容 简 介

本书分为6章:第1章梳理了园林建筑的概念、类型体系、作用价值和发展史;第2章总结了园林建筑的设计方法与技巧;第3、4、5、6章分别针对标识性园林建筑、休憩类园林建筑、服务类园林建筑、园林建筑小品介绍了不同类型园林建筑的特点和设计方法。

本书可以作为风景园林、园林、环境设计等相关专业的教学用书,也可作为相关专业设计与管理人员的参考用书。

图书在版编目(CIP)数据

园林建筑设计/温泉,董莉莉,王志泰主编. —北京:中国农业大学出版社,2019.8(2024.5 重印)
ISBN 978-7-5655-2267-3

Ⅰ.①园… Ⅱ.①温…②董…③王… Ⅲ.①园林建筑-园林设计 Ⅳ.①TU986.4

中国版本图书馆 CIP 数据核字(2019)第 185955 号

书　　名	园林建筑设计		
作　　者	温泉　董莉莉　王志泰　主编		
策划编辑	梁爱荣	责任编辑	石 华
封面设计	郑 川		
出版发行	中国农业大学出版社		
社　　址	北京市海淀区圆明园西路2号	邮政编码	100193
电　　话	发行部 010-62818525,8625	读者服务部	010-62732336
	编辑部 010-62732617,2618	出　版　部	010-62733440
网　　址	http://www.cau.edu.cn/caup	e-mail	cbsszs @ cau.edu.cn
经　　销	新华书店		
印　　刷	北京鑫丰华彩印有限公司		
版　　次	2019年10月第1版　2024年5月第3次印刷		
规　　格	889×1194　16 开本　11.75 印张　350 千字		
定　　价	50.00 元		

图书如有质量问题本社发行部负责调换

普通高等教育风景园林/园林系列
"十三五"规划建设教材编写指导委员会

（按姓氏拼音排序）

车震宇　昆明理工大学　　　　彭培好　成都理工大学

陈　娟　西南民族大学　　　　漆　平　广州大学

陈其兵　四川农业大学　　　　唐　岱　西南林业大学

成玉宁　东南大学　　　　　　王　春　贵阳学院

邓　赞　贵州师范大学　　　　王大平　重庆文理学院

董莉莉　重庆交通大学　　　　王志泰　贵州大学

高俊平　中国农业大学　　　　严贤春　西华师范大学

谷　康　南京林业大学　　　　杨　德　云南师范大学文理学院

郭　英　绵阳师范学院　　　　杨利平　长江师范学院

李东徽　云南农业大学　　　　银立新　昆明学院

李建新　铜仁学院　　　　　　张建林　西南大学

林开文　西南林业大学　　　　张述林　重庆师范大学

刘永碧　西昌学院　　　　　　赵　燕　云南农业大学

罗言云　四川大学

编委会

主　编

温　泉（重庆交通大学）
董莉莉（重庆交通大学）
王志泰（贵州大学）

副　主　编

魏　晓（重庆交通大学）
张　雁（贵州大学）

参　编

（按照姓氏拼音排序）
常　青（重庆交通大学）
陈新建（云南农业大学）
冯　昊（西华师范大学）
刘冰影（重庆交通大学）
母俊景（新疆农业大学）
徐　立（重庆交通大学）
杨　姣（西南林业大学）
张淑娟（内蒙古民族大学）

出版说明

　　进入 21 世纪以来,随着我国城市化快速推进,城乡人居环境建设从内容到形式,都在发生着巨大的变化,风景园林/园林产业在这巨大的变化中得到了迅猛发展,社会对风景园林/园林专业人才的要求越来越高、需求越来越大,这对风景园林/园林高等教育事业的发展起到了巨大的促进和推动作用。2011 年风景园林学新增为国家一级学科,标志着我国风景园林学科教育和风景园林事业进入了一个新的发展阶段,也对我国风景园林学科高等教育提出了新的挑战、新的要求,也提供了新的发展机遇。

　　由于我国风景园林/园林高等教育事业发展的速度很快,办学规模迅速扩大,办学院校学科背景、资源优势、办学特色、培养目标不尽相同,使得各校在专业人才培养质量上存在差异。为此,2013 年由高等学校风景园林学科专业教学指导委员会制定了《高等学校风景园林本科指导性专业规范(2013 年版)》,该规范明确了风景园林本科专业人才所应掌握的专业知识点和技能,同时指出各地区高等院校可依据自身办学特点和地域特征,进行有特色的专业教育。

　　为实现高等学校风景园林学科专业教学指导委员会制定规范的目标,2015 年 7 月,由中国农业大学出版社邀请西南地区开设风景园林/园林等相关专业的本科专业院校的专家教授齐聚四川农业大学,共同探讨了西南地区风景园林本科人才培养质量和特色等问题。为了促进西南地区院校本科教学质量的提高,满足社会对风景园林本科人才的需求,彰显西南地区风景园林教育特色,在达成广泛共识的基础上决定组织开展园林、风景园林西南地区特色教材建设工作。在专门成立的风景园林/园林西南地区特色教材编审指导委员会统一指导、规划和出版社的精心组织下,经过 2 年多的时间系列教材已经陆续出版。该系列教材具有以下特点。

　　(1)以"专业规范"为依据　以风景园林/园林本科教学"专业规范"为依据对应专业知识点的基本要求组织确定教材内容和编写要求,努力体现各门课程教学与专业培养目标的内在联系性和教学要求,教材突出西南地区各学校的风景园林/园林专业培养目标和培养特点。

　　(2)突出西部地区专业特色　根据西部地区院校学科背景、资源优势、办学特色、培养目标以及文化历史渊源等,在内容要求上对接"专业规范"的基础上,努力体现西部地区风景园林/园林人才需求和培养特色。院校教材名称与课程名称相一致,教材内容、主要知识点与上课学时、教学大纲相适应。

(3)教学内容模块化　以风景园林人才培养的基本规律为主线,在保证教材内容的系统性、科学性、先进性的基础上,专业知识编写板块化,满足不同学校、不同授课学时的需要。

(4)融入现代信息技术　风景园林/园林系列教材采用现代信息技术特别是二维码等数字技术,使得教材内容更加丰富,表现形式更加生动、灵活,教与学的关系更加密切,更加符合"90后"学生学习习惯特点,便于学生学习和接受。

(5)着力处理好4个关系　比较好地处理了理论知识体系与专业技能培养的关系、教学体系传承与创新的关系、教材常规体系与教材特色的关系、知识内容的包容性与突出知识重点的关系。

我们确信这套教材的出版必将为推动西南地区风景园林/园林本科教学起到应有的积极作用。

编写指导委员会

2017年3月

前　言

党的二十大报告指出:推动绿色发展,促进人与自然和谐共生。展望新时代新征程,风景园林对美丽中国建设的支撑作用日益重要,每一个风景园林教育工作者对美丽中国建设满怀信心和期待。

园林建筑是园林的重要组成部分,是风景造园的主要要素之一,在景物构图、游览娱乐及生活服务等方面都起着积极的作用。它能为园林增添美的色彩,提高园林的艺术品位。园林建筑既有建筑的普遍特点,又有鲜明的园林个性。因此,园林建筑具有特殊的设计方法和技巧。

园林建筑设计作为一门综合性、实践性很强的专业课程,不仅要学习建筑设计的基础知识、相关技术等内容,而且要学会熟练地分析研究基地环境的方法,从中寻求园林建筑设计的契机。既要充分研究园林环境的地貌地形、空间形态、围合尺度、植被、气候等要素,又要对软环境要素加以充分的研究,如历史、文化、语言、社会学、民俗学、行为心理等。学习园林建筑设计这门课程,应理论与实践相结合,继承与创新相结合;强化实践教学,注重培养学生的动手能力,侧重园林建筑设计方法的训练,达到举一反三、触类旁通的学习效果。本书针对园林建筑设计突出了三个特色:

(1)时代性　本书全面系统地梳理了园林建筑理论框架及体系构成,紧扣近十年园林建筑设计的发展趋势,使读者获得园林建筑设计的相关概念知识,并掌握园林建筑设计的前沿科技动态。

(2)本土性　本书在系统梳理国际国内最新园林建筑设计的理念和方式基础上,着重介绍中西部地区典型园林建筑设计的地域特色,使风景园林专业学生能够结合身边的园林景观案例亲身体验。

(3)实用性　本书将理论阐述与案例分析相结合,并在案例中穿插技术分析和观点讲解,同时将园林建筑设计的技巧方法结合不同类型进行归纳,使读者建立有效的多维思考角度、综合判断能力与历史文化保护理念。

本书由温泉、董莉莉、王志泰主编,具体编写分工如下:第1章,董莉莉(重庆交通大学)、常青(重庆交通大学);第2章,王志泰(贵州大学)、张雁(贵州大学);第3章,冯昊(西华师范大学)、徐立(重庆交通大学);第4章,温泉(重庆交通大学)、杨姣(西南林业大学)、母俊景(新疆农业大学);第5章,魏晓(重庆交通大学)、陈新建(云南农业大学);第6章,张淑娟(内蒙古民族大学)、刘冰影(重庆交通大学)。

由于编者水平有限,编写内容难免存在不足之处,敬请读者批评指正,以便今后修订完善。

编者

2024 年 5 月

目　录

【学习目标】
1. 了解园林、园林建筑的主要概念；
2. 掌握园林建筑的主要类型。
【学习重点】
1. 园林建筑的主要作用；
2. 我国园林建筑的发展历史。

1.1 园林与园林建筑

1.1.1 园林

　　园林是指在一定的地域运用工程技术和艺术手段，通过改造地形（或进一步筑山、叠石、理水）、种植树木花草、营造建筑和布置园路等途径创作而成的自然环境和游憩境域。

　　一般来说，园林的规模有大有小，内容有繁有简，但都包含着四种基本的要素，即土地、水体、植物和建筑。其中，土地和水体是园林的地貌基础，土地包括平地、坡地、山地，水体包括河、湖、溪、涧、池、沼、瀑、泉等。天然的山水需要加工、修饰、整理，人工开辟的山水讲究造型，还需要解决许多工程问题。因此，筑山和理水就逐渐发展成为造园的专门技艺。植物栽培最先是以生产和实用为目的，随着园艺科技的发展才有了大量供观赏之用的树木和花草。现代园林中，植物已成为园林的主角，植物材料在园林中的地位就更加突出了。上述三种要素都是自然要素，具有典型的自然特征。在造园中必须遵循自然规律，才能充分发挥其应有的作用（图1-1）。

1.1.2 建筑

　　建筑是建筑物与构筑物的总称，是人们为了满足社会生活需要，利用所掌握的物质技术手段，并运用一定的科学规律、风水理念和美学法则创造的人工环境。

　　从构成建筑的结构类型来说，中国传统的建筑以木结构建筑为主，西方的传统建筑以砖石结构为主。现代的建筑则是以钢筋混凝土为主。中式建筑重艺术装饰，在主要部位作重点装饰，如窗檐、门楣、屋脊等，布局多为均衡式方向发展。至佛教传入后，出现了楼阁佛塔，高层建筑才得以盛行。建筑的一切艺术加工也都是对结构体系和构件的加工，如色彩、装饰与构件结合，构成了丰富绚丽的艺术成就。雕梁画栋，形体优美而色彩斑斓；楹联匾额，激发意趣而遐想无穷。西方建筑是西方国家用泥土、砖、瓦、石材、木材（近代用钢筋砼、型材）等建筑材料按照西方人的构成理念建筑成的一种供西方人居住和使用的空间，如住宅、桥梁、体育馆、窑洞、水塔、教堂、寺庙等。西方哲学有云：建筑是凝固的音乐，建筑是一部石头史书。古罗马建筑家维特鲁耶的经典名作《建筑十书》提出了建筑的三个标准：坚固、实用、美观。这三个标准一直影响着后世建筑学的发展。

1.1.3 园林建筑

　　园林建筑是指在园林中具有造景功能，同时又能供人游览、观赏、休息的各类建筑物及构筑物。

　　无论是古代园林，还是现代园林，通常都把建筑作为园林景区或景点的"眉目"来对待，建筑在园林中往往起到了画龙点睛的重要作用。所以常常在关键之处，

图 1-1　山水、植物及建筑融合的苏州园林

视建筑为点缀景点的精华。在中国古代的皇家园林、私家园林和寺观园林中,建筑物占了很大比重,其类别很多,变化丰富,积累了我国建筑的传统艺术及地方风格。现代园林中,建筑物所占的比重减少,但对各类建筑的单体仍要仔细观察和研究,如其功能、艺术效果放置、比例关系以及与四周的环境协调统一等问题。园林建筑是构成园林诸要素中唯一经人工提炼,又与自然相结合的产物,能够充分表现人的创造和智慧,体现园林意境,并使景物更为典型和突出。建筑是人工创造的表现,适宜的建筑不仅使园林增色,更使园林富有诗意。通过水体、植物、地形来衬托,园林建筑的人工味道更浓,受到自然条件的约束更少。建筑的多少、大小、式样、色彩等处理方式,对园林风格的影响很大。一个园林的创作,是幽静、淡雅的山水田园风格,还是艳丽、豪华的趣味,很大程度上取决于建筑淡妆与浓抹的不同处理。

园林建筑是由于园林的存在而存在的。其中,中国的园林既是作为一种物质财富满足人们的生活要求,又是作为一种艺术的综合满足人们审美上的需要。它把建筑、山水、植物融合在有限间范围内,利用自然条件,模拟大自然中的美景,经过人为的加工、提炼和创造,除了满足游人遮阳避雨、驻足休息、临泉起居等多方面的实用要求外,还与山池、花木密切结合,组成风景画面,起着园林景象构图中心的作用。经过长期的探索与创作,中国园林建筑在单体设计、群体组合、总体布局、建筑类型及与园林环境的结合等方面,都有

了一套相当完整的成熟经验。中国园林在世界园林中,作为一个独立的园林体系而享有盛名,其中的园林建筑有着独特的光彩。

园林建筑在中国园林中是一个重要的组成要素,它与自然美景共同构成了一首凝固的诗歌,一幅可以身临其境的立体山水画面(图 1-2)。因此,"师法自然"就成为中国园林一脉相承的基本原则,与自然环境相协调成为中国园林建筑所遵循的一条不可动摇的准则。中国的园林与园林建筑是土生土长的,是在中国这块沃土上生根发芽、开花结果的,因此,它有着与这个母体的特征紧密相连的许多鲜明个性。如同世界各地的人民对于养育着他们的土地都怀着深深的依恋之情一样,我国人民对于祖国的名山大川一向怀有强烈的崇敬、仰慕、热爱的感情,具有对自然的高度敏感与追求。美好的自然陶冶了人们美的心灵,人们又把自己的美学理想体现在文学、艺术的创作之中。中国的文学与艺术跟世界其他国家的文学艺术一样,从它诞生的那一天起,就与美的大自然结下了"不解之缘"。中国的园林艺术作为表达人与自然的最直接、最紧密联系的一种物质手段和精神创作,从公元前 11 世纪周文王筑灵台、灵沼、灵囿起,就是从选择、截取自然界中一个特定的、典型的环境范围开始的;中国的寺观园林曾遍及我国的名山大岳,世俗化的宗教建筑与自然环境的融合,实际是一种宗教性质的风景区;中国的皇家园林与私家园林在空间范围上相差很大,但都是在原

有自然条件环境下，经过人工改造加工过的园林。小范围内的私家园林，常通过"写意"式的再现手法，把大自然中的美景模拟、缩小在有限的空间范围之中，而且有真山真水小中见大的感受。在这样的园林中漫游，感受到的仿佛就是一幅描写自然的山水画卷。本于自然，高于自然，把自然美与人工美在新的基础上统一起来，形成赏心悦目、丰富变幻，"可望、可行、可游、可居"的环境。

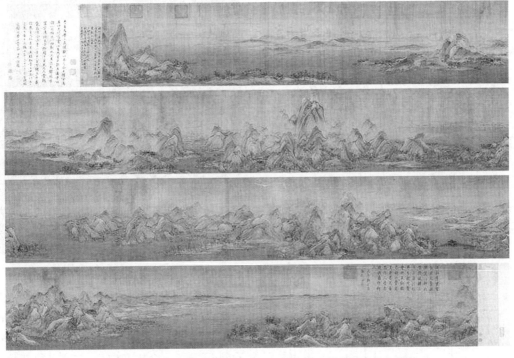

图1-2 北宋王希孟《千里江山图》长卷片段所描绘的建筑与景物

园林与园林建筑的创作，是人们头脑中对自然美与生活美追求的具体映射，它以"物化"了的空间形态，最直接、最生动地反映了不同时代人们的生活方式与美的理想。中国园林与园林建筑的创作，也如同中国的各种文艺形式一样，经历过从"神化"自然到"人化"自然的过程。如对五岳四渎等名山大川的崇拜，在园林的湖面上象征寓意地布置海上三仙山的形式，把一些宗教迷信色彩的建筑物引入园林等(图1-3)。但是，从整体上说，中国的园林与园林建筑始终表现出"人是主人，景为人用"的基本特点。在园林中，没有那种令人感到威慑的建筑空间和建筑体量，建筑尺度接近于人，总是力求与人在使用上的生理需要和观赏上的心理需要相吻合。即使是风景区中的寺庙，也都是世俗化的"人"的建筑，而不是不可理解的、造型上令人莫名其妙的"神"的建筑(图1-4)。这就使中国的园林建筑既能很好地与自然环境相协调，又能与人的使用需要相统一，且具有很大的实用性、灵活性、通用性。

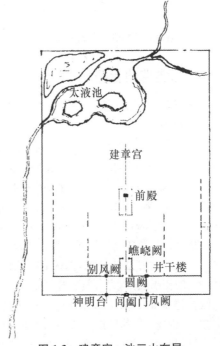

图1-3 建章宫一池三山布局

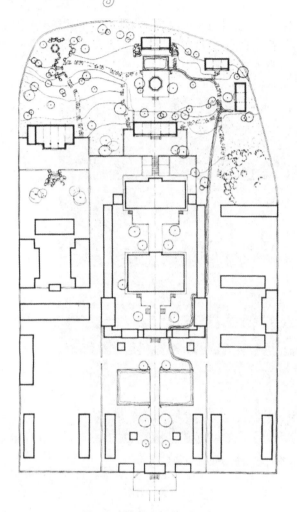

图 1-4　某寺观园林平面图

图 1-5　佛香阁建筑群总体布局

成和谐的整体,优秀的园林建筑是空间组织和利用的经典之作。如在扬州瘦西湖景区,身处钓鱼台中三面临水,就一道长堤与小金山相接。站在钓鱼台中可以看到五亭桥、小金山和白塔,在春风徐至的下午,人景合一,景致和谐自然(图 1-6)。

1.1.4　园林建筑的特征

与其他建筑类型相比较,园林建筑具有其明显的特征,主要表现为:

(1)园林建筑十分重视总体布局,既主次分明,轴线明确,又高低错落;既满足使用功能的要求,又要满足景观创造的要求。如佛香阁建筑群是颐和园的主体建筑群,建筑在万寿山前山高 20 m 的方形台基上,南对昆明湖,背靠智慧海,以它为中心的各建筑群严整而对称地向两翼展开,形成众星捧月之势,气势相当宏伟。佛香阁高 41 m,8 面 3 层 4 重檐,阁内有 8 根巨大铁梨木擎天柱,结构相当复杂,为古典建筑精品(图 1-5)。

(2)园林建筑是一种与园林环境及自然景观充分结合的建筑。因此,在基址选择上,要因地制宜,巧于利用自然又融于自然之中。将建筑空间与自然空间融

图 1-6　瘦西湖钓鱼台月洞门组织系列景观

(3)强调造型美观是园林建筑的重要特色。在建筑的双重性中,园林建筑美观和艺术性,有时甚至要重于其使用功能。在重视造型美观的同时,还要极力追求意境的表达,要继承传统园林建筑中寓意深邃的意境。要探索、创新现代园林建筑中空间与环境的新意。

(4)小型园林建筑因小巧灵活,富于变化,常不受模式的制约,这就为设计者带来更多的艺术发挥的余地,真可谓无规可循,构园无格。"小中见大""循环往复,以至无穷"是其他造园因素所无法与之相比的。如在西方高度发达的城市产生了口袋公园这一形式的户外活动场所。往往空间过大容易导致亲切感和安全感的丧失,从而使人感到危险和紧张。口袋公园的空间尺度小,通常是充满人情味的绿色小空间。铁丝网做成的椅子搭配大理石材质的小桌台,以及粗糙的蘑菇面方形小石块铺装,富有自然情趣(图1-7)。

图1-7 美国口袋公园

(5)园林建筑色彩明朗,装饰精巧。在我国古典园林中,建筑有着鲜明的色彩,北京古典园林建筑色彩鲜艳,南方的私家园林则色彩淡雅。现代园林建筑其色彩多以轻快、明朗为主,力求表现园林建筑轻巧、活泼、简洁、明快的性格。在装饰方面,不论古今园林建筑都以精巧的装饰取胜,建筑上善于应用各种门洞、漏窗、花格、隔断、空廊等,构成精巧的装饰,尤其将山石植物等引入建筑,使装饰更为生动,成为建筑与之相宜成景的画面。因此,通过建筑的装饰增加园林建筑本身的美,更主要是通过装饰手段使建筑与景致取得更密切的联系。

1.2 园林建筑的作用及分类

1.2.1 园林建筑的作用

园林的创作是以自然山水园为基本形式,通过山、水、植物、建筑四种基本要素的有机结合,构成"源于自然而高于自然"的美妙的环境空间。其重要作用,一是能改善和美化人的生活环境,提高人的生活质量;二是能为人们提供休憩、游览、文化娱乐的好场所。园林建筑是园林的重要组成部分,它既有使用功能,又有造景、观景功能。城市园林中亭、台、楼、阁、门、窗、路及小品等建筑,对构成园林意境具有重要意义和作用,其审美价值并非局限于这些建筑物和构筑物本身,而更在于通过这些建筑物,让人们领略外界无限空间中的自然景观,突破有限,通向无限,感悟充满哲理的人生、历史、社会乃至宇宙万物,引导人们到达园林艺术新追求的最高境界。

一般来说,园林建筑大都具有使用和景观创造两个方面的作用。

就使用方面而言,它们可以是具有特定使用功能的展览馆、影剧院、观赏温室、动物兽舍等;也可以是具备一般使用功能的休息类建筑,如花架、亭、榭、厅、轩等;还可以是供交通之用的桥、廊、道路等;此外,还有一些特殊的工程设施,如水坝、水闸等。

通常,园林建筑的外观形象与平面布局除了满足和反映特殊的功能性质之外,还要受到园林选景的制约,在某些情况下,甚至首先要服从园林景观设计的需要。在做具体设计的时候,需要把它们的功能与它们对园林景观应该起的作用恰当地结合起来。

园林建筑的功能主要表现在它对园林景观创造方面所起的积极作用,这种作用可以概括为下列4个方面。

1)点景

即点缀风景。园林建筑与山水、景物等要素相结合而构成园林中的许多风景画面,有适于就近观赏的,有适于远眺的。在一般情况下,园林建筑常作为这些风景画面的重点和主景,没有这些建筑也就不成为"景",更谈不上园林的美景了。重要的建筑物往往作为园林的一定范围内甚至整座园林的构景中心,例如北京北海公园中的白塔、颐和园中的佛香阁等都是园

林的构景中心(图1-8),整个园林的风格在一定程度上也取决于建筑的风格。

图1-8　颐和园中的佛香阁作为构景中心统领全景

2)观景

即观赏风景。以一幢建筑物或一组建筑群作为观赏园内景观的场所,它的位置、朝向、封闭或开敞的处理往往取决于是否能够使观赏者在视野范围内摄取到最佳的风景画面。在这种情况下,大到建筑群的组合布局,小到门窗、洞口或由细部所构成的"框景"都可加以利用作为剪裁风景画面的手段。

3)界定空间

即利用建筑物围合成一系列的庭园,或者以建筑为主,辅以山石、植物将园林划分为若干空间层次(图1-9)。在园林中常采用将山石和植物围篱当作院墙的处理方法,如依山建筑的园林,可部分运用建筑围墙,部分运用较为陡峻的山坡或峭壁共同围合庭园空间。即使无天然地形可为利用,也可以人工堆墙的山石作为界面而与建筑相配合共同形成庭园空间。

图1-9　沧浪亭中以建筑及植物要素围合的庭园空间

4)组织游览路线

以园林中的道路结合建筑物的穿插、"对景"和障碍,创造一种步移景异,具有导向性的游动观赏效果。对景不仅运用于室外景观,同时运用于建筑布局及室内布局,尤其适用观赏角度受限、无景可借、无景可寻的情况,如走廊的尽头、出门对的照壁等,都是最常见的例子。对景一般讲究轴线对称,对的景物恰好在观赏者所处轴线的正中;运用于大场景时,对的景物可与总体布局的轴线不在一条主轴上,如自然山水中的亭榭,这边的亭榭,那边的瀑布,即形成一种对景的关系。通过这些方法的运用,使游览者在观赏过程获得整体的印象体验。

1.2.2　园林建筑的分类

园林建筑按时间可分为传统园林建筑和现代园林建筑两大类。

1)传统园林建筑

传统园林建筑指的是建造在园林和城市绿化地段内供人们游憩或观赏用的传统风貌的建筑物,常见的有亭、榭、廊、阁、轩、楼、台、舫、厅堂等。这些建筑物主要起到园林造景、为游览者提供观景的视点和场所以及提供休憩和活动的空间等作用。

(1)亭　游人休停处,精巧别致,谓多面观景的点状小品建筑,外形多成几何图形。"亭者,停也。人所停集也。"(《园冶》)亭子在中国园林中被广泛应用,不论山坡水际(图1-10)、路边桥顶(图1-11)、林中水心都可设亭。亭可有半亭、独亭、组亭之分。园林中还可以有钟亭、鼓亭、井亭、旗亭、桥亭、廊亭、碑亭等类型之分。若按亭子的平面形式分,常见的有三角亭、扇面亭、梅花亭、海棠亭;按屋顶层数有单檐亭、重檐亭;按屋顶的形式,又可分为攒尖亭、盝顶亭、歇山亭等。亭子以其灵活多变的特性,任凭造园家创造出新,为园景增色。

(2)廊　廊是有顶的过道或房前避雨遮阳之附属建筑,谓多面观景的长条形建筑。廊在园林中是联系建筑的纽带,同时又是导游路线。在功能上,尤其在江南园林中,还可起到遮风避雨的作用。廊子最大的特点在于它的可塑性与灵活性,无论高低曲折、山坡水边都可以连通自如,依势而曲,蜿蜒透迤,富有变化;而且可以划分空间,增加园景的景深。廊的形式可分为直廊、曲廊、波形廊、复廊等。按所处的位置,又可分为走

图1-10　网师园中临于水池的月到风来亭

图1-11　扬州瘦西湖五亭桥

图1-12　颐和园中的爬山廊

图1-13　颐和园中的长廊

图1-14　拙政园中的芙蓉榭

廊、回廊、楼廊、爬山廊(图1-12)、水廊等。廊子的重要作用之一在于通过它把全园的亭台楼阁、轩榭厅堂联系成一个整体,从而对园林中的景观开展和观景序列的层次起到重要的组织作用。颐和园万寿山的长廊共273间,长728 m,中间点缀有留佳、寄澜、秋水、清遥四座八角重檐的亭子。通过长廊,把万寿山前山的景色连贯起来,使原来比较错落不齐的景色统一成一幅以佛香阁为主景的万寿山全景图(图1-13)。

　(3)榭　榭者藉也,或依借环境而建榭,临水建榭,并有平台伸向水面,体形扁平(图1-14)。建于水边或者花畔,借以成景,平面常为长方形,一般多开敞或设窗扇,以供人们游憩、眺望。

　中国古典园林中水榭的传统做法是:在水边架起一个平台,平台一半深入水中,一半架于岸边,平台四周以低平的栏杆相围绕,然后在平台上建起一个木构的单体建筑物。建筑的平面形式通常为长方形,其临

水一侧特别开敞,有时建筑物的四周都立着落地门窗,显得空透、畅达,屋顶常用卷棚歇山式样,檐角低平轻巧;檐下玲珑的挂落、柱间微曲的鹅颈靠椅和各式门窗栏杆等,常为精美的木作工艺,既朴实自然,又简洁大方。

　(4)舫　运用联想手法,建于水中的船形建筑,犹如置身舟楫之中,从整体轮廓到门窗栏杆均以水平线条为主,其平面分为前、中、尾三段,一般前舱较高,中

舱较低,后舱则多为二层楼,以便登高眺望(图1-15)。舫像船而不能动,所以又名"不系舟"。中国江南水乡一种画舫,专供游人在水面上荡漾游乐之用。江南修造园林多以水为中心,造园家创造出了一种类似画舫的建筑形象,游人身其中,能取得仿佛置身舟楫的效果。这样就产生了"舫"这种园林建筑。

图1-15 颐和园中的香洲

(5)厅 高大宽爽向阳之屋,一般多为面阔三至五间,采用硬山或歇山屋盖。基本形式有两面开放的单一空间的厅;两面开放,两个空间的厅;四面开放的厅。两个空间的厅,主要指室内用隔扇、花罩或屏风分隔成前后两个空间,天花顶盖也处理成两种以上形式,这种顶盖式的天花也称为"轩"(图1-16)。平面上用屏风、圆光罩、落地罩划分为前后厅,同时在结构装修上也做成互不相同的搭配,故又可称为"鸳鸯厅"(图1-17)。四面开放的厅,主要指空间的开放,一般做法是:四面开敞,周围用外廊,面阔多为三至五间,上覆歇山顶。江南园林中,即使称为轩、馆、房、室、庐舍之类者,以及诗轩、画馆、书房、翠室等名目繁多,但就其形式而言,实际上就是一个厅,或统称之为"花厅"。

(6)楼 多为二层,正面为长窗或地坪窗,两侧是砌山墙或开洞门,楼梯可放室内,或由室外倚假山上二楼,造型多姿(图1-18)。楼由古代园林中的"台"发展而来,多设于园林周边,登其上可远眺园内外景色,也常依山傍水而建,成为景点的主体。楼梯可设在楼的内部,也可由楼的外部云梯直达二层。皇家建筑中常以楼作为构图中心,崇楼高阁,多重檐屋,造型丰富,金碧辉煌。南方园林中楼的体量小巧,朝向园内的一面装栏杆、长窗,山面白粉墙上辟洞门或设砖框漏花窗,

虚实相映,轻快活泼。色彩也比较淡雅以突出周围植物造景的丰富色彩。

图1-16 网师园中的竹外一枝轩

图1-17 留园中的鸳鸯厅

图1-18 拙政园中的见山楼

（7）阁 与楼神似，造型较轻盈灵巧。重檐四面开窗，构造与亭相似，但阁亦有一层，一般建于山上或水池、台之上（图1-19）。阁上通常上盖瓦，周边砌墙，墙上设窗，窗的大小、形状多有变化。除具有供游人憩息赏景之功效外，还根据布局之变化形成多种使用功能。

图1-19 网师园中的濯缨水阁

（8）轩 厅堂出廊部分，顶上一般做卷棚的称轩。从构造上说，轩亦与屋、厅堂类似，有时轩可布置在地势宽敞的地方供游宴之用。轩的本义是指向上翘起的曲木，在中国传统建筑中，特指南方高敞枇曲的房间，附属于主体的卷棚式屋顶，类似于北方建筑的廊。可分为内轩和廊轩。常见的轩有抬头轩、船篷轩、鹤颈轩、菱角轩、海棠轩、一支香轩等。

（9）斋 学舍书屋。专心攻读、静修的幽静之处，自成院子，与景区分隔成一封闭式景点。斋是园林中比较重要的建筑类型，相对于轩、榭的开敞来说，斋的空间要封闭一些。但这种封闭并不是幽暗，而是在讲求明净的基础上又不过分开敞。此外，斋的建筑位置，多相对退避，而不像轩、榭那样多临水。斋周围往往还多安排一些其他建筑，以形成大面积建筑景观。

2）现代园林建筑

现代园林既保留了古典园林的精华，并根据时代发展的要求把现代人居环境建设提升到了很高的水平。现代园林把过去孤立的和内向的园林转变为开敞的和外向的整体城市环境，从城市中的花园转变为花园城市。由此，现代园林建筑也成为园林的组成部分，它具有提供公共休闲、娱乐场所，平衡城市发展，调节土地使用密度，城市防灾，美化环境，净化污染等多项功能。在现代园林建筑里，实现了人与人、人与社会、人与自然的沟通。

现代园林建筑在目前有了更新意义的内涵，体现了人类对人与环境关系的重新认识，与可持续发展的概念相一致，是自然保护与经济发展的辩证统一，是对空间资源及其他资源保护与利用的平衡。相对于传统园林建筑，现代园林建筑有以下几个特色：

（1）城市环境已成为现代园林建筑构思的重要源泉之一。建筑采用流线形体，结合现代材料，强调通透的视觉效果，与环境融为一体。随着现代城市功能的日益复杂多样，现代园林建筑业需要解决好相关的建设及技术问题，如消防、节能、防汛、地下室防水、建筑设备等。

（2）地域性塑造了世界各地灿烂丰富、各具特点的建筑文化，为现代园林建筑提供了广阔的创作空间，使其肩负着对地域文化发展和传播的历史责任。在这方面现代园林建筑设计有以下几种趋势：①尽量采用当地特有的建筑材料。不同地域有着不同的气候特点和自然环境特征，因此，在建筑材料的选择上也有所不同。中国幅员辽阔，不同地域的建筑材料更是千差万别。如湘西一带环境潮湿，而当地生产竹子，因此其最典型的民间建筑便是以竹为材料的吊脚楼；而陕西位于黄土高原，气候干燥，当地居民以黄土为建筑材料，挖窑洞而居。借鉴现代园林建筑及当地民居的材料特点，加以改进，形成自己的独特风格。②借鉴当地传统的建筑符号。要善于借鉴当地传统的建筑符号，如花纹等装饰图案。通过当地物质材料艺术加工而成的装饰，具有一定的语言和符号性，是一定信息的载体和功能标志，人们从建筑或室内的装饰就可以辨别出是东方或是西方，甚至是哪个时间段、哪个地区和民族的。如清代建筑装饰中大量运用吉祥图案，它们取材广泛，人物神仙、动物植物、自然景物都有，利用其谐音和形象，寓意和象征特定的含义。再如"洛可可"风格式样，采用贝壳的曲线、皱褶和曲线构图风格，装饰极尽繁琐华丽，色彩绚丽夺目，在欧洲此风格多应用于皇室贵族宅邸。③模拟当地的建筑色彩。生活在不同地域的人们总是根据自身对色彩的感受去理解色彩的象征和意义。相同的色彩在不同地域文化里所暗示出来的意义也不尽相同，有时甚至是相反的，如白色在西方文化里象征着圣洁，在某些东方文化里则象征着死亡。可见，色彩所具有的文化意义远远超出了它的自然属性。象征地域文化的色彩在建筑上的运用，使设计具有更强的归属感和识别性。例如：以红色为主调的皇

城北京情思,以灰白为主调的江南水乡情结等。

苏州博物馆中的现代中庭部分,一组组建筑是将地域文化融入设计构思的典范。建筑整体连续的菱形屋顶与结构浑然一体,粉墙袅袅伸进深灰色屋面的端头。覆盖着现代化建筑的通透空间,层层叠叠、纵横交错,延续着古典园林的肌理。近人身高尺度的粉墙将建筑各部分空间连成整体,或藏或露、或深或浅、或浓或淡,飘飘袅袅,现代化的建筑风貌被融入千年古韵之中(图1-20)。

图1-20 苏州博物馆中的现代园林建筑

(3)随着建筑结构、机电设备、建筑材料与构造等技术日新月异的进步,为创新提供了条件。在当今环境污染和能源危机成为全球化问题的背景下,我们不得不进一步思考:如何尽可能地节省自然资源?如何保护人们赖以生存的环境?建筑能耗占全部能耗的30%,温室气体排放占一半。如何通过生态技术这把"双刃剑"来实现人、建筑与自然三者的生态平衡及可持续发展?一种全新的生态设计理念逐渐成为建筑师追寻的方向,即探索在建筑的全寿命周期内,最大限度地节约资源(节能、节地、节水、节材)、保护环境和减少污染,为人们提供健康、适用和高效的使用空间,与自然和谐共生的建筑。

(4)注重表现与构成的现代园林建筑,也成为表达个人理念与情感的主要途径。这方面主要有"仿生"和"构成"两个方面。

"仿生"设计理念在当今大空间建筑形态设计中占有重要地位。建筑的生态仿生形式自古就有。在具体的设计实践中人们更多是对形式和结构的仿生。其中

形式的仿生是通过研究生物或生态的形态规律,探讨其在建筑上应用的可能性。它不仅是功能、结构与形式的有机融合,还是超越模仿并升华为创造的一种过程。在结构仿生方面,建筑师通过对生态物体生成规律的研究,创造出新的仿生结构。如图1-21是齐康院士的"海之梦"观景塔,位于福建省福州市长乐区下沙度假村海滨乐园。它取自海螺和海蚌的外部造型,洁白的塔身由混凝土浇筑,内部是螺旋楼梯。建筑与自然环境融为一体。

图1-21 福建长乐"海之梦"观景塔

"构成"是从形态的本质入手,与科学上将物质分解为最基本的分子结构、构成新的物质相类似,将形态提炼为最基本的元素,即点、线、面、体和空间,研究其属性及各种组合关系,这些最基本的元素的分解与组合为建筑形态的来源创造了更加简便和有效的途径。同时,每一种特定的元素都具有特定的表情,对人的视觉心理具有一定的影响。有效地运用这些元素的特性,对反映建筑的性格具有直接的意义。构成以几何形态作为母体,大大提高了形态的设计效率。几何形态是形态的原形,是各种形态的基础,构成手法便于对几何形体做出处理,具有简洁、逻辑和规律的特性。几何形态与现代建筑形态之间存在着某种共性。勒·柯布西耶曾说:"光影效果下的立方体、圆锥体、圆球体或金字塔形乃是伟大的基本形,它们不仅是美丽的形,而且是最美的形象。"现代建筑的发展由于减少了大量的装饰,更强调几何形态的组合,因此几何形态对现代建筑的形象具有了直接应用的意义。如法国巴黎著名的拉维莱特公园,园内由120 m×120 m的网格相交,每个交点设立一个10.8 m×10.8 m的红色构筑物,被设计师屈米称之为folly。这26个folies构成了园内的点

系统。26个鲜红的 folies 除了作为标志点和某些特殊功能外,里面还安排了许多活动。作为信息中心、餐饮室、咖啡吧、手工艺室、医务室之用。这些构筑物都表现出强烈的构成主义特征(图1-22、图1-23)。

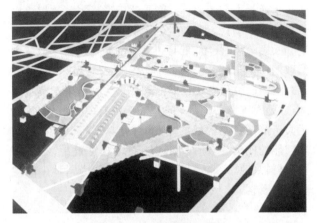

图1-22 拉维莱特公园

图1-23 拉维莱特公园内的红色构筑物

1.3 园林建筑发展史

1.3.1 世界园林发展历史

古典园林是人类文化遗产的一个重要组成部分,世界上曾经有过发达文化的民族和地区必然有其独特的造园风格。世界范围内几个主要的文化体系也必然产生相应的园林体系。中国是世界文明古国之一,以汉民族为主体的文化在几千年持续发展的过程中,孕育出一个历史悠久、源远流长的中国园林体系。早在奴隶社会时期已有造园活动。汉代后期,官僚、贵族、富商经营的私家园林已出现,但并不普遍。公元3世

纪到6世纪的两晋南北朝是中国园林发展史上一个转折时期。南北朝的园林中已经出现了比较精致且结构复杂的假山。公元6世纪到10世纪初的隋唐王朝是我国封建社会统一大帝国的黄金时代。这是一个国富民强、功业彪炳的时代,文学艺术充满了风发爽朗的生机,在这样的政治、经济和文化背景下,园林的发展相应地进入一个全盛时期。兴庆宫就是当时著名的皇家园林。唐代长安还出现了我国历史上的第一座公共游览性质的大型园林——曲江。明清时代,江南的文化比较发达,园林受到诗文绘画的直接影响也更多一些,不少文人画家同时也是造园家,而造园匠师也多能诗善画的。因此,江南园林达到的艺术境界也最能表现当代文人所追求的"诗情画意"。

日本园林受到中国园林的影响很大,在运用风景的造园手法方面与中国园林是一致的;但结合日本的地理条件和文化传统,也发展了它的独特风格而自成一个体系。

西方园林的起源可以上溯到古埃及和古希腊。地中海东部沿岸地区是西方文化的摇篮。古埃及人把几何的概念用于园林设计。水池和水渠的形状方正规则,房屋和树木亦按几何的规矩加以安排,是世界上最早的规整式园林。公元前500年的古希腊,以雅典城邦为代表的完善的自由民主政治带来了文化、科学、艺术的空前繁荣,园林的建设也很兴盛。世界上最早的园林可以追溯到公元前16世纪的埃及,从古代墓画中可以看到祭司大臣的宅园采取方直的规划、规则的水槽和整齐的栽植。

巴比伦、波斯气候干旱,重视水的利用。波斯庭园的布局多以位于十字形道路交叉点上的水池为中心,这一手法被阿拉伯人继承下来,成为伊斯兰园林的传统,流行于北非、西班牙、印度,传入意大利后演变成各种水法,成为欧洲园林的重要内容。

欧洲中世纪时期,封建领主的城堡和教会的修道院中建有庭园。修道院中的园地同建筑功能相结合,如在教士住宅的柱廊环绕的方庭中种植花卉,在医院前辟设药圃,在食堂或厨房前辟设菜圃,此外还有果园、鱼池和游憩的园地等。在文艺复兴时期,意大利的佛罗伦萨、罗马、威尼斯等地建造了许多别墅园林。以别墅为主体,利用意大利的丘陵地形,开辟成整齐的台地,逐层配置灌木,并把它修剪成图案形的植坛,顺山势运用各种水法,如流泉、瀑布、喷泉

等,外围是树木茂密的林园。这种园林通称为意大利台地园。

法国继承和发展了意大利的造园艺术。1638年,法国布阿依索写成西方最早的园林专著《论造园艺术》。17世纪下半叶,法国造园家勒诺特尔提出要"强迫自然接受匀称的法则"。他主持设计凡尔赛宫苑,根据法国这一地区地势平坦的特点,开辟大片草坪、花坛、河渠,创造了宏伟华丽的园林风格,被称为勒诺特尔风格,各国竞相仿效。

18世纪欧洲文学艺术领域中兴起浪漫主义运动。在这种思潮影响下,英国开始欣赏纯自然之美,重新恢复传统的草地、树丛,于是产生了自然风景园。英国申斯通的《造园艺术断想》,首次使用风景造园学一词,倡导营建自然风景园。初期的自然风景园创作者中较著名的有布里奇曼、肯特、布朗等,但当时对自然美的特点还缺乏完整的认识。

18世纪中叶,钱伯斯从中国回英国后撰文介绍中国园林,他主张引入中国的建筑小品。他的著作在欧洲,尤其在法国颇有影响。18世纪末英国造园家雷普顿认为自然风景园不应任其自然,而要加工,以充分显示自然的美而隐藏它的缺陷。他并不完全排斥规则布局形式,在建筑与庭园相接地带也使用行列栽植的树木,并利用当时从美洲、东亚等地引进的花卉丰富园林色彩,把英国自然风景园造园技艺推进了一步。

从17世纪开始,英国把贵族的私园开放为公园。18世纪以后,欧洲其他国家也纷纷仿效。自此西方园林学开始了对公园的研究。美国风景建筑师奥姆斯特德于1858年主持建设纽约中央公园时,创造了"风景建筑师"一词,开创了"风景建筑学"。他把传统园林学的范围扩大了,从庭园设计扩大到城市公园系统的设计,以至区域范围的景物规划。他认为城市户外空间系统以及国家公园和自然保护区是人类生存的需要,而不是奢侈品。1901年美国哈佛大学创立风景建筑学系,第一次有了较完备的专业培训课程表,其他一些国家也相继开办这一专业。1948年成立国际风景建筑师联合会,世界园林至此已成为一个多元开放的体系蓬勃发展。

1.3.2 中国古典园林与园林建筑

中国古典园林建筑的演变与发展按其历史进程可分为以下几个主要阶段:

1)黄帝始至周时期

我国造园的历史极其久远。作为游憩生活领域的园林的建造,需要付出相当的人力与物力。因此,只有到社会的生产力发展到一定的水平,才有可能兴建以游憩生活为内容的园林。商是我国形成国家政权机构最早的一个朝代,那时的象形文字甲骨文已有宫、室、宅、囿、圃等字眼(图1-24)。其中的囿是从天然地域中截取的一块田地,在其内挖池筑台、狩猎游乐,是最古老朴素的园林形态。早期的园林多为种植果木菜蔬之地,或是豢养禽兽之所,且为帝王所有,其教化的目的远大于舒畅身心的目的。此时的园林建筑量少,以实用功能的棚为主,重使用功能而轻观赏效果,结构简单,材料来源单一,体量也较小,没有作为园林中的主要构成要素。

图1-24 甲骨文中"囿"与"圃"

2)春秋战国至秦时代

春秋战国时代是思想史的黄金时代,以孔孟为两大主流,其中宇宙人生的基本课题受到重视,人对自然的认识,由敬畏而逐渐转为敬爱,诸侯造园亦渐普遍。公元前221年,秦始皇灭六国完成了统一中国的大业,建都咸阳。他集全国物力、财力、人力将各诸侯国的建筑式样建于咸阳北坂之上,形成规模宏大的宫苑建筑群,建筑风格与建筑技术的交流促使了建筑艺术水平的空前提高。在渭河南岸建上林苑,苑中以阿房宫为中心,加上许多离宫别馆,还在咸阳"作长池、引渭水……筑土为蓬莱山",把人工堆山引入园林。此时的园林建筑,多为"高台榭、美宫室",即成为宣扬帝王威严与国力的象征。

3)汉朝

公元前139年,汉武帝开始修复和扩建秦时的上林苑,"周袤三百里",是规模极为宏大的皇家园林。苑中有苑、有宫、有观。其中还挖了许多池沼、河流,种植了各种奇花异木,圈养了珍禽奇兽供帝王观赏与狩猎,殿、堂、楼、阁、亭、廊、台、榭等各种类型的园林建筑的雏形都有具备(图 1-25)。建章宫在汉长安西郊,是个苑囿性质的离宫,除了各式楼台建筑外,还有河流、山岗和宽阔的太液池,池中筑有蓬莱、方丈、瀛洲三岛。这种模拟海上神仙境界,在池中置岛的方法逐渐成为我国园林理水的基本模式之一。

图 1-25　西汉上林苑场景复原图

汉代后期,私人造园逐渐兴起,人与自然的关系愈见亲密,私园中模拟自然成为风尚,尤其是袁广汉之茂陵园,是此时私人园林的代表。在这一时期的园林中,园林建筑为了取得更好的游憩观赏效果,在布局上已不拘泥于均齐对称的格局,而有错落变化,依势随形而筑。在建筑造型上,汉代由木构架形成的屋顶已具有庑殿顶、悬山顶、硬山顶、攒尖顶和歇山顶五种基本形式及一些衍生形式(图 1-26)。

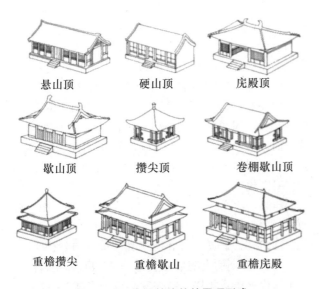

悬山顶　　　硬山顶　　　庑殿顶

歇山顶　　　攒尖顶　　　卷棚歇山顶

重檐攒尖　　重檐歇山　　重檐庑殿

图 1-26　汉代园林建筑的屋顶形式

4)魏晋南北朝

魏晋南北朝时期(公元 220—589 年),社会秩序黑暗,许多文人雅士为了逃避纷繁复杂的现实社会,于是就在名山大川中求超脱、找寄托,日益陶醉在自然美好世界之中。加之当时盛行的玄言文学空虚乏味,因而人们把兴趣转向自然景物,山水游记作为一种文学样式逐渐兴起。另外,这一时期中国写意山水诗和山水画也开始出现。创作实践下的繁荣也促进了文艺理论的发展,像"心师造化""迁想妙得""形似与神似""以形写神"以及以"气韵生动"为首的"六法"等理论,都超越了绘画的范围,对园林艺术的创造产生了深刻、长远的影响。文学艺术对自然山水的探求,促使了园林艺术的转变。首先,官僚士大夫们的审美趣味和美的理想开始转向自然风景山水花鸟的世界,自然山水成为他们居住、休息、游玩、观赏的现实生活中亲切依存的环境。他们期求保持、固定既得利益,把自己的庄园理想化、牧歌化,因此,私人园林开始兴盛、发展起来。他们隐逸野居,陶醉于山林田园,选择自然风景优美的地段,模拟自然景色,开池筑山,建造园林。

同时,寺观园林作为园林的一种独立类型开始在这一时期出现,主要是由于政治动荡,战争频繁,人民生活痛苦。自东汉初,宣传天堂乐趣的佛教经西域传入中国,并得以广泛流传,佛寺广为修建,诗云"南朝四百八十寺,多少楼台烟雨中"。中国土生土长的道教形成于东汉晚期,南北朝时达到了早期高潮。东晋末年,就盛行文人与佛教徒交游的风气,他们出没于深山幽林、寺庙榭台,加以祖国的锦绣山河壮丽如画,游踪所至,目有所见,情有所动,神有所思。在深山幽谷中建起梵刹,与佛教超尘脱俗、恬静无为的宗旨也很相符。与此同时,贵族士大夫为求超度入西天,也往往"舍身入寺"或"合宅为寺",因此附属于住宅中的山水风景园林也就移植到佛寺中去了。

佛教传入我国,很快被我国文化所汲取、改造而"中国化"了。最初的佛寺就是按中国官署的建筑布局与结构方式建造的,因此,虽然是宗教建筑,却不具印度佛教的崇拜象征——窣堵波(即佛塔)那种瓶状的塔体及中世纪哥特教堂的那种神秘感,而成为中国人的传统审美观念所能接受的、与人们的正常生活有联系的、世俗化的建筑物。中国佛寺的布局在公元第 4～5 世纪已经基本定型了。佛寺的布局基本上是采取了中国传统世俗建筑的院落式布局方法。一般地说,从山门(即寺院外面的正门)起,在一根南北轴线上,每隔一定距离就布置一座殿堂,周围用廊庑以及一些楼阁把它们围绕起来。这些殿堂的尺寸、规模,一般是随它们的重要性而逐步加强,往往到了第三或第四个殿堂才是庙宇的主要建筑——大雄宝殿⋯⋯这些殿堂和周围的廊庑楼阁等就把一座寺院划为层层深入、引人入胜的院落。

从北魏起,许多著名的寺庙、寺塔都选择在风景优美的名山兴建。高耸的佛塔,不仅可登高远望,而且对城市及风景区的景观起到了重要的点缀作用,成为城市及景区视线的焦点和标志(图1-27)。原来优美的风景区,有了这些寺塔人文景观的点染,更觉秀美、优雅,寺庙从虚无缥缈的神学转化成了现实。

图1-27 北魏时期佛塔嵩岳塔

这些美丽优雅的佛塔除了宣扬佛法外,同时也吸引、启发了无数诗人和画家的创作灵感,而诗人和画家的创作又从一个重要方面丰富了我国的文学艺术和园林艺术,丰富了我国人民的精神生活,至今对风景旅游事业的发展起着重大的推动作用。

魏晋南北朝不仅是中国古代社会发展历史上的一个重大转折点,而且也是中国园林艺术发展史上的一个转折点。私人园林的发展,寺观园林的兴起,园林规划上由粗放走向精致,由人为地截取自然的一个片段到有意识地在有限空间范围中概括、再现自然山水的美景,都标志着园林创作思想上的转变。

5)隋唐时代

隋朝统一乱局,官家的离宫苑围规模大,尤其是隋炀帝在洛阳兴建的西苑,更是极尽奢靡华丽。《隋书》记载:"西苑周二百里,其内为海周十余里,为蓬莱、方丈、瀛洲诸山,高百余尺,台观殿阁,罗络山上。"《大业

杂记》说:"苑内造山为海,周十余里,水深数丈,上有通真观、习灵台、总仙宫,分在诸山。风亭月观,皆以机成,或起或灭,若有神变。海北有龙鳞渠,屈曲周绕十六院入海。"可以看出,西苑是以大的湖面为中心,湖中仍沿袭汉代的海上神山布局。湖北以曲折的水渠环绕并分割了各有特色的十六小院,成为苑中之园。"其中有逍遥亭,八面合成,结构之丽,冠于古今。"这种园中分成景区,建筑按景区形成独立的组团,组团之间以绿化及水面间隔的设计手法,已具有中国大型皇家园林布局基本构园的雏形。

唐是汉以后一个伟大的朝代,它揭开了我国古代历史上最为灿烂夺目的篇章。经百余年比较安定的政治局面和丰裕的社会经济生活,呈现出"升平盛世"的景象,经济的昌盛促进了文学艺术的繁荣,加上中外文化和艺术的大交流、大融合,突破传统,引进、汲取各家之长,创造、产生了文艺上所谓的"盛唐之音"。园林发展到唐代,它汲取前代的营养,根植于现实的土壤而苗壮成长,开放出了夺目的奇葩。

唐代官僚士大夫的宅第、府署、别业中筑园很多。如白居易建于洛阳的履道坊宅第为"十亩之宅,五亩之园,有水一池,有竹千竿",即是清静幽雅的私家园林。与此同时,唐代的皇家园林也有巨大的发展,如著名的离宫型皇家园林——华清宫,位于临潼区骊山北麓,距今西安约20 km,它以骊山脚下涌出的温泉作为建园的有利条件。据载,秦始皇时已在此建离宫,起名"骊山汤";唐贞观十八年(公元644年)又加营建,名为"温泉宫";天宝六年(公元747年),定名"华清宫"。布局上以温泉之水为池,环山列宫室,形成一个宫城。建筑随山势之高低而错落修筑,山水结合,宫苑结合。此外,唐代的自然山水园也有所发展,如王维在陕西蓝田筑的"辋川别业"(图1-28),白居易在庐山建的草堂,都是在自然风景区中相地而筑,借四周景色略加人工建筑而成的。由于写意山水画的发展,也开始把诗情画意写入园林。园林创作开始在更高的水平上发展。

6)宋代

唐朝活泼充满生机的风气至宋朝。随着山水画的发展,许多文人、画师不仅陷于山水画中,更建设庭园融诗情画意于园中,形成了三维空间的自然山水园。例如,北宋时期的大型皇家园林——艮岳,即是自然山水园的代表作品(图1-29)。艮岳位于宫城外,内城的东北隅,是当时一座大型的皇家园林,周围十多里,"岗

图1-28 辋川别业图局部

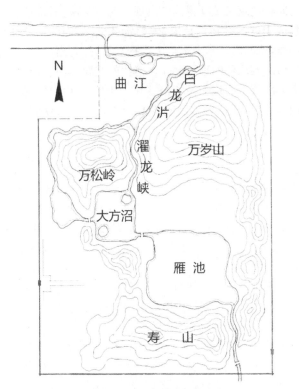

图1-29 艮岳平面图

段、一个领域,而是运用种种手段,在有限的空间范围内表达出深邃的意境,把主观因素纳入艺术创作。其次,艮岳在创造以山水为主体的自然山水园景观效果方面,手法已十分灵活、多样。艮岳本来地势低洼,但通过筑山,模拟余杭之凤凰山,号曰万岁山,依山势主从配列,并"增筑岗阜"形成幽深的峪壑,还运用大量从南方运来的太湖石。又"引江水""凿池沼",再形成"沼中有洲",洲上置亭,并把水"流注山间"造成曲折的水网、涧溪。艮岳在缀山理水上所创造的成就,是我国园林发展到一个新高度的重要标志,对后来的园林产生了深刻的影响。在园林建筑布局上,艮岳也是从风景环境的整体着眼,因景而设,这也与唐代宫苑有别。在主峰的顶端置"介亭"作为观景与控制园林的风景点;在山涧、水畔各具特色的环境中,分别按使用需要布置了不同类型的园林建筑;依靠山岩而筑的有倚翠楼;在水边筑有胜云庵、蹑云台、消闲馆;在池沼的洲上花间安置有雍雍亭等。这些都显示了北宋山水宫苑的特殊风格,为元、明、清之自然山水式皇家园林的创作奠定了坚实的基础。

南宋时期的江南园林得到极大的发展。这首先得力于当时全国的政治、经济中心自"安史之乱"以后逐渐移向江南,加上江浙一带优越的地理条件,促进了园林的空前发展。例如南宋时,杭州的西湖在其湖上、湖周分布着皇家的御花园,以及王公大臣们的私园共几十座,真是"一色楼台三十里,不知何处觅孤山",园林之盛空前(图1-30)。

连阜属,东西相望,前后相续,左山而右水,后溪而傍陇,连绵弥漫,吞山怀谷。其东则高峰峙立,其下植梅以万数,禄萼承跗,芬芳馥郁。"由此可见,艮岳在造园上的一些新的特点:首先,把人们主观上的感情,对自然美的认识及追求,比较自觉地移入了园林创作之中,它已不像汉唐时期那样截取优美自然环境中的一个片

图 1-30 宋懋晋画作《西湖胜迹图册》之龙井、六和塔、烟霞洞

宋代园林建筑没有唐朝那种宏伟刚健的风格，却更为秀丽、精巧，富于变化。建筑类型更加多样，如宫、殿、楼、阁、馆、轩、斋、室、台、榭、亭、廊等，按使用要求与造型需要合理选择。在建筑布局上更讲究因景而设，把人工美与自然美结合起来，按照人们的主观愿望，加工、编织成富有诗情画意的、多层次的环境。江南的园林建筑更密切地与当地的秀丽山水环境相结合，创造了许多因地制宜的设计手法。由于《木经》《营造法式》这两部建筑文献的出现，更推动了建筑技术及物件标准化水平的提高。宋代在我国历史上对古代文化传统起到了承前启后的作用，也是中国园林与园林建筑在理论与实践上走向更高水平发展的一个重要时期。

7）元朝

元朝士人多追求精神层次的境界，庭园成为其表现人格、抒发胸怀的场所，因此庭园之中更重情趣，如倪瓒所筑之清闲阁、云林堂和其参与设计的狮子林均为代表作。

元朝在进行都城的大规模建设中，把壮丽的宫殿与幽静的园林交织在一起，人工的神巧和自然景色交相辉映，形成了元大都的独特风格。在建筑形式上，先后在大都内建起伊斯兰教礼拜寺和藏传佛教的喇嘛寺，给城市及风景区带来了新的建筑形象、装饰题材与手法。但由于连年战乱，经济停滞，民族矛盾深重，这个时期，除大都太液池、宫中禁苑的兴建外，其他园林建筑活动很少。

8）明清时期

在明代 270 余年间，由于经济的恢复与发展，园林与园林建筑又重新得到了发展。北方与南方，都市、风景区中的园林在继承唐、宋传统基础上都有不少新的创作，造园的技术水平也大大提高了，并且出现了系统总结造园经验的理论著作。清代的文化、建筑、园林基本上沿袭了明代的传统，在 267 年的发展历史中，把中国园林与中国建筑的创作推向了封建社会时期的最后一个高峰。在全国范围内，园林数量之多、形式之丰富、风格之多样都是过去历代所不能比拟的。在造园艺术与技术方面也达到了十分纯熟的境地。中国园林与园林建筑作为一个独立的、完整的体系而确定了它应占有的世界地位。保留至今的中国古典园林、自然风景区、寺观园林多数都是明清时期创建的。这一时期，仅北京西北郊，就形成了以三山五园为主体的庞大的皇家园林群（图 1-31）。

明清时期在园林的数量和质量上大大超过了历史上的任何一个时期。中国的园林与园林建筑在民族风格基础上依据地区的特点逐步形成，地方特色日益鲜明，它们汇集了中国园林色彩斑斓、丰富多彩的面貌。在明清时期，中国园林的四大基本类型——皇家园林、私家园林、寺观园林、风景名胜园林都已发展到相当完备的程度，它们在总体布局、空间组织、建筑风格上都有其不同的特色。其中，以北京为中心的皇家园林，以长江中下游的苏州、扬州、杭州为中心的私家园林，以珠江三角洲为中心的岭南园林都具有代表性。风景名胜园林与风景区的寺观园林则遍布祖国大江南北，其中四川、云南等西南地区，由于地理气候及穿斗架建筑技术等方面的共同性，在园林建筑上也展现了明显的特色。

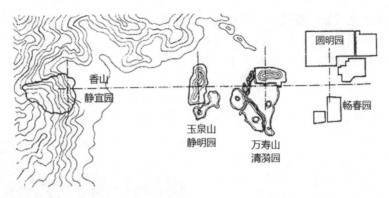

图 1-31 明清时期三山五园布局

明清时期还产生了一批造园方面的理论著作。我国有关古代园林的文献,在明清以前多数见于各种文史、史论、名园记、地方志中。其中,宋代的《洛阳名园记》《吴兴园林记》是评述名园的专文。

明清以后,在广泛总结实践经验的基础上把造园作为专门学科来加以论述的理论著作相继问世,其中重要的著作有明代计成的《园冶》、文震亨的《长物志》。《园冶》对造园做了全面的论述,全书分为相地、立基、屋宇、装拆、门窗、墙垣、铺地、掇山、选石、借景等 10 个专题,阐明了园林设计的指导思想。其中提出了造园要"巧于因借,精在体宜""虽由人作,宛自天开"等精辟独到的见解。

1.3.3 国外园林与园林建筑

1)日本园林与园林建筑

日本园林初期大多受中国园林的影响,尤其是在平安时代(约我国唐中期至南宋早期)。到了中期因受佛教特别是受禅宗影响,多以娴静为主题。末期明治维新以后,受欧洲致力于公园建造的影响,而成为日本有史以来造园的黄金时期。日本园林的发展大致经历了以下几个主要时期,各时期园林都具有鲜明的特点:

(1)平安时代 日本自上古飞鸟至奈良时代基本无造园活动,自桓武天皇奠都平安后,由于三面环山,山城水源、岩石、植物材料丰富,故在造园方面颇有建树,当时宫殿楼宇和庭园建筑,均是仿照我国唐朝风格(图 1-32)。

(2)镰仓时代 源赖朝幕府建都镰仓,武权当道,这一时期的人们重质朴、尚武功,造园事业随之衰落。然而,当时正值佛教兴盛,颇受禅宗影响,造园风格多以文雅幽邃的僧式庭园为主。造园大师梦窗疏石的作

图 1-32 日本平安时代水榭

品——西芳寺庭园、天龙寺庭园是朴素风尚的枯山水式庭园的典型代表，其中的西芳寺庭园以"黄金池"为中心，池岸为滨洲型，在艺术手法上效仿北宋山水法的意境和匠心，表现优雅舒展的美。环池有殿堂、亭、桥，僧居以廊连结为赏景之通道。山坡上枯瀑石组（最早出现的枯山水），其为回游式庭园中枯山水的运用。

(3)室町时代 室町时代受我国明朝文化的影响，生活安定，渐趋奢侈，文学、美术的进步，形成民众造园艺术的广泛普及，这是日本造园的黄金时代。这一时期的日本园林自然风景方面显示出一种高度概括、精练的意境。这期间出现的写意风格的"枯山水"平庭（图1-33），具有一种极端的"写意"和富于哲理的趋向。枯山水很讲究置石，主要是利用单块石头本身的造型和它们之间的配列关系。石形务求稳重，底广顶削，不做飞梁、悬挑等奇构，也很少堆叠成山。枯山水庭园内也有栽植不太高大的观赏树木的，都十分注意修剪树的外形姿势而又不失其自然形态。京都西郊龙安寺庭园是日本"枯山水"的代表作。庭园布置在禅室方丈前330 m²矩形封闭空间内，长宽比为3：1，白沙象征大海，15块石头以5、2、3、2、3分成5组，象征5个群岛。白色反光强调浩荡的宇宙空间，启发无限的永恒与有限生命的对比，石为短暂生命及无限时空的中介物。

图1-33 日本"枯山水"平庭

(4)安土桃山时代 安土桃山时代执政者丰臣秀吉对建筑、绘画、雕刻及工艺、茶道等非常注重，一改抄袭中国造园之旧风，是发挥日本造园个性时代的开始。当时民心娴雅幽静，茶道乘隙以兴，以致茶庭、书院等庭园兴盛，庭园内均有庭石组合，栽培棕榈及苏铁而富有异国情调，茶庭的面积比池泉园、筑山庭小，

要求环境安静便于沉思冥想，故造园设计比较偏重于写意。人们要在庭园内活动，因此用草地代替白沙。草地上铺设石径，散置几块山石并配以石凳和几抹姿态虬曲的小树（图1-34）。茶室门前设石水钵，供客人净手之用。这些东西到后来都成为日本庭园中必不可少的小品点缀。

图1-34 日本庭园石径

(5)江户时代 日本江户时代全国上下造园事业非常发达。回游式庭园是以步行方式循着园路观赏庭园之美，其面积较大，典型的形式是以池为中心，四周配以茶亭，并有园路连接。园内以大面积的水池为中心，水中有一岛或半岛，并环池开路，人在其中为庭园内景点之一，连续出现的景观每景各有主题，由步径小路将其连接成序列风景画面。这一时期建成好几座大型的皇家园林，著名的京都桂离宫就是其中之一。这座园林以大水池为中心，池中布列着一个大岛，与两个小岛的周围水道萦回，间以起伏的土山。湖的西岸是全园最大的一组建筑群"彻殿"和"月波楼"，其他较小的建筑物则布列在大岛上、土山上和沿湖的岸边。它们的形象各不相同，分别以春、秋、冬的景题与地形和

绿化相结合成为园景的点缀。桂离宫是日本回游式庭园的代表作品,其整体是对自然风景的写实模拟,这对近代日本园林的发展有很大的影响(图1-35)。这一时期的园林不仅集中在几个政治和经济中心的大城市,也遍及于全国各地。在造园的广泛实践基础上总结出三种典型样式,即"真之筑""行之筑"和"草之筑"。所谓"真之筑"基本上是对自然山水的模拟,"草之筑"纯属写意的手法,"行之筑"则介于二者之间,犹如书法的楷、草、行三体。这三种样式主要指筑山、置石和理水而言,从总体到局部形成一整套规范化的处理手法。

图1-35 桂离宫的茶亭

(6)明治时代 明治维新以后,接受欧洲文化致力于公园的建造,成为日本有史以来的公园黄金时代。明治中叶现代庭园形式脱颖而出,庭园中用大片草地、岩石、水流来配置。到了大正时代为纪念明治天皇和昭宪皇太后所建的明治神宫是东京最雄伟壮观的神社,为此时期庭园的代表作。同时它也成为日本园林建筑的典型代表(图1-36)。

图1-36 明治神宫

2)欧美园林与园林建筑

欧美园林的起源可以追溯到古埃及和古希腊。而欧洲最早接受古埃及造园影响的是希腊。希腊以精美的雕塑艺术及地中海区盛产的植物加入庭园中,使过去实用性的造园加强了观赏功能。几何式造园传入罗马,再传入意大利,他们加强了水在造园中的重要性,许多美妙的喷泉出现在园景中,并在山坡上建立了许多台地式庭园。这种庭园的一个特点,就是将树木修剪成几何图形。台地式庭园传到法国后,成为平坦辽阔形式,并且加进更多的草花栽植成人工化的图案,确定了几何式庭园的特征。法国几何式造园在欧洲大陆风行的同时,英国一部分造园家不喜欢这种违背自然的庭园形式,于是提倡自然庭园,有天然风景似的森林及河流,像牧场似的草地及散植的花草。英国式与法国式的极端相反的造园形式,后来混合产生了混合式庭园,形成了美国及其他各国造园的主流,并加入科学技术及新潮艺术的内容,使造园确立了游憩及商业上的地位。

欧美园林建筑的发展与园林的发展一脉相承,主要经历了下列几个时期:

(1)上古时代

①古埃及。早在公元前3 000多年,古埃及在北非建立奴隶制国家。尼罗河冲积而成的肥沃平原,适宜于农业耕作,但国土的其余部分都是沙漠地带。对于沙漠居民来说,在一片炎热荒漠的环境里有水和遮荫树木的"绿洲",就是最珍贵的地方。因此,古埃及人的园林即以"绿洲"作为模拟的对象。尼罗河每年泛滥,退水之后需要丈量耕地,因而发展了几何学。于是,古埃及人也把几何的概念用之于园林设计。水池和水渠的形状方整规则,房屋和树木亦按几何规矩加以安排,成为世界上最早的规则式园林。古埃及庭园形式多为方形,平面呈对称的几何形,表现其直线美及线条美。庭园中心常设置一池,水池可行舟。庭园四周有围墙或栅栏,园路以椰子类热带植物为行道树。庭园中水池里养殖鸟、鱼及水生植物。园内布置有简单的凉亭,盆栽花木则置于住宅附近的园路旁(图1-37)。

②古巴比伦。底格里斯河一带,地形复杂而多丘陵,且地潮湿,故庭园多呈台阶状,每一阶均为宫殿。并在顶上种植树木,从远处看好像悬在半空中,故称之为悬园。古巴比伦空中花园就是其典型代表。古巴比伦空中花园建于公元前6世纪,是新巴比伦国王尼布

图1-37　古埃及园林庭园壁画

甲尼撒二世为他的妃子建造的花园。据考证,该园建有不同高度的越上越小的台层组合成剧场般的建筑物。每个台层以石拱廊支撑,拱廊架在石墙上,拱下布置成精致的房间,台层上面覆土,种植各种花木。顶部有提水装置,用以浇灌植物,这种逐渐收缩的台层上布满植物,如同覆盖着森林的人造山,远看宛如悬挂在空中(图1-38)。

图1-38　古巴比伦空中花园

③波斯。波斯土地高燥,多丘陵地,地势倾斜,故造园皆利用山坡。成为阶段式立体建筑,然后筑山引水。利用水的落差与喷水,并栽植点缀植物,其中有名者为"乐园",是王侯、贵族之狩猎苑。

(2)中古时代

①古希腊。古希腊是欧洲文明的发源地。公元前10世纪时希腊已有贵族花园。公元前5世纪,贵族住宅往往以柱廊环绕,形成中庭,庭中有喷泉、雕塑、瓶饰等,栽培蔷薇、罂粟、百合、风信子、水仙等以及芳香植物,最终发展成为柱廊园形式。那时已出现公共游乐地,神庙附近的圣林是群众聚集和休息的场所。圣林中竞技场周围有大片绿地,布置了浓荫覆被的行道树和散步小径,有柱廊、凉亭和座椅。这种配置方式对以

后欧洲公园颇有影响。

②古罗马。古代罗马受希腊文化的影响,很早就开始建造宫苑和贵族庄园。由于气候条件和地势的特点,庄园多建在城郊外依山临海的坡地上,将坡地辟成不同高程的台地,各层台地分别布置建筑、雕塑、喷泉、水池和树木。用栏杆、台阶、挡土墙把各层台地连接起来,使建筑同园林、雕塑、建筑小品融为一体,园林成为建筑的户外延续部分。园林中的地形处理、水景、植物都呈规则式布置。树木被修剪成绿丛植坛、绿篱、各种几何形体和绿色雕塑。园林建筑有亭、柱廊等,多建在上层台地,可居高临下,俯瞰全景。到了全盛时期,造园规模亦大为进步,多利用山、海之美于郊外风景胜地,作大面积别墅园,奠定了后世文艺复兴时意大利造园的基础(图1-39)。

图1-39　古罗马庄园遗址

(3)中世纪时代　公元5世纪罗马帝国崩溃直到16世纪的欧洲,史称"黑暗的中世纪"。整个欧洲都处于封建割据的自然经济状态。当时,除了城堡园林和寺院园林之外,园林建筑几乎完全停滞。寺院园林依附于基督教堂或修道院的一侧,包括果树园、菜畦、养鱼池和水渠、花坛、药圃等,布局随意而又无定式。造园的主要目的在于生产果蔬副食和药材,观赏的意义尚属其次。城堡园林由深沟高墙包围着,园内建置藤萝架、花架和凉亭,沿城墙设坐凳。有的园在中央堆叠一座土山,山上建亭阁之类的建筑物,便于观赏城堡外面的田野景色。

(4)文艺复兴时代

①意大利园林。西方园林在更高水平上的发展始于意大利的"文艺复兴"时期。意大利园林在文艺复兴

时代,由于田园自由扩展,风景绘画融入造园,以及建筑雕塑在造园上的利用,成为近代造园的渊源,直接影响欧美各国的造园形式。意大利园林一般附属于郊外别墅,与别墅一起由建筑师设计,布局统一,但别墅不起统率作用。它继承了古罗马花园的特点,采用规则式布局而不突出轴线。园林分两部分:紧挨着主要建筑物的部分是花园,花园之外是林园。意大利境内多丘陵,花园别墅建在斜坡上,花园顺地形分成几层台地。在台地上按中轴线对称布置几何形的水池和用黄杨或柏树组成花纹图案的绿丛植坛,很少用花卉。意大利园林重视水的处理,借地形修渠道将山泉水引下,层层下跃,叮咚作响。或用管道引水到平台上,因水压形成喷泉。跃水和喷泉是花园里很活跃的景观。外围的林园是天然景色,林木茂密。别墅的主建筑物通常在较高或最高层的台地上。16—17世纪是意大利台地园林的黄金时代,在这一时期建造出许多著名的台地。例如,著名的埃斯特别墅建于1550年(图1-40),该别墅在罗马东郊的蒂沃利。主体建筑物位于场地边缘,后面的园林建筑在陡坡上,分成八层台地,上下相差50 m,由台阶、雕像和喷泉的主轴线贯穿起来。在各层台地上种满高大茂密的常绿树木。一条"臣泉路"横贯全园,林间布满小溪流和各种喷泉。花园最低处布置水池和植坛。到17世纪以后,意大利园林则趋向于装饰趣味的巴洛克式,其特征表现为园林中大量应用矩形和曲线,细部有浓厚的装饰色彩,利用各种机关变化来处理喷水的形式,以及树型的修剪表现出强烈的人工痕迹。

图1-40 埃斯特别墅里壮观的水景

②法国园林。17世纪,意大利文艺复兴式园林传入法国。法国多平原,有大片天然植被和大量的河流湖泊。法国人并没有完全接受台地园的形式,而是把中轴线对称均齐的规整式园林布局手法运用于平地造园,从而形成了法国特有的园林形式——勒诺特式园林。它在气势上较意大利园林更强,更人工化。勒诺特是法国古典园林集大成的代表人物。他继承和发展了整体设计的布局原则,借鉴意大利园林艺术,并为适应当时王朝专制下的宫廷需要而有所创新,眼界更开阔,构思更宏伟,手法更复杂多样。他使法国造园艺术摆脱了对意大利园林的模仿,成为独立的流派。

勒诺特设计的园林总是把宫殿或府邸放在高地上,居于统率地位。从建筑的前面伸出笔直的林荫道,在其后是一片花园,花园的外围是林园。府邸的中轴线,前面穿过林荫道指向城市,后面穿过花园和林园指向荒郊。他所经营的宫廷园林规模都很大。花园的布局、图案、尺度都和宫殿府邸的建筑构图相适应。花园里中央之轴线控制整体,配上几条次要轴线,外加几条横向轴线,便构成花园的基本骨架。孚•勒•维贡府邸花园便是这种古典主义园林的代表作。这座花园展开在几层台地上,每层的构图都不相同。花园最大的特点是把中轴线装点成全园最华丽、最丰富、最有艺术表现力的部分。中轴线全长约1 km,宽约200 m,在各层台地上有不同的处理方法。最重要的有两段:靠近府邸的台地上的一段两侧是顺向长条绣花式花坛,图案丰满生动,色彩艳丽;次一个台地上的一段,两侧草地边上密排着喷泉,水柱垂直向上,称为"水晶栏栅"。再往前行,最低处是由一条水渠形成的横轴。水渠的两岸形成美妙的"水剧场"。过了水剧场,登上大台阶。前面高地顶上耸立着大力神海格里斯(Hercules)的巨像。其后围着半圆形的树墙,有三条路向后放射出去,成为中轴线的终点。中轴线两侧有草地、水池等,再外侧便是林园。

勒诺特的另一个伟大的作品便是闻名世界的凡尔赛宫苑(图1-41)。该园有一条自宫殿中央往西延伸长达2 km的中轴线,两侧大片的树林把中轴线衬托成一条极宽阔的林荫大道,自东向西一直消逝在无垠的天际。林荫大道的设计分为东西两段,西段以水景为主,包括十字形大运河和阿波罗水池,饰以大理石雕像和喷泉。十字形大运河横臂的北端为别墅园"大特阿农",南端为动物饲养园。东段的开阔平地上则是左右对称布置的几组大型的"绣花式植坛"。大林荫道两侧的树林里隐蔽地分布着一些洞府、水景剧场、迷宫、小型别墅等,是比较安静的就近观赏场所。树林里还开辟出许多笔直交叉的小林荫路,它们的尽端都有对景,

因此形成一系列的视景线。这种园林被称为"小林园"。中央大林荫道上的水池、喷泉、台阶、雕塑等建筑小品以及植坛、绿篱均严格按对称均匀的几何格式布置,是规则式园林的典范(图1-42),较之意大利文艺复兴园林更明显地反映了有组织、有秩序的古典主义原则。它所显示的恢宏的气度和雍容华贵的景观也远非前者所能比拟;法国古典主义文化当时领导着欧洲文化潮流,勒诺特式园林艺术流传到欧洲各国,许多国家的君主甚至直接模仿凡尔赛宫苑。

图1-42 凡尔赛宫苑中的建筑、喷泉、雕塑组合

(5)18世纪英国自然风景园与园林建筑 17～18世纪,如茵的草地、森林、树丛与丘陵地相结合,构成英国天然的特殊景观。这种优美的景观促进了风景画和田园诗的兴盛,而风景画和浪漫派诗人对大自然的纵情讴歌又使英国人对天然之美产生了深厚的感情。这种思潮当然会波及园林艺术,于是以前流行于英国的封闭式"城堡园林"和规则严谨的"勒诺特式园林"逐渐被人们所厌弃而促使他们去探索另一种近乎自然、返璞归真的新的园林风格,即自然风景园。这种园林与园外环境结为一体,又便于利用原始地形和乡土植物,所以被各国广泛地用于城市公园,也影响现代城市规划理论的发展。

自然风景园摒弃所有几何形状和对称整齐的布局,代之以弯曲的道路、自然式的树丛和草地、蜿蜒的河流,讲究借景和与园外的自然环境相融合。为了彻底消除园内外景色的界限,把园墙修筑在深沟之中,即所谓的"沉墙"。当这种造园风格盛行时,英国过去的许多出色的勒诺特式园林都被平毁而改造成为自然风景园。与规则式园林相比,这种自然风景园突出了自然景观的特征,但多为模仿和抄袭自然风景和风景画,所以经营园林虽然耗费大量人力和资金,而所得到的效果与原始的天然风景并无多大区别,虽源于自然但未必高于自然,因此引起人们的反感。造园家勒普敦主张在建筑周围运用花坛、棚架、栅栏、台阶等装饰件布置,作为建筑物向自然环境的过渡,而把自然风景作为各种装饰性布置的壮丽背景。由此,在他设计前园林中又开始使用台地、绿篱、人工理水、植物整形修剪以及日晷、鸟舍、雕像等建筑小品,特别注意树的外形与建筑形象的配合衬托以及虚实、色彩、明暗的比

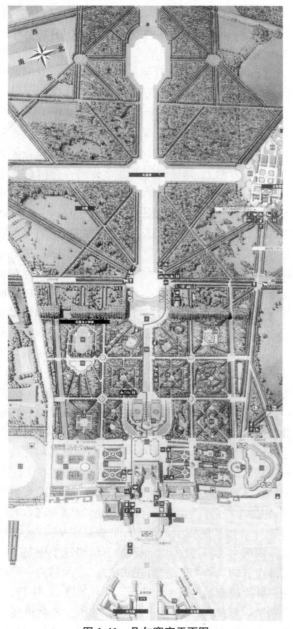

图1-41 凡尔赛宫平面图

例关系。在英国自然风景园的发展过程中,除受到欧洲资本主义思潮的影响外,也受到中国园林艺术的启发。英国皇家建筑师钱伯斯两度游历中国,归国后著文盛谈中国园林并在他所设计的丘园中首次运用"中国式"的手法。在该园中建有中国传统形式的亭、廊、塔等园林建筑小品(图1-43)。

图1-43 丘园中的中国塔

(6)美国现代园林与园林建筑 西方现代园林可以美国为代表。美国在殖民时代,接受各国的庭园式样,有一段时期特别盛行古典庭园,独立后渐渐形成其风格,但大抵而言仍然是混合式的。美国园林的发展,着重于城市公园及个人住宅花园,倾向于自然式,并将建设乡土风景区的目的扩大至教育、保健和休养。美国城市公园的历史可追溯到1640年,英国殖民时期波士顿市政府曾做出决定,在市区保留某些公共绿地,一方面是为了防止公共用地被侵占;另一方面是为市民提供娱乐场地。这些公共绿地已有公园的雏形。1858年纽约市建立了美国历史上第一座公园——中央公园(图1-44),是近代园林学先驱者奥姆

斯特德所设计的。他强调公园建设要保护原有的优美自然景观,避免采用规划式布局;在公园的中心地段保留开朗的草地或草坪;强调应用乡土树种,并在公园边界栽植浓密的树丛或树林;利用徐缓曲线的园

图1-44 美国中央公园

路和小道形成公园环路,有主要园路可以环游整个公园;并由此确立美国城市公园建设的基本原则。美国城市公园有平缓起伏的地形和自然式水体;有大面积的草坪和稀疏草地、树丛、树林,并有花丛、花台、花坛;有供人散步的园路和少量建筑、雕塑和喷泉等(图

1-45)。城市公园里的园林建筑和园林小品有仿古典式的和现代各流派的作品,最引人注目的是大多数公园里都布置北美印第安人的图腾柱,这或许是美国城市公园中的一个重要标志。

图 1-45　美国中央公园中的混合式风格建筑

第**2**章
园林建筑的设计方法与技巧

【学习目标】
1. 理解园林建筑的功能类型；
2. 了解园林建筑的空间概念；
3. 掌握园林建筑的立意布局方法。
【学习重点】
1. 园林建筑的选址布局；
2. 园林建筑的结构装饰；
3. 园林建筑设计方法与技巧。

2.1 园林建筑空间形态

2.1.1 园林建筑的功能类型

不同的功能要求,产生了不同类型的园林建筑。从功能角度进行分类,园林建筑可分为以下类型:

1)标识性园林建筑

该类建筑不仅作为景观环境的界定与引导,同时能够成为景观环境的特征,包括地标性园林建筑、入口建筑等。其特点是视觉形象个性鲜明,能够营造特色化的景观环境与场所感,增强景观的可识别性。

2)休憩类园林建筑

休憩性建筑给游人提供游览、休息、赏景的场所,其本身也是景点或成为景观的构图中心。包括科普展览建筑、文化娱乐建筑、游览观光建筑,如亭、廊、花架、榭、游船码头、露天剧场、各类展览厅等。其特点是形体小巧、功能简单、形式丰富,具有点景、观景、休憩之功用。

3)服务类园林建筑

在园林建筑中,专门为人们提供各种服务的建筑,包括接待室、展陈建筑、餐饮建筑、游船码头、售卖亭、园厕等。其特点是注重路径的通达,功能的合理,并具有一定的标志性。此外,还包括公园、风景区的管理设施,如公园大门、办公室、食堂、实验室、温室荫棚、仓库、变电室、垃圾污水处理场等。

4)园林建筑小品

园林中供休息、装饰、照明、展示和为园林管理及方便游人之用的小型建筑设施,包括景墙与花窗、景观雕塑、园桥与汀步、种植池、蹬道与梯级、园灯、园桌、园凳、栏杆等。其特点是体量小巧、功能简明、造型别致、富有情趣、选址恰当、内容丰富,在园林中起点缀环境、活跃景色、烘托气氛、加深意境等作用。

2.1.2 园林建筑的空间形态

1)园林建筑空间的概念

园林建筑空间是指园林建筑实体所围起来的“空”的部分,是人活动的空间,能给予人们园林建筑最直接、最经常、最重要的影响和感受。

2)园林建筑空间形态

无论空间是怎样的千差万别,也不过是或旷(敞)或奥(闭),如此而已。园林建筑空间在这两大基本类型基础上,根据各自功能不同、具体环境不同和景观审美特征不同,转化演变出许多不同的形态,概括为以下三种:

(1)内向空间 这种空间最典型的方式就是院落,

它以建筑、走廊、围墙四面环绕,中间为庭园,常以山水、小品、植物等素材加以点缀,形成一种内向、静雅的空间形态。这种内向的庭园空间将多个单体功能建筑联系在一起,是室内功能的延伸,起到室外共享的起居室和组织交通的作用。中国私家园林与住宅相连,皇家园林与宫殿相连,它们在布局上均以园林建筑等素材围合成功能特征不同的庭园,通常以"井""庭""院""园"等基本形式表现。

(2)外向空间 这种类型最为典型的是建于山顶、山脊、岛屿、堤桥等地的园林建筑所形成的开敞性空间。居高点而吸纳周围景观,常用亭、楼、阁、塔等建筑形式,既是观景的需要,又是造景的要素。开敞性的外向园林建筑空间最常出现的就是自然风景园林和结合真山真水的大型园林(后者以皇家园林为著)。而在一些范围较小的私家园林中较少应用,但偶尔也可见到,如苏州沧浪亭中的见山楼。

(3)内外空间 中国园林建筑创造出的空间形态,运用最多的是内外空间。它或围、或透,内外相宜,既利于对内静赏庭园美景,取得恬静幽雅效果,又能对外观赏到周围四时之景。这种空间透视出中国园林建筑在结合环境、照顾功能情况下,创造出丰富多彩、极具特色的空间艺术风格。如北京颐和园画中游园林建筑群建于万寿山阳坡,利用爬山廊结合地形,将画中游与东西两侧借秋楼、爱山楼以及后部澄晖阁紧紧地联系起来,爬山廊内侧设柱,外侧设墙,庭园空间内聚,极便于观赏假山、石牌坊及花木等景物,而楼阁建筑对外部分通透,空间外向,便于观赏湖光山色,成为颐和园西部主要观赏点。

3)园林建筑空间形态构成手法与技巧

园林建筑空间形态构成手法与技巧主要是对虚与实、明与暗、内与外、静与动、开与合、旷与奥等关系的处理,概括起来有以下三个方面:

(1)空间对比,以小衬大 这种手法从概念上说,就是将两个以上的不同空间,放在相毗邻的位置上,其构成的相互关系称为空间对比。但是要用"活"、用"好"并非易事。从空间形式角度看,可分为空间大小的对比;空间虚实的对比;空间形体不同的对比;闭锁与开敞空间的对比;内聚与外向空间对比等。如苏州拙政园小沧浪水院(图2-1),初进入口空间狭长、曲折,闭锁性极强,加上光线较暗,甚感压抑,就在这沉闷的空间之后,柳暗花明,展现了中部主景区大空间,豁然

开朗,有山、有水,亭、廊、桥、榭点缀其间,视线通透,景致丰富,令人目不暇接,由于前面的一串小空间的过渡,使人在感觉上造成了极大的错觉,不愧为空间上以小衬大的典范之作。在用地有限的私家园林中,这种空间对比手法常有运用,只是形式不同罢了。

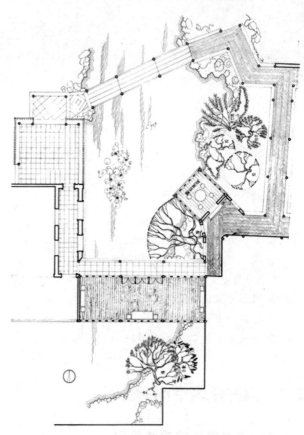

图2-1 拙政园小沧浪水院

(2)相互渗透,增添层次 处理好空间渗透与层次,可以突破有限空间的局限性取得大中见小或小中见大的变化效果,从而得以增强艺术的感染力。处理空间的渗透与层次,具体方法概括为以下两种:①相邻空间的渗透与层次。主要利用门、窗、洞口、空廊等作为相邻空间的联系媒介,使空间彼此渗透,增添空间层次。运用对景、流动框景,利用空间互相渗透和利用曲折、错落变化增添空间层次。②室内外空间的渗透与层次。所有的园林建筑空间都是采用一定的手段围合起来的有限空间,室内室外是相对而言的,处理空间渗透的时候,可以把"室外"空间引入"室内",或者把"室内"空间扩大到"室外"。

(3)时空结合,形成序列 园林建筑空间序列的实质便是:在三维空间基础上引入时间因素,即空间序列的构成是四维空间的创造。空间序列的组织归根结底是游览路线的组织。这里我们根据游览路线组织形式的不同,将空间序列的组织分成以下几种形式。

①串联的规整式。传统的宫殿、寺院及民居建筑空间常按这种序列组织。而园林建筑空间序列则不能组织得如此对称,必须在规整中求得变化,才能富有自然趣味。例如,北海将桥、牌坊、白塔串联成统一的空间序列,使整个区域主题鲜明又变化丰富(图2-2)。

图2-2 北海公园的园林建筑空间序列

②闭合的环绕形式。这种形式广泛地运用于私家园林和皇家园林的园中园。例如苏州网师园、畅园等,以及颐和园中谐趣园、画中游等皆属此类。这类空间序列组织形式的共同特征通常是:沿周边布局,在中部围成一个面积较大的中心空间,中心空间多用水面布置,既能隔离,又能通透,达到扩大空间,丰富园景的目的;出入口偏于一角,并以山石等景物遮住视线;以游廊限制入园路线,几经转折后到园中部,顿觉豁然开朗,形成高潮;转折后入尾部小空间构成结景。

③中心辐射形式。这种形式的特点是以某个集中内向的院落空间为中心向四周辐射,产生出许多小的建筑庭园空间,构成众星捧月之势。通过中心空间,分别进入其他各个小空间,即中心空间成为连通各空间的枢纽。如承德避暑山庄正是这种空间序列的代表,它结合地形,因势而构。中间岛的烟雨亭等建筑形成中心,周围以水面环绕,由此辐射出其他4个小型空间来。在对称布局的同时,每个空间景致不同,各具特色(图2-3)。北海的画舫斋以中部的水庭园为中心,四周分布着特色不同的园林小院,对比强烈。苏州留园石林小院由中心空间进入各个小院,形态、大小各不相

同,再分别植以不同花木,自然情趣盎然。或竹影斑驳,或蕉声切切,或藤姿婀娜,或绣球烂漫,四时之景有别,十分巧妙。在空间序列设计时需仔细分析人流活动的规律,来决定空间围合方式和观赏路线,在一定的人流路线上,预先安排好获取最佳画面的理想位置和角度以贯彻布局的意图;其次建筑空间的处理除考虑观赏价值外,同时还要兼顾各种性质不同的功能要求,园林建筑空间序列,需要把艺术意境和功能巧妙融为一体,才能真正取得良好效果。

图2-3 承德避暑山庄中心辐射式布局

2.1.3 园林建筑的结构装饰

园林建筑空间的结构形式,可以说是一种装饰形式;而建筑空间的结构秩序,也是一种装饰秩序。在园林建筑的空间结构中,这种装饰手法是一项必不可缺的重要内容。恰当的结构选型不仅可以满足一定的功能要求,而且能够最大限度地表现建筑的形式美。园林建筑虽然一般体量不大,但由于其特殊的功能要求,对于形式本身的追求往往是园林建筑设计的重点工作之一。因此,合理的结构选型是进一步科学化设计的基础。

建筑结构是建筑的骨架,又是建筑物的轮廓。中国古典建筑中的斗拱、额枋、雀替等,从不同角度映衬出古典建筑的结构美。随着现代科学技术的进步,现代建筑结构的形式越来越丰富,如框架结构、薄壳结构、悬索结构等。建筑结构与建筑的功能要求、建筑造型取得完全统一时,建筑结构也体现出一种独特的美。建筑技术的变革,造就了不同的艺术表现形式,同时也改变了人们的审美价值观,而伴随着技术的进步和审

美观念的更新,建筑创作的观念也发生了变化,今天的建筑技术已发展成一种艺术表现手段,是建筑造型创意的源泉和建筑师情感抒发的媒介。结构形态的多样性为建筑形象创作提供了机遇和挑战。现在,常见的园林建筑结构选型一般有以下几种。

1)框架结构

园林建筑中常用的框架结构分为钢筋混凝土框架结构和钢框架结构两类(图 2-4)。

(1)钢筋混凝土框架结构 它是指以钢筋混凝土浇筑构成承重梁柱,再用预制的轻质材料如加气混凝土、膨胀珍珠岩、空心砖或者多孔砖、浮石、蛭石、陶粒等砌块或板材组成维护墙与隔墙。由于钢筋混凝土框架结构由梁柱构成,通常构件截面较小,因此框架结构的承载力和刚度较低,故适宜采取现浇楼面与梁共同工作,以加强刚度。钢筋混凝土框架结构的特点是能为建筑提供灵活的使用空间,但抗震性能差。在园林建筑中,钢筋混凝土框架能充分发挥混凝土塑性高的特性,创造出自由多变的空间形态(图 2-4a)。

(2)钢框架结构 这是目前园林建筑较多采用且发展速度最快的新兴结构形式之一,具有施工速度快、建筑造型可塑性强、灵活美观、钢材用量少、内部空间大等优势。如今,钢框架结构园林建筑不断涌现,小者如休息亭,大者如温室大跨度建筑等。钢框架结构的特点是能为建筑提供灵活的使用空间。平面和空间布局自由,空间相互穿插,内外彼此贯通,外观轻巧,空间通透,装修简洁(图 2-4b)。

2)混合结构

混合结构系由两种或两种以上结构形式组合而成的建筑结构体系。如砖混结构指砖结构与混凝土结构的组合,钢混结构指钢材与钢筋混凝土混合结构,而砖木结构指砖与木材混合使用。以上几种结构形式各具优点,需根据建筑要求加以灵活运用。

(1)砖混结构 多以砖或石墙承重及钢筋混凝土梁板系统最为普遍。这种结构类型,因受梁板经济跨度的制约,在平面布置上,常形成矩形网格承重墙的特点。所以对于房间不大、层数不高,且为一般标准的某些建筑比较适用。混合结构中的承重墙体,因需要承受上部屋顶或楼板的荷载,应充分考虑屋顶或楼板的合理布置,并要求梁板或屋面的结构构件规格整齐,统一模数,为方便施工创造有利的条件。对于这种结构

a.钢筋混凝土框架结构

b.钢框架结构

图 2-4　常用的框架结构

特点,在进行建筑布局时,应注意以下要求:为了保证墙体有足够的刚度,承重墙的布置应做到均匀、交圈(即环向构件两端部相交或相接);为了使墙体传力合理,在有楼层的建筑中,上下承重墙应尽量对齐,门窗洞口的大小也应有一定的限制,还应尽量避免小房间压在大房间之上,出现承重墙落空的弊病;墙体的厚度和高度(即自由高度与厚度之比),应在合理的允许范围之内。混合结构的建筑,除承重墙之外,还有非承重墙,也称隔断墙。因其不承受荷载,只能起到分隔空间的作用,一般多选用轻质材料,如空心砖、轻质砌块、石膏板、加气混凝土墙板等。

(2)钢混结构 它包括外围钢框架或型钢混凝土、钢管混凝土框架与钢筋混凝土核心筒所组成的框架—核心筒结构,以及由外围钢框筒或型钢混凝土、钢管混凝土框筒与钢筋混凝土核心筒所组成的筒中筒结构。

具有抗震性能好、整体性强、抗腐蚀能力强、经久耐用等优点,并且房间的开间、进深相对较大,空间分割较自由。目前在中国,钢混结构为应用最多的一种结构形式,占总数的绝大多数,同时中国也是世界上使用钢混结构最多的地区。

(3)砖木结构　砖木结构即采用砖墙承重和木楼板或木屋顶结构建造的建筑。此外,也有采用石墙承重混合结构体系的建筑及其他类型承重墙的混合结构体系的建筑。由于选材不同,建筑的空间组合也将产生一定的影响,应在设计构思中权衡利弊,综合地取优除弊后,审慎地加以解决。在设计中应依据建筑空间与结构布置的合理性和可能性,分清承重墙与非承重墙的作用,做到两者分工明确、布置合理,使整体建筑在适用、坚固、经济、美观等几个方面都能达到良好的效果。只有这样,才能把建筑空间组合与结构体

系密切地结合起来。当然,墙体承重结构体系,在就地取材和节约三材等方面有可取之处。但是,由于墙体是承重构件,在刚度、胀缩、抗震等方面要求苛刻,对开设门窗或洞口受到极大的限制,并在功能和空间的处理上,存在着不少制约因素,应是此种结构体系致命的缺点。同时还要注意,混合结构中的砖,是取土制作的,对农田损害特别严重,而且砖砌体不利于抗震,施工技术也较落后。因此从发展上看,小砖材料定会被先进的材料所代替,这是发展的必然趋势。

3)木结构

中国传统的园林建筑以木结构最多且分布面广,现存古典园林建筑大多为木结构。中国传统木结构建筑采取木屋架为基本结构体系,有抬梁式、穿斗式、井干式、干栏式等不同形式(图 2-5)。

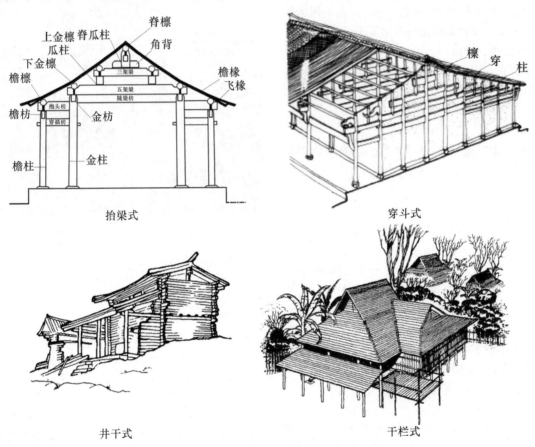

图 2-5　木结构

(1)抬梁式　是在立柱上架梁,梁上又抬梁,所以称为"抬梁式"。柱上搁置梁头,梁头上搁置檩条,梁上

再用矮柱支起较短的梁,如此层叠而上,梁的总数可达 3～5 根。当柱上采用斗拱时,则梁头搁置于斗拱上。

宫殿、坛庙、寺院等大型建筑物中常采用这种结构方式。

(2)穿斗式 又称立帖式。是用穿枋把一排排柱距较密,柱径较细的柱子穿连起来成为排架,然后用枋、檩斗接而成,故称作穿斗式。柱间不施梁而用若干穿枋联系,并以挑枋承托出檐。多用于民居和较小的建筑物。这种结构在我国南方使用普遍,优点是用料较小,山面抗风性能好;缺点是室内柱密而空间不开阔。因此,它有时和叠梁式构架混合使用,适合不同地势。

(3)井干式 是一种不用立柱和大梁的房屋结构。这种结构以圆木或矩形、六角形木料平行向上层层叠置,在转角处木料端部交叉咬合,也就是将长木两头开凹榫,组合成木框,再叠合成壁体,其转角处的木料相交出头。形成房屋四壁,形如古代井上的木围栏,再在左右两侧壁上立矮柱承脊檩构成房屋。但由于用木量大,故较少采用。这种结构比较原始简单,现在除少数森林地区外已很少使用。

(4)干栏式 用立柱将建筑下部架空,上部用穿斗或抬梁均可,多用于潮湿多雨地区,贵州民居苗族、水族中的吊脚楼都属于干栏式建筑。

4)钢结构

钢结构是指以钢材制作为主的结构,是用钢板和热轧、冷弯或焊接型材通过连接件连接而成的能承受和传递荷载的结构形式,是主要的建筑结构类型之一。以钢结构为代表的现代建筑技术的发展,促进了新建筑审美观念的形成,如所谓"高技派(high-tech)"就打破了以往单纯从美学角度追求造型表现的框框,开创了从科学技术的角度出发,通过"技术性思维"将建筑结构、构造和设备技术与建筑造型加以关联,去寻找功能、技术与艺术的融合。利用钢材的特性加强建筑的表现力,如钢材具有抗拉强度高的特点,运用夸张手段在造型表现上,以斜拉杆件中张力所呈现出的紧张感和力度表现建筑的动感;采用矩形管、圆钢管制作空间桁架、拱架(排架式、撑架式、扇架式、桁架式、组合式、叠桁式、斜拉式)及斜拉网架结构、波浪形屋面等异型结构体系能够满足园林建筑的空间及造型要求。与钢结构配套的保温隔热材料、防火防腐涂料、采光构件、门窗及连接件等技术的发展极大地丰富了建筑的设计思维。

现代钢结构建筑,多用钢构架的造型和暴露结构构件及连接方式的手法展示技术美,由于富于表现力的钢构架常常暴露在外,所以外露的构造节点自然构成了建筑形象的有机组成部分。于是构造节点便被赋予了特殊意义,而节点细部的设计,也就必须成为钢结构建筑设计中十分重要的一环。它们多由拉杆、钢索和销子、螺栓等构件组成,给建筑师更多的表现空间。

在废弃的滨水地带重建起来的芝加哥千禧公园内,有建筑史上的第一个大草坪上搭起天穹下的音乐厅,成为城市公园开放空间和公共艺术中心。建筑师弗兰克·盖瑞设计的露天音乐厅采用巨大的钢管结构将公园场地组织起来,形成类似大空间的露天音乐厅,不仅界定了巨大的空间,也与公园的景观环境充分融合(图2-6)。

图2-6 芝加哥千禧公园露天音乐厅

5)空间结构

所谓"空间结构"是相对"平面结构"而言,当结构的全部杆件、支座及作用力均位于同一平面时,称结构为平面结构;否则即为空间结构。工程中的绝大多数结构都是空间结构。空间结构问世以来,以其高效的受力性能、新颖美观的形式和快速方便的施工受到人们的欢迎。园林建筑中的温室等大跨度展陈建筑也常用空间结构。

空间网架结构是空间网格结构的一种,具有三维作用的特性,空间结构也可以看作平面结构的扩展和深化。

网架结构一般是以大致相同的格子或尺寸较小的单元(重复)组成的。常应用于屋盖结构。通常将平板型的空间网格结构称为网架,将曲面形的空间网格结构称为网壳(图 2-7)。网架一般是双层的,在某些情况　下也可以做成三层,而网壳有单层和双层两种。

网架

网壳

图 2-7　空间结构

空间网架结构广泛用于展览厅、餐厅、候车室等园林建筑的屋顶承重结构。

北京植物园中部的植物展览温室,为了追求良好的视觉效果,尽量减少结构构件遮挡日光,采用了扇形围椭球的空间钢结构,构件均采用圆管截面。主体建筑最高点为 20 m,地上为钢架玻璃结构。展览温室是建筑中的花园,也是花园中的建筑。它是建筑师、工程师及园艺师共同构建的艺术精品。建筑师在方案创作中从环境出发,以"绿叶对根的回忆"为构想意象,独具匠心地设计了"根茎"交织的倾斜玻璃顶棚以及曲线流动的造型,仿佛一片绿叶飘落在西山脚下,而中央四季花园大厅又如含苞待放的花朵衬托在绿叶之中,使整个建筑通透、轻灵,与周围环境浑然一体。

随着现代计算机的出现,一些新的理论和分析方法,如有限单元法、非线性分析、动力分析等,在空间结构中得到了广泛应用,以致空间结构的计算和设计更加方便和准确,使空间结构现在千变万化、种类多样。

6)索膜结构

索膜结构又叫膜结构、张拉膜结构、空间膜结构。索膜结构是用高强度柔性建筑膜材料经其他材料的张拉作用下而形成的稳定曲面,并且能承受一定外荷载的空间结构形式。造型能力相当丰富,是一种建筑与结构完美结合的结构体系。

索膜结构具有自由轻巧、大跨度、大空间、高透光性、阻燃、制作简易、安装快捷、节能、自洁性好、使用安全等优点,并以其刚柔并济的魅力,打破了传统的建筑

形式,因而在世界各地受到广泛应用。这种结构形式特别适用于看台、入口廊道、停车场、景观点缀、标志性建筑小品、公众休闲娱乐广场、展览会场、临时会场等领域。

膜材主要有平面不织膜和织布合成膜两种。平面不织膜是由各种塑料在加热液化状态下挤出的膜,有不同的厚度、透明度及颜色。最通用的是聚乙烯膜,亦有以聚乙烯和聚氯乙烯热熔后制成的复合膜,其抗紫外线及自洁性强,且使用年限可从 7 年延长到 15 年,此种膜因张力强度不大,而自跨度不大,属于半结构性的膜材。织布合成膜是以聚酯丝织成的布芯,双面涂以 PVC 树脂,再用热熔法覆盖上一层聚氟乙烯,制成复合膜,使用年限可从 7 年延长到 15 年,因布芯的张力强度较大,可以使用于多种张拉力型结构,跨度可达 8～10 m。索膜结构的建筑形式(图 2-8)主要有以下几种。

(1)骨架式膜结构　以钢构或是集成材构成的屋顶骨架,在其上方张拉膜材的构造形式,下部支撑结构安定性高,因屋顶造型比较单纯,开口部不易受限制,且经济效益高等特点,广泛适用于任何大、小规模的空间。

(2)张拉式膜结构　以膜材、钢索及支柱构成,利用钢索与支柱在膜材中导入张力以达安定的形式。除了可实践具创意,创新且美观的造型外,也是最能展现膜结构精神的构造形式。近年来,大型跨距空间也多采用以钢索与压缩材构成钢索网来支撑上部膜材的形式。因施工精度要求高,结构性能强,且具丰富的表现

骨架式膜结构

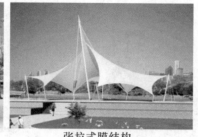
张拉式膜结构

充气式膜结构

图 2-8　膜结构

力,所以造价略高于骨架式膜结构。

(3)充气式膜结构　充气式膜结构是将膜材固定于屋顶结构周边,利用送风系统让室内气压上升到一定压力后,使屋顶内外产生压力差,以抵抗外力,因利用气压来支撑,及钢索作为辅助材,无须任何梁、柱支撑,可得更大的空间,施工快捷,经济效益高,但送风机需维持 24 h 运转,维护费用较高。

2.2　园林建筑立意与布局

2.2.1　园林建筑的立意

1)立意的概念

所谓立意就是园林建筑设计的总意图,是园林建筑设计中的灵魂和生命,是园林建筑设计人员在综合考虑环境条件、艺术要求、功能需要以及经济技术条件等因素的情况下产生的总的设计意图。立意一般包含主观及客观两层含义,主观立意是指设计人员通过设计而表达某种思想;客观立意是指设计人员如何最充分地利用周围环境条件。

园林景观建筑的立意包括设计意念和设计意向两个方面,意念是基于对设计对象初步研究而产生的概念性设计意图,它与特定的项目条件紧密相关。意向是意念的形象化结果,设计者通过建筑语言进行积极的想象和发挥形成形象性的意图。立意是对设计者知识结构、艺术涵养和思维方式的考验。只有观察敏锐、经验丰富、知识渊博、联想广阔,才能孕育出创新的构思,激发出设计灵感。

立意是园林建筑设计首先要考虑的因素,每一个园林建筑都有一个设计主题,这个主题对整个园林建筑有着控制的作用,每个设计施工环节都是围绕着立意来进行的,要求整体上的有机统一且情景交融,从而

表现其共性,另外要突出其特色,把建筑独特的韵味展现出来。在园林建筑设计过程中,立意不仅关系着其设计的意义及目的,还关系着建筑设计中所采用的具体构图手法,因此立意在园林建筑设计中有不可替代的作用,设计立意的科学与否将决定这个园林建筑设计的成败。

2)立意的方法

(1)从生态角度立意　从生态的角度对园林建筑设计进行立意,反映了地域生态的再生和重建,顺应了时代发展和人们心声。在园林建筑设计中,从生态角度立意是以生态学的原理为依据来建立自然而舒适的生活环境。以具有前瞻性和可持续发展的眼光进行建筑设计,从而把生态观注入园林建筑设计中。以健康、节能以及环保为方向来建造生态园林建筑。建筑创作要体现舒展大方的自然气息,形成自我调节的共生系统。例如,德国柏林波茨坦广场的水园设计,他们把自然中的雨水作为研究的重要内容,对雨水进行充分的利用。这个立意设计利用雨水收集系统以及多个地下储水箱,再通过植物净化系统对其进行净化处理,是这一方面的典范。

(2)从地方风情角度立意　任何园林建筑都离不开所处的地域环境。而地域的自然地貌、风土人情等方面的特征纹理均可被提取出来作为园林建筑的立意。这不仅是对地域文化的传承,对地方文化底蕴的彰显,更是与地域文化的有机融合、和谐统一。例如,云南瑞丽景颇民族文化村设计方案,以景颇风情、习俗文化展示为主题,展现景颇族优秀传统文化内涵,融入了瑞丽傣族、景颇族、阿昌族、傈僳族等各个民族的特征。这些建筑将各少数民族特色的建筑元素、图案与色彩装饰于现代建筑之上,既有浓郁的民族文化特征,又有时代特色。在这些园林建筑设计中,各个民族都在讲述着自己的故事。

(3) 从历史文化角度立意　从历史文化角度立意,可以根据历史文化的地域性、时代性等,对历史文化采用借鉴、继承、保留、转化、象征、隐喻等方式进行立意,结合当今文化思想、生活方式、价值观念以及科学发展动态等内容,设计出既美观又具历史性的园林作品。例如,泰国普吉岛某海滨公园休憩亭,设计师汲取当地民居的建筑形式,采用大挑檐、陡坡顶的六角亭屋面,传达出当地建筑对湿热气候的对应。其船形的屋面造型又是对海洋文化的隐喻(图 2-9)。再例如,云南省普洱市的洗马河公园,就是根据当年诸葛亮在这里洗马的历史事件为立意主题,公园中诸葛亮正在洗马的雕塑,生动地反映了诸葛亮一行人到此地休息洗马的情景。

图 2-9　泰国普吉岛某海滨公园休憩亭

(4) 从功能角度立意　从功能角度立意,是以平面设计为起点,重点研究功能需求,根据园林功能的主次、序列、并列或混合关系,进行功能分析,再利用功能的表现形式,如串联、分枝、混合、中心、环绕等,用框图法画出园林的功能分区图,解决平面内各内容的位置、大小、属性、关系和序列等问题,再组织空间形象。某些环境因素如地形地貌、景观影响以及道路等均可成为方案构思立意的启发点和切入点。从功能出发立意,这种方法易于掌握,有利于尽快确立方案,对初学者较适合。但是很容易使空间形象设计受阻,在一定程度上制约了园林形象创意的发挥。在实际设计中应注意协调好功能与形体的关系。

(5) 从"诗情画意"角度立意　从"诗情画意"角度立意,可以提高园林建筑艺术的感染力和表现力。在这里,园林建筑设计里的"诗情画意"主要表现在以物比德、借景抒情以及托物言志等方面,从而达到"虽由人作,宛若天开"的艺术效果,进而可以营造出触景生情、情从景生并且富有诗意的境界。从"诗情画意"出发进行立意能够较为充分地表现出园林建筑设计的艺术内涵,可以为游者提供易感受的文化氛围。

(6) 从技术与材料角度立意　材料是园林建筑设计的外在物质载体,是使园林建筑功能达到最大限度发挥的物质基础。新技术在园林建筑设计创意中比较重要,新的技术工艺、新的建造材料可以为园林建筑设计创新提供灵感,另外还可以丰富园林建筑的设计形式。设计者可从技术与材料的角度立意,实现园林建筑作品的意念表达和与众不同,提高园林的生态效益和社会经济效益。

(7) 从相似项目模仿角度立意　在园林建筑设计中,一般来说人们的逻辑思维和形象思维常会受到那些外在事物的影响,从而对于美好的事物产生联想,在自己所设计的作品中可能会出现与外界事物表现类似的形式,这一形式在园林建筑设计中就是所谓的模仿,对自然景观的模仿抑或对优秀项目的模仿。模仿相似设计项目,即通过对一些作品构成方式等的模仿来丰富自己园林建筑设计的立意。

(8) 从生活及设计理念角度立意　设计人员在构思作品的过程中确立的主导思想,具有主体差异性,每一位设计人员一般都有互不相同的生活理念、设计理念和思维方式。在发挥个体独特理念的同时,要考虑到园林建筑的功能、形体、经济等方面的要求,实现与生态、地域、人文等方面的有机融合,以人性化设计为根本贯穿始终,兼顾功能、美观、经济、和谐。

2.2.2 园林建筑的选址布局

1)园林建筑选址

(1)园林建筑选址的指导原则 美国能源署洛基山学会出版的《可持续建筑启蒙》(*Primer on Sustainable Building*)一书中谈到用地选择前环境分析的指导性原则是:①基地确定的功能是否合适;②基地的地形、地质、水文情况、起坡程度、土壤承载力及稳定性如何,有无自然灾害的可能性;③基地是否包含文化、历史或考古上的意义,这些特点如何延续;④基地的自然价值是什么,有无特殊的地质遗产、动植物资源,有重要意义的林地、沼泽、水源地,如果以前的活动已造成环境退化,那么能否恢复;⑤能否利用已开发的熟地,总的来说,对城市或市郊用地的再次开发,比开垦一块处女地所带来的破坏要小得多;⑥基地内现有建筑能否被改造、更新或维修,如果不行的话,可否重复利用它的建筑材料和设备;⑦有无洁净的空气、水和土壤,用地是否曾被过去的农业、工业和城市生活垃圾污染过,附近的高速公路、机场或工业用地是否会产生噪声和异味;⑧基地内日照是否充足,建成后房屋有无利用太阳能的可能,基地的气候条件如何;⑨若所需电力必须从0.25 km以外的地方获得,场地上能否有可再生能源提供足够的动力;⑩交通情况如何,有无自行车专用道路,学校、商店、消防站、医院通达程度;⑪基地内有无强烈的电磁波影响;⑫毗邻地块未来的发展对基地内工程是否会产生影响,尽管这个问题短期内难以回答,但也应该尝试去获得相关信息。

我国要求建筑师在场地选择时遵循的基本原则是:①建设项目要符合所在地域、城市、乡镇的总体规划;②要节约用地,不占良田及经济效益高的土地,并符合国家现行土地管理、环境保护、水土保护等法规的有关规定;③要有利于保护环境与景观,首先要执行当地环保部门的规定和要求;若生产建筑会产生振动、噪声、粉尘、有害气体、有毒物质,以及易燃易爆品,其贮运对环境会产生不良影响,要严守规定。

从以上要求来看,国内外对场地选择的要求均涉及了场地本身的自然条件、环境与景观的保护,场地的发展潜力等几个方面。

(2)选址应避开危险源和污染源 众所周知,洪灾、泥石流等自然灾害,会对建筑及其场地造成毁灭性的破坏。近年来科学界研究发现氡(主要存在于土壤和石材中,是一种无色无味的致癌物)、电磁波等对人的健康造成危害。电视广播发射塔、雷达站、通信发射台、变电站、高压线等均能制造出大量的电磁辐射污染。此外,如油库、煤气站、有毒物质车间等均有可能发生火灾、爆炸和毒气泄漏的可能。为此,在园林建筑选址阶段必须符合国家相关的安全规定。否则会影响人们的身体健康,与园林建筑理念相悖。对那些不能避免的污染源要尽量采取措施降低污染的程度。

(3)依据气候条件选址 不同气候区的建筑基地选择应根据当地气候特征,扬长避短,建立相对理想的小气候环境。选址首先应考虑对场地气候和地理特征的适应性。采暖建筑不宜布置在山谷、洼地、沟底等凹地里,因冬季冷气流降至地形最低处,遇到墙体包围会积聚在一起,形成霜洞效应,使位于凹地的底层或半地下建筑为保持所需室温而相应增加采暖能耗。非采暖区建筑则应防止山谷风的不利影响,位于低地的建筑底层宜架空,疏导冷空气。每个气候区最适合的地形位置如下:

寒带——建筑宜布置在南向斜坡的低处,阳光辐射充足并可防风,但需注意使用空间要保持在一定高度以防冷空气在谷底聚集。

温带——建筑位处南向斜坡的中部,可获阳光与通风,同时避免被大风侵袭。

干热——建筑位处斜坡底部,夜间暴露于冷空气流下,当斜坡向东时还可阻挡下午日晒。

湿热——位处斜坡顶部,以获得充足自然通风。

(4)从观景设计选址 从观景设计选址主要考虑如何以观景设计作为着力点,进行园林建筑的选址,处理好园林建筑在环境中"看与被看"的关系,实现建筑与自然、建筑与人的和谐共生。

自然景观环境中建筑应从属于景观环境,融入景观环境,点缀景观,并为游人提供多角度优质观景面。以亭为例,或伫立于山冈,或依附于廊道,或漂浮在湖畔。以玲珑的、丰富多彩的形象与园林中其他建筑、山水、绿化相结合,构成一幅生动的画面,满足旅游者驻足"观景"或歇息的需要。湖岸设榭、舫,以点缀景观,不仅可以丰富湖面及岸边天际线,而且透过烟波浩渺的水面,将视线引向远方,使视野开阔,成为游人休息、观景的好地方。

(5)从可持续发展角度选址 在进行选址的过程中,必须仔细分析建筑与周边自然环境和城市环境之间的关系,识别它们对环境生态平衡的影响。在每个备选场地中分析各自在可持续发展方面所具有的优势和劣势。对被选场地的资源和能源潜力需要认真加以评估,尤其是水资源的状况和以太阳能与风能为基础的能源系统潜力。注意场地内基础设施和公共交通网络的连接这样的功能性问题。在选址时需要考虑的因素有:土壤侵蚀、植被及其生长地的保护、水和空气污染,以及垃圾处理等。分析清楚之后,才能确定这个位置是否适合既定项目的建设。

2)园林建筑布局

(1)园林建筑布局形式 常见的园林建筑布局有以下几种:

①由独立的建筑物和环境结合,形成开放性空间布局。这种空间布局多使用于某些点景的亭、榭之类,或用于单体式平面布局的建筑物。建筑物可以是对称布局,也可以是非对称的布局,视环境条件而定。古代西方的园林建筑空间组合,最常用的是对称开放式的空间布局。

②由建筑组群自由组合的开放性空间布局。这种空间布局一般规模较大,建筑组群与园林空间之间可形成多种分隔和穿插。在古代多见于规模较大,采取分区组景的帝王苑囿和名胜风景区中,如北海的五龙亭,杭州西泠印社、三潭印月等。由建筑组群自由组合的空间,则多采用分散式布局。

③由建筑物围合而成的庭园空间布局。这是我国古代园林建筑普遍使用的一种空间组合形式。庭园可大可小,围合庭园的建筑物数量、面积、层数均可伸缩,可以是单一庭园,也可以由几个大小不等的庭园相互衬托、穿插、渗透形成统一空间。这种空间组合,有众多的房间可以用来满足多种功能的需要。

④天井式的空间组合布局。内聚性更加强烈的小天井庭园空间中的景物,利用明亮的小天井与四周相对晦暗的空间所形成的光影对比,往往会获得意想不到的小空间奇妙景效。如留园中的华步小筑和古木交柯即属之。

⑤画卷式的连续空间布局。按照一定的观赏路线将建筑物有序地排列起来,形成一种画卷式的连续空间布局,在我国江南水乡中较为常见。清乾隆年间修建的颐和园,也在后湖仿造了江南水乡的"买卖街",采取"一河两街"的形式,长达两百多米。

⑥混合式的空间组合布局。由于功能或组景的需要,有时可把几种空间组合的形式混合使用。

⑦总体布局统一构图分区组景。对于规模较大的园林,需要从总体上根据功能、地形条件,把统一的空间划分成若干各具特色的景区或景点来处理,在构图布局上又使它们能互相因借,巧妙联系,有主从和重点,有节奏和韵律,以取得和谐统一。

(2)园林建筑布局的手法与技巧 园林建筑布局虽然类型多样,但其布局手法大体上有以下几种:

①主从布局。建筑的主从布局,主要分为以下三种形式:a. 建筑集中布置,与山水形成对比。如北京的颐和园,布局以自然山水为主体,把十几组建筑群与小园林布置于万寿山的前山阳坡地带,形成以排云殿-佛香阁为中心的建筑布局,其他较小的景点分别点缀在沿湖的堤岸及湖中的小岛上,形成主次分明、重点突出、景观鲜明的园林环境。b. 建筑分散布局,相对集中成为重点。例如四川青城山的寺观园林,布局上大的寺观各联系若干小寺观和风景点,形成一个相对独立的景区。大寺观一般位于能控制一个大的景域范围的适中位置,是进行主要宗教活动和供客人食宿的地方,而延伸出去的小寺观与小风景点则布置于观赏风景的绝佳处,如山顶、岩腰、洞边、溪畔,形成各有特色的景观,供游人坐憩、观赏。游览山道将主要的寺观和景点联系起来。这样,一里一亭,二里一站,五里有住宿,满足了功能与观赏两方面的需要。c. 建筑物沿着一定的观赏路线布置,在其尽端以主题建筑作为结束,以形成重点与高潮。如苏州虎丘,沿游览山道西侧顺山势建有拥翠山庄、台地小园林,路的尽端有一片开阔岩石台地,北部有峡谷、山涧、剑池,沿山坡上下,依势建有石亭、粉墙及其他游赏、寺庙建筑物,而山巅处耸立着八角七级的云岩寺塔作为结束,造型雄浑古朴,形象突出,控制了整个园林景域,很自然地成为重点和高潮所在。

②正变布局。在园林建筑布局中,"正"就是以轴线来组织建筑群体,"变"就是因地制宜灵活多变地布置建筑。在私家园林中,一般居住部分是"正",以轴线组成层层院落;而园林部分是"变",以自然山水为主体,组成自由变化的格局。在皇家园林中,用轴线来组织建筑群体是常用的一种构图手法,它使整个群体既保持着严整的秩序感,又有自由变化的意趣。一般表现为:宫廷区是"正",园苑区是"变",在园苑之中,主要建筑群体是"正",次要的建筑群与独立的点景建筑是

"变"。"正"与"变"是园林建筑布局不可缺少的设计手法,是"局部"与"全局"的关系,统一中求变化,变化中有秩序,灵活地布置,就会收到意想不到的景观效果。

③静动布局。在园林中的游览活动应当是动静结合。按照动静结合的方式,园林中的建筑可分为静观的点和动观的线。静观的点,一般就是厅堂、亭榭、楼阁、平台等建筑物;动观的线,或是游廊,或是园路,或是水道,变化较大。园林建筑布局必须考虑到这种静与动的要求,既选择好静观的"点",又组织好游赏的"线",做到动与静、点与线的结合。

④对景与借景布局。在园林总体布局时,经常运用对景与借景的手法来推敲和确定园林建筑的位置与造型,使各分散的景点之间彼此互借,互为对景。

建筑物之间互为对景一般有两种方式:一种是轴线式对景方式,两个景点之间的建筑物以轴线的对应关系联系起来,这样所形成的对景建筑形象,往往是一点透视的效果,主要为求得分散景点之间相互整齐的格局。在皇家园林中的重点建筑之间经常采用对称形式,形成比较庄重、严谨的构图效果。另一种是交错式对景方式,两个互为对景的建筑之间,在平面与高度上都没有轴线关系,彼此交叉、错落、偏斜,这种方式所形成的对景建筑形象往往是生动多变的,起到多点透视的效果,在构图上显得自由活泼。

园林建筑在布局时要因地制宜,巧于因借。借景的内容包括借形、借声、借色、借香等。借景的方法有远借、邻借、仰借、俯借、应时而借。为了艺术意境和画面构图的需要,当选择不到合适的自然借景对象时,也可以适当设置一些人工的借景对象,以增加园林的神秘感和层次感。

2.3 园林建筑设计方法与技巧

2.3.1 园林建筑风格与造型

在丰富多彩的地域文化与时代变迁的共同影响下,园林建筑产生了多种风格,并随时代发展不断地演变。在整个社会日新月异的发展下,为园林建筑设计提供了较之以往丰富得多的技术手段、新型材料和设计元素,当代艺术在园林建筑设计中的运用也逐渐普及,并且社会也比以往更宽容地容纳各类思潮和各种尝试,这就使当代园林建筑呈现出风格多样化特征。

总的来说,在园林建筑造型设计中,可从以下几个方面去把握:

1)造型与功能整合

着手设计任务时,根据建设单位意图、设计要求等,通常首先从建筑物使用功能入手,按照功能进行设计的原理是建筑学现代语言的普遍原则。在内部功能相对完善的前提下,园林建筑应更多地考虑建筑造型的艺术性及造型与功能的整合。20世纪著名的美学家宗白华使用"园林建筑空间艺术"来指称中国园林,认为园林建筑既是建筑,又是艺术;既是艺术,但又不是一般的艺术,而是空间艺术。事实上,园林建筑作为技术、艺术与价值观念的结合体,不但要满足一般的功能要求,还要在空间与造型的创造上为人类提供新的可能,在营造文化品位和场所的氛围上下功夫,在建筑创作中应树立"形体与功能"的整合观,在遵从基本法则的同时,在合乎逻辑的前提下,善于综合运用造型要素、造型技巧、装饰艺术等手法,善于研究人的视觉美学原则,重视建筑群整体和全局的协调,以及建筑与景观环境的关系,在动态的建筑发展中追求相对的整体协调。

2)造型与环境整合

(1)自然环境 园林建筑造型与自然环境关系极为密切,山地、水滨、植被、沙漠、城市等背景下园林建筑形态的确立均离不开环境的制约,需要妥善处理建筑与景观环境的关系。设计师应研究拟建设区域内场地肌理,正确对待自然环境的制约,以遵循自然秩序(景观环境固有秩序)为基本手法。通常园林建筑必须满足多变化、多角度观赏的要求。将建筑体量化整为零,以不同的体量组合创造多维的形体,以适应景观环境,消解建筑与自然的紧张关系,有机的建筑形体可与环境取得和谐。

如山地自然景观具有先天的优越性与独特的视觉特征,而其中的空间秩序往往需要通过建筑等人为实体要素的加入才能更好地被感知出来。由于有了建筑的参与,人对自然山地的开发与欣赏才提到较高层次。在地形竖向多变的山地环境,结合地形采取跌落式布局是一种有效的方式,更符合山地的特点。一方面可以满足赏景需要、减少土方工程量;另一方面可以很好地解决建筑通风、采光问题,还可以增加建筑的层次、丰富建筑天际线,从而形成与环境相契合的建筑景观。

水际建筑的设计以轻盈见长,建筑宜水平方向展开,慎用竖向体块。大面积的玻璃、相对纤细的建筑构件均可与水面轻盈光洁的质感相呼应,柔和的曲线、面均与水的特性相吻合,因而也常为水岸建筑所采用。

在树木茂盛的林间,园林建筑设计结合建筑的功能单元化解、分散体量,使建筑游走于林木之间,与树木共生,"穿插""围合""散点"是三种常见的处理手法。穿插即建筑布局于树木间隙之中,建筑的外部界面因树木而呈现出扭曲、交叉、凹凸;围合即利用建筑将基地现有树木组织到建筑群体之中,从而使建筑与绿树更好地融合;散点适合于体量较小的单体建筑,因地制宜散落布置于林间,如林间木屋等。

(2)人文环境　设计者对设计元素的选择似乎信手拈来,但是每一种风格都有着一定的历史背景和文化渊源,体现其风格的设计元素应用和符号表达与其风格都有着一定的文脉联系。

园林建筑的造型是历史的、地域的、文化的、艺术的。每个地域都有自己源远流长的艺术河流,每一座小城、乡村甚至古道旁都有汇聚独特人文气息的亭台楼榭,每座建筑的构造有建筑大发展下通用的基本结构,也有地方的能工巧匠对本土建筑样式做出的创新贡献。

园林建筑是传统的,又是现代的。两种不同社会意识与价值观念决定了形态各异的建筑造型,但是在文化方面,现代又是对前者的继承,当前的社会形态需要加入文化的视觉元素,保持自身的身份标签在世界文化的大融合中不会遗失。新中式、现代欧式等传统风格的现代转变需要在设计领域进行结构的创新,兼顾现代构成的样式和传统的固有结构的辩证采纳,创造出适宜现代视角的现代园林建筑。

3)造型与结构整合

未来主义的园林建筑以前卫和新奇的视觉感受引领着机器美学的发展趋势。机器美学追求机器造型中的简洁、秩序和几何形式以及机器本身所体现出来的理性和逻辑性,以产生一种标准化的、纯而又纯的模式。其视觉表现一般是以简单立方体及其变化为基础的,强调直线、空间、比例、体积等要素,并抛弃一切附加的装饰。极端简化的形体受到有机主义、流体力学和功能构成的制约,创造出超前的建筑类型。未来主义风格的发展体系中,与自然形态融合并加入科技建造技术的有机建筑类型,受到了民众极大的欢迎,也是科技界所必须展示成果的领域。

新时期的现代中式园林建筑突破了传统建筑的构成模式,涌现了材料的多样化运用,以及遵循建筑构成法则的结构的新型化创新。本质上,科技主义主导的未来新兴风格勃然兴起。曲面或流体的成型建构、或线面打散的艺术塑形手法突出了中式园林建筑的视觉冲击力。

现代设计理念下的"中式"更多的是视觉装饰。透光感良好的亚克力材质所组成的贴面或镂空中式纹理在商业展台中展示出文化的气息。框架结构选材中,金属相对于传统木材也有较强的承载性和轻便、体量小的优势,特别是轻质的铅合金、塑钢材质等,可塑形出跨度与受力较大的桁架结构,为园林建筑的时代变形提供了坚实的技术基础。

4)造型与生态整合

作为本土化生态设计的萌生,诉诸环境的互惠共生是人对生存之道的祈求。大意识形态下,可持续发展是当前的基本国策和大众的生存共识,从广义的定义可得知,对资源的保护与再生循环是生态、经济资源可持续的一个重要方面。

对于注重生态的园林建筑设计而言,设计师应了解生态学的一些基本概念如生态系统的结构和功能、物质循环、能量流动等,借鉴可持续发展与生态学的理论和方法,从中寻找影响设计决策、设计过程的内容。采用整体综合研究的生态思维和观点来看待园林建筑设计。在设计过程中,应把握以下几个原则:尊重自然原则,乡土性原则,高效性原则,4R 原则[包括更新改造(renew)、减少使用(reduce)、重新使用(reuse)、循环使用(recycle)],健康、舒适性原则。生态园林建筑设计方法如图 2-10 所示。

生物友好型园林建筑是生态保护的典型,其设计是在生物安全的前提下,要求其建设在全寿命周期内不但要考虑风景园林建筑物本体的合理性、功效性,还要考虑内外部环境保护的科学性和可持续性,并引导其他生物与人共存,共享自然资源,这对于生物多样性的保护、创造更好的园林环境以及对风景园林建筑的合理利用等具有重要的理论和实践意义。生物友好型园林建筑的设计策略主要包括控制策略、消隐策略、引导策略和专项策略。控制策略是尽量从选址、布局、尺度、结构等"源头"上控制园林建筑对自然环境和对地域上原有生物不利影响的产生,以尊重自然为前提。

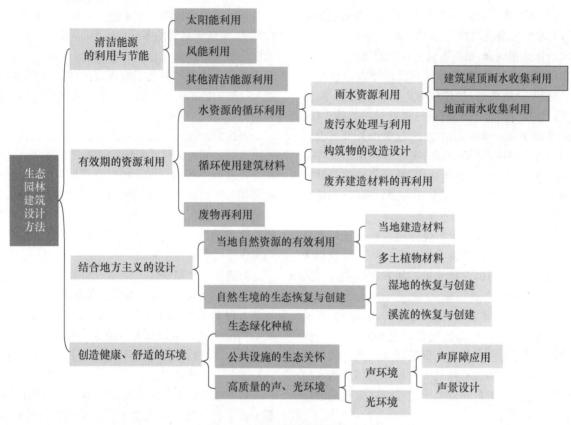

图 2-10　生态园林建筑设计方法

消隐策略是园林建筑设计通过对形式的消隐，以期保持原生境的视觉连通性。借助园林建筑表皮的虚化、材料的隐匿、整体的非承重感、建筑本体部分的掩埋来达到消隐的手段。消失的边界使得建筑与自然融为一体，建筑物轮廓、肌理和整体的表皮颜色的影响，对建筑的消隐也有很大的帮助，覆土表皮处理手法使得其从视野中消失，同时亦消减轮廓感和尖角。可采取的形式有地下式、下沉式和拟态等。引导策略，可直接引导或间接引导。直接引导为园林建筑本身的形态、色彩、结构、材料等对生物的直接吸引或借助设施攀爬，主要表现在外表皮的综合影响和阴影空间的营造。间接引导的最大特征即为"借"，通过借风景园林建筑本体以外的因子如有机体、无机物以及营造相似生境，间接引导生物与建筑发生关系，通过加大吸引力来达到引导的目的。最常用的可在光、温、水、声等无机因素和动植物、伴生种等有机体方面着手，通过各方面有机结合来实现生物友好。专项策略有生物的庇护所、栖息地、生物通道等。

在景观建设领域，寻求因地制宜地获取建筑材料

是对未来发展策略的追随，就地取材的方式在经济能源上节省了跨地域的挖掘消耗。而在塑形上，建筑与环境相融的形态也是整体地维持了视觉的统一感。如福建下石村的桥上书屋和北京怀柔的篱苑，书屋皆是以天然木材条的密集排列包裹为墙体，更有甚者，篱苑的墙体是由不修边角的柴火棍组成。又如普利兹克建筑奖首位中国籍得主王澍教授设计的宁波博物馆是靠搬迁剩下的残砖碎瓦垒掇而成的，视觉上传达给观者强烈的亲近感和连通性，为超前的现代中式景观建筑创造"原始的前卫"。

2.3.2　园林建筑尺度与比例

1）尺度

建筑造型设计中，首先要解决尺度问题，然后才能进一步推敲其比例关系。建筑尺度的形成，从人的感知体系出发，以建筑本体为对象，最终归结于心理上的尺度感。在不同的主客观环境中，人对建筑尺度的感知差异很大。风景园林建筑的尺度，由两个方面的因素决定。一方面是客观要素，如建筑的选址所涉及的

地形竖向信息、水体数据,建筑本体的高度,建筑的面宽、进深,建筑的占地面积,建筑的屋顶形式,建筑的体量组合方式以及环境中植物的种类、高度、密度等;另一方面是主观要素,作为使用和感受风景园林建筑的主体的人的感知机制,人对建筑进行观察所在的路径决定的观察视点位置的变动,所带来的观察角度和视距以及视野范围的变化等。

对一般建筑来讲,设计者总是力图使观赏者所获得的印象与建筑物的真实大小相一致。但对于某些特殊类型的建筑,如纪念性建筑,设计者往往有意识地通过处理,希望给人以超过它真实体量的感觉,从而获得一种夸张的尺度感;与此相反,对于另外一些类型的建筑,如庭园建筑,则希望给人以小于真实体量的感觉,从而获得亲切感。关于尺度,重点放在人与物之间的尺度,人与物的协调是设计师追求的目标。

中国建筑,尺度标准取自人体:"布指知寸,布手知尺,舒肘知寻。"(《孔子家语》)"人形一丈,正形也。"(《论衡·气寿》)以人体为标准,形成中国建筑十尺为室,百尺为形,千尺为势的比例尺度。"方丈为室"是与人体相近的亲切生活空间,与宽大的公共大厅形成对比。"百尺为形"使人既体会到对象的高大可尊,但又不至于把握不住的尺度,中国寺庙"百尺为形"体现的正是中国宗教的人间气息,而且无论寺庙与宫殿,内部空间都是在人间感的尺度之中。这与哥特教堂狭而高的外部尺度与内部空间形成鲜明对照。"千尺之势"这是人体既能感到对象的坚实存在而不会失去对象的最大尺度。紫禁城的"千尺之势",是要保持住人对对象的尊敬严肃的心理。而游园中建筑有着使人亲密的比例尺度,如游廊多采用小尺度的做法,廊子宽度一般在1.5 m左右,高度伸手可及横楣,坐凳横栏低矮,游人步入其中倍感亲切。

2)比例

比例的确定,一般是先从整体大的比例关系上推敲,当大的比例关系基本确定之后,再推敲细部及局部的比例,最后协调局部和整体之间的关系,使细部与整体完美地统一起来。

长期以来,人们通过研究得到一些关于比例协调、优美的结论:

(1)几何分析法　建筑的整体,特别是外轮廓以及内部各主要分割线的控制点,凡符合或接近于圆、正三角形、正方形等具有确定比率的简单几何图形,就可能

由于具有某种几何制约关系而产生和谐统一的效果。圆形、球形、正方形、立方体及正三角形等这些原始的体形是明确肯定的,简单几何形体造型明确,比例协调。

(2)相似形　相似形求得和谐统一。长方形的周边可以有不同的比率。但某些特殊的长方形,如周边长比率为1:1.414、1:1.732、1:2.236的长方形,由于受到上述数值关系的制约而具有明确的肯定性:能够被等分为若干个与原来形状相似的部分,而且它们的对角线或者互相平行,或者互相垂直。

(3)黄金分割　边长比率为1:1.618的长方形为"黄金率长方形"。黄金分割比的长方形可以被分成一个正方形和另一个黄金率长方形,这个长方形又可以分为一个正方形和黄金率长方形,依此类推。黄金分割的这种连续性构成一种有规律有节奏的动态均衡。

(4)比例的改变　随着物质技术条件、产品物质功能的不断变革和发展以及人们观念的变化,比例形式也会产生很大的变化。因此我们不能脱离物质技术条件及产品的物质功能来讨论某种数学或几何上的纯比例,而应当根据具体情况具体分析。

在比例设计上,中国古代建筑体现了很高的标准化和模数化,唐代和宋代建筑使用"材"与"分"作为木结构模数,明代和清代建筑则采用"斗口"作为基本模数,都是根据建筑的不同等级规定用材及其相对应的各种构件尺寸。屋顶作为中国古代建筑重要的组成元素之一,屋面坡度根据内部的梁柱结构来确定,宋代采用约6:1的举折坡度,清代则采用4:1的举折坡度。对立面上柱高与开间的大小关系,民间中有些做法比较自由,比如采取开间为柱高1.2倍、建筑出檐采取柱高尺度的1/3等等。

2.3.3　园林建筑色彩与质感

1)色彩

园林建筑离不开色彩,色彩是建筑元素中最易创造气氛和传递情感的要素。色彩设计关系到建筑整体美,它不仅仅是建筑师主观决定的,而且是许多参数与变数结合的动态过程,使建筑的色彩可以成为技术与美学的完美结合,并将建筑外观的色彩和质感与现代审美趋势联系起来,成为展现个性、回归自然的一种途径。除了为空间赋予性格与表情,还为原有的建筑创造出新的生命力。

(1)园林建筑风格与色彩设计　不同的国家或地

区往往有着不同的地方色彩和传统色彩,在建筑色彩的选择上也往往表现出不同的特色,如古希腊建筑的色彩表现大理石的纯净;埃及神庙表现黄色花岗岩石形成的强烈光影;欧洲教堂建筑以厚重的色彩表示宗教的肃穆;伊斯兰教教堂建筑色彩华丽,具有强烈的神秘感;日本古代建筑传承中国古风,色彩简约、朴素。中国皇家园林的富丽堂皇、江南园林的含蓄雅致主要通过建筑的色彩表现其风格。如北方皇家园林中的建筑色彩主要采用暖色,大红柱子、琉璃瓦、彩绘等金碧辉煌,显示帝王的气派,减弱冬季园林的萧条气氛。而南方的私家园林建筑色彩多用冷色,黑瓦粉黛,栗色柱子等十分素雅,显示文人高雅淡泊的情操,减弱夏季的酷暑感。这种色调不仅易与自然山水、花草、树木等协调,且易于创造出幽雅、宁静的环境气氛。现代园林建筑色彩受到国外造园特点的影响很大。如北京现代园林中的人定湖公园,设计上吸取了欧洲一些国家台地园式的造园特点,用草地、水景、雕塑、花架、景墙及青色屋顶、白色墙面的建筑,创造了一个色彩明快、节奏鲜明的具有欧洲规则式庭园韵味的园林环境。此外,具有不同性质和功能的建筑,应采用不同的色彩。如疗养院、医院以白色或中性灰色为主调,在心理上给人以整洁、安静之感;礼堂、纪念堂常常用黄色的琉璃瓦来做檐口装饰,在心理上给人以庄严、高贵和永久之感。

中国传统建筑中的色彩,一定程度上表现为以伦理为准则,并与民俗文化、宗教意识相结合的方式,来确定建筑与环境的色彩,且赋予色彩以民俗文化中的某些观念和象征的寓意。在传统的民间建筑中,常可见到接近于深黑色的青瓦屋面,"青黑"色是一种民间的习俗与观念特征。"黑"即代表了古代"五行"中的"水",依据五行相生相克的原理之"水克火",寓意避免火灾,因此,我国南方民居中多用青黑色,主要是表达一种民俗观念。在建筑与文脉的关系中,还应强调人对色彩的需求,即:从人的生理、心理需求角度探讨建筑色彩与传统文脉的关系。

建筑对色彩的处理,有强调和谐与强调对立两种倾向。我国香港净志禅苑的休闲亭(图2-11)以优美合理的造型和色彩的绝妙搭配,准确表达了与大自然有机协调的美学追求。而瑞士某公园中钢结构导识牌亭的鲜红色在绿植背景中却极为醒目(图2-12)。设计中应根据建筑物的功能性质和性格特征分别选用不同的色调,强调以对比求统一的原则,强调通过色彩的交织穿插以产生调和,强调色彩之间的呼应等。

图2-11 强调和谐——我国香港净志禅苑休闲亭

图2-12 强调对立——瑞士某公园中钢结构导识牌亭

(2)园林建筑意境与色彩设计 园林建筑空间是有形有色、有声有味的立体空间艺术塑造。色彩性能、色彩效果、色彩规律的运用能更有助于园林建筑环境意境的创造。如色彩的冷暖、浓淡的差别,色彩的感情、联想,色彩的象征作用等都可予人以各种不同的感受,这些在许多园林建筑艺术意境的创造上都显示了出来。例如,华盛顿越战军人纪念碑(图2-13)环境艺术设计者,将纪念碑设计成两个直边相连接并成一定角度的直角三角形嵌入凹陷的坡地,形成表面由黑色花岗岩砌成的挡土墙形象,其上铭刻着越战中死难者的名字。当人们缓慢步入凹地,看见黑色花岗岩上那一排排、一行行密密麻麻的名字时,心情将随地势的凹陷,越来越沉重……这种思想情感的产生和思绪的波动,不仅得益于纪念碑的空间造型语言的准确定位,而且建筑情感空间和色彩的定位,也完全紧扣人们在这

图 2-13　华盛顿越战军人纪念碑

个特定环境中的心理审美特征,以情感环境空间语言和色彩的造型形式语言,控制了处于这个特定环境中人们的思想感情,使人们的心理空间和情感空间取得了一致的效应。在此基础上,作者又把色彩的象征意义和固有的色彩情感,演绎得淋漓尽致,以黑色所具有的压抑、沉闷、罪恶、恐怖、悲哀、严肃、深沉、不幸等色彩心理和情感联想充分表达,并与材质紧密结合。通过多种要素的绝妙运用,最终造就了这个超凡脱俗的公共环境设计作品。2010 年上海世博会印度馆的入口设计(图 2-14),以传统的形体图形语言,阐述了"我像迎候神一样迎候你"这样一个理念,从情感上唤起人们对这个宗教文化大国的向往。同时,黄褐色的情调吻合并强化了这一理念,让人仿佛嗅到了淡淡的高香味,闻到了声声木鱼的敲击音。两德统一后的汉诺威世

图 2-14　2010 年上海世博会印度馆入口

博会的未来健康馆,紧紧抓住蓝色调的固有属性和情感特征,以蓝色的反光材料地面和周围深蓝色湖水图像的墙面,营造了一个轻松、安宁、舒适的空间。在这里,蓝色传递给人一种健康的信息,当色彩作为精神取向手段与建筑环境和谐配合,使色彩情感经验得到了最大限度地发挥,取得了建筑形体语言无法达到的表情效果。这说明,建筑色彩情感语汇的集结、架构、展示和传达,可直接影响到现代人与环境及其构成元素间沟通的质量。

(3)园林建筑构图与色彩设计　园林建筑环境中的色彩除涉及房屋本身的材料色彩外,还包括植物、山石、水体等自然景物的色彩。它具有冷暖、浓淡、轻重、进退、华丽和朴素等区分。色彩对比与色彩协调运用得好,可获得良好构图效果。如北海公园的白塔为整个园林中的制高点,附属寺院建筑沿坡布置,高大的塔身选用纯白色,与寺院建筑群体,在色彩上形成了强烈的对比。并且白塔的白色与远处的金碧辉煌的故宫形成烘托,使特征更为突出,在青山、碧水、蓝天的衬托下,气势极其壮丽,在色彩构图上形成主次、明暗、浓淡,对比适宜,使空间环境富有节奏感(图 2-15)。

图 2-15　北海公园白塔

在园林建筑造景时,为突出建筑物的空间形体,所用的色彩最好选用与山石、植物等具有鲜明对比的色彩。也可以山林、草地为背景,使建筑小品、石景、植物等与背景色形成对比,组成各种构图效果。

园林建筑环境中的围墙,常用来分割空间,以丰富景致层次、引导和分割游览路线,所以它是空间构图的一项重要手法。围墙面的色彩不同可产生不同的艺术效果。白墙明朗而典雅,与漏花窗、景窗组合更显活泼、轻快,特别是与植物等组景,色彩更加明快。灰墙色调柔和雅静,如云似雾,冥冥中好像没有墙壁,扩大了空间感,用来衬托山石植物,可给人以幽雅感。

色彩存在于一个大环境中,它不可能孤立存在,所

以在研究建筑色彩时,必须从整体出发,综合考虑诸多环境因素的影响,首先注重统一性,再强调个性,这样才能设计出与环境相协调的建筑色彩。现代园林建筑突破传统色彩的束缚,在色相上化繁为简,在饱和度上变深为浅,在亮度上以明代暗。建筑用色除了考虑建筑本身的性质、环境和景观三者的要求之外,还应在用色上别出心裁,这样才能有所创新、不落俗套。

2)质感

所谓质感,是用来描述人对物体材质的生理和心理活动的,也就是物体表面由于内因和外因而形成的结构特征对人的触觉和视觉所产生的综合印象。它是人的感觉系统因生理刺激对材料做出的反应或由人的知觉系统从材料表面得出的信息。

质感包括两个不同层次的概念:一是质感的形式要素"肌理",即材料表面的几何细部特征;二是质感的内容要素"质地",即材料表面的类别特征。

质感包括两个基本属性,一是生理属性,即材料表面作用于人的触觉和视觉系统的刺激性信息,如软硬、粗细、冷暖、凹凸、干湿等;二是物理属性,即材料表面传达给人知觉系统的意义信息,也就是材料的类别、性质、机能、功能等。质感是由于材料表面的排列、组织构造不同,使人得到触觉质感和视觉质感。触觉质感又称触觉肌理,它不仅能产生视觉感受,还能通过触觉感受到。如材料表面的凹凸、粗细等。视觉质感只能依靠视觉才能感受到。如砖石的表面、木纹、纸面印刷的图案及文字等。这种物体表面的组织构造,具体入微地反映出不同物体的材质差异,它是物质的表现形式之一,体现出材料的个性和特征,是质感美的表现。

不同的材料具有完全不同的质感、力学性能和艺术表现力,如混凝土的朴素粗犷、玻璃的通透晶莹、金属的光亮纤巧、膜的洁白轻盈。而同种材料通过不同的生产加工方式或者施工构造组合,亦可表现出不同的质感,表现出截然不同的个性与风貌。质感是增强建筑表现力的一个强有力的方式。

通常,园林建筑形体质感的设计方法有以下几种:

(1)同种材料对比 材料相同时,主要通过单元不同的排列方式或不同的质感及不同的表面纹理来取得对比的效果。

(2)类似材料对比 相似的材料之间,如不锈钢与玻璃、石材与砖,通过不同的质感与肌理的变化取得对比的效果。

(3)不同材料对比 为寻求材质的强对比,建筑师往往用不同的材料进行对比取得效果,甚至对材料的肌理有意拉大差别,形成强烈对比。

习题

1.园林建筑的功能类型有哪些?
2.简述园林建筑空间形态类型与构成方法。
3.简述园林建筑的结构选型。
4.简述园林建筑设计中立意的概念与方法。
5.园林建筑选址时应该考虑哪些方面?
6.试述园林建筑布局形式与技巧。
7.试述园林建筑造型设计方法与技巧。
8.试述园林建筑色彩与质感设计方法与技巧。

第**3**章

标识性园林建筑

【学习目标】
1 了解标识性园林建筑的主要特征;
2 理解标识性园林建筑功能类型;
3 掌握标识性园林建筑的主要类型、形态特征。

【学习重点】
1.风景区入口的选址布局因素与方法;
2.公园大门建筑与园林环境的关系;
3.主题性园林建筑的形态设计方法。

3.1 标识性园林建筑概述

3.1.1 标识性园林建筑的概念

在整个园林体系中,通过自身的尺度比例、高低错落、外部形象、大小变化,结合园林环境形成具有鲜明特色的展示空间的建筑称为标识性园林建筑。这类建筑要么处于整个园林景观序列的开端,引导序列空间的发生和连续;要么布置风景区或者园区的出入口处,位置突出、醒目,也起到标志、划分与组织园林内外空间、控制人车流出入与集散、管理及小型服务等作用。同时,标识性园林建筑在满足基本功能的前提下,通过设计手法展现出园林的整体特征以及基本的艺术风格,是园林环境中的一个重要的组成部分。

3.1.2 标识性园林建筑的作用与分类

1)标识性园林建筑的作用

标识性园林建筑在园林建筑体系中发挥着重要的作用,主要表现在以下几个方面:

(1)标志作用 中国地域辽阔,根据气候环境、地文地貌、风土人情、历史文化的不一,滋养了不同的园林文化,例如岭南园林、江南园林、北方园林。不同园林风格中的标识性园林建筑自然也有其独一无二的地域特征,往往与所属园区体系、社会背景、时代环境高度融合。建筑本身的形式并不受限,可以形成或软或硬、或直或曲、或内敛或奔放等具有设计感的标志形状,如高耸的山柱、精美的售票室等都能轻易捕捉人的视线,还能在光照和气候的影响下产生不同的视觉效应,引导人的行为发生,是园林环境中一道亮丽的风景线(图 3-1)。

图 3-1 大唐芙蓉园标识性建筑紫云楼

(2)空间划分 利用建筑的布局设计,可以有效地、自然地划分空间,如它们之间的相对位置、高低、尺度、大小、形态、比例,以及与建筑相关因素的设计使用,可以明显地将园林的空间与周边空间相分割,形成不同功能或景色特点的空间,也可以利用地形地势、建筑小品、雕塑或绿化等,在空间中形成隔景、障景、对景、借景等,以不同的方式创造和限制空间。

例如,利用地形划分空间不仅是分隔空间的手段,而且还能获得空间大小对比的艺术效果。平坦、起伏平缓的地形能给人以美的享受和轻松感,但平地的横向连续性易导致缺乏垂直方向的设计因素,在视觉上产生垂直空间的空白或不生动性。斜坡地形中,利用坡度本身就能发挥限制和封闭空间的作用,易于激发人们的内在情绪和感受,使人们全身心地融入园林之中(图3-2)。

图3-2 岳太山国家森林公园入口

(3)引导安全与集散 指组织引导人流及交通集散,尤其表现在节假日、集会及园内进行大型活动时,人流、车流剧增,需恰当解决大量人流、车流的交通、集散和安全等问题。

例如,标识性园林建筑可以凭借布局、地形地势的起伏变化性,有效地影响游览路线和速度。可以利用广场作开敞性布局及平地设计,以方便人们行走或行车到达。因此,应合理布局建筑,利用地形等因素,影响和调整行人和车辆运行的方向、速度和节奏,在建筑环境中,运用空间布局或地形设计的同时,也要根据人们的生理机能的需要,设置相应的辅助休息设施。

(4)配套服务 标识性园林建筑在具有一般门卫功能的基础上,还具有售票、收票及相关的园区管理等职能。另外,在整个布局设计中尽可能将小型服务设施列入其中,例如提供购买、通信、寄存、问询等服务(图3-3)。

图3-3 慕尼黑公园入口

2)标识性园林建筑的分类

(1)按风格分类 一般来说,标识性园林建筑与园林造园风格具有统一性,大体也划分为自然式园林标识性建筑、规则式园林标识性建筑和混合式园林标识性建筑三种。

①自然式园林因多强调自然的野致和变化,布局中离不开山石、池沼、林木等自然景物,因此山林、湖沼、平原三者俱备,傍山的标识性建筑借地势错落,并借山林为衬托,颇具天然风采。

②规则式园林建筑多采用对称平面布局,一般建在平原和坡地上,结合园林中道路、广场、花坛、水池等按几何形态布置,排列整齐,风格严谨,大方气派,现代城市广场、街心花园、小型公园等多采用这种方式。例如,在南京梅花谷入口的设计中,可以看到入口建筑的端庄、典雅,通过牌坊的变体,达到了通透视觉、功能暗示与空间氛围的完整表达,是规则式园林标识性建筑较好的体现。

③混合式园林标识性建筑则为自然式、规则式两者根据场景相结合,扬长避短,突出一方,在现代园林中运用更为广泛。

(2)按功能分类 标识性园林建筑的功能,与通常的建筑功能并不完全相同,其主要特点是注重结合自然环境,注重对园林环境的影响和自身使用功能的塑造,这类建筑规模虽然较小,但是通过每个园林建筑造型及构造设计的不同,更塑造出园林主体风格的差异性。标识性园林建筑原则上造型丰富、具有明显标志性或表征作用,多设置于风景区或园区的各景区、景点出入口处。

①标识性景区入口建筑。景区入口建筑的标志功

能设计,要根据整体景区的环境特色、性质和内容,考虑入口建筑的形象、个性、体量以及材质等要素,使其能起到突出或强化作用。例如,三峡截流纪念园入口大门(图3-4),前区的标志性入口建筑采取高峡出平湖的意境,中间的叠水动势起伏,象征着三峡磅礴的水流,景墙模拟红砂岩石构筑,富有深厚的地方气息和文化风韵。

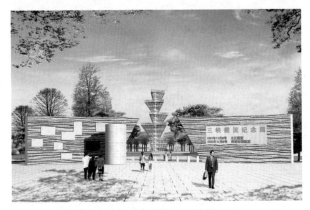

图3-4 三峡截流纪念园

②标识性景点入口建筑。景点入口建筑的标志功能常以其特有的景点形象,表现该景点的性质、内容与

特征。在结合自然环境的地形地貌的基础上,运用牌坊、碑石、山门、石栏或名泉古木等元素,创造出朴素自然、个性鲜明、标志性强的入口建筑(图3-5)。

图3-5 上海静安雕塑公园入口

3)标识性园林建筑功能的构成形式

(1)用小品建筑构成建筑的标志功能 例如,利用自然的高度优势,进行台阶、绿化、石块、构架式门廊等元素的组合,在视觉延续的同时,以激发游人的好奇和攀登的欲望(图3-6)。

图3-6 陕西韩城司马迁祠的山门、牌坊

又如,山门、牌坊在具有悠久历史的景点较为常见,且与周围传统特色的建筑、环境相协调。山门、牌坊等构成标识性园林建筑于平地兴建时,一般设在主体建筑群的轴线上。

(2)利用自然山石或模拟自然山石构成标识性园林建筑的标志功能 此类景点入口巧借地形,更顺乎自然,以简胜繁,耐人寻味。如福建武夷山"天游门",剔土露石,利用巨石与石壁构成景点入口,在石壁一侧刻上"天游门"三个大字加以强调景点入口的氛围(图3-7)。又如福州鼓山"石门"景点的出入口,因其岩壑朴拙,故入口处巧借登山道上两块高耸挺拔的天然石块组成,与"石门"相印证,给人留下深刻的印象,然而有些景点入口采用人工塑造山石来模拟自然,如福建武夷山茶洞景区"仙浴潭"入口处,就是采用在山谷间塑造石门的手法,以取景点雅朴幽深之景效。又如,硅化石国家地质公园入口处,利用公园本有造型淳朴,不加修饰的硅化石进行景点功能的标志,使游人在见到它时,就已经理解其内涵。

图3-7 福建武夷山"天游门"

(3)用石筑门、钢构门、张拉结构等构成标识性园林建筑的标志功能 "嘘云洞"(图3-8)是福建武夷山"云窝"景区中一景点,洞内外温差达摄氏十几度,洞内有时会吐出一股云烟,故称"嘘云洞"。其景点出入口设在洞前山凹处,用毛石筑门,装上石门轴块,作为设门表征。

图3-8 武夷山茶洞"嘘云洞"入口

3.1.3 标识性园林建筑的设计方法

1)标识性园林建筑的设计要求

标识性园林建筑的设计应涉及人的因素、地域与技术的因素、建筑与环境的关系因素、经济的因素等,也就是说,标识性园林建筑设计首先要以人为核心,在尊重人的基础上,关怀人、服务于人;其次,设计的出现可能是技术上的革新,也可能是社会需求改变或文化氛围演变的结果。因此,在标识性园林建筑设计开发的过程中,设计师应依据区域总体规划,按以下要求进行设计。

(1)交通的网络化连接 交通的网络化连接是指人们可以凭借已有的道路交通网络,快速、便捷、安全地到达或离开。标识性园林建筑与其他建筑相比,在这一点上就有显著的特征,因为标识性园林建筑在承担标志划分空间功能的基础上,还要完成控制人流、车流,方便管理、服务等方面的实用功能。因此,交通的网络化入口建筑设计中非常重要。

①有些标识性建筑本身地处城区中央,娱乐性质浓厚(如游乐园、比赛场馆等),且道路交通便捷,设计时要考虑的因素就是如何让建筑与最近的交通换乘点(如公交车、地铁、停车场等)保持50～80 m的距离,同时保证多人并行的道路宽度,使游客在高度兴奋的状态下,能通过步行运动降低兴奋程度,以减少因游客离开时过于兴奋而造成的交通事故、身体冲突等一些危害性后果的发生概率。

②有些标识性建筑地处城市边缘,游览观光性较

强(如旅游区、森林公园等),且道路交通不便,设计入口建筑时要考虑的因素就是如何根据区域特色,对标识性建筑进行塑造,增强其识别性、标志性和引导性。在不断完善交通网络的同时,通过标识性建筑强烈的视觉冲击力,以及适宜地选择多种与交通网络的连接点(如观光巴士、地铁、城际等),使游人在到达过程中通过道路交通网络就已经兴趣盎然,离开时更加流连忘返。

(2)功能分区明确化 标识性建筑无论大小、单体还是群体,都要有功能分区,使各种功能既不互相干扰,又有联系,以方便人们参观出入和工作人员管理。如标识性建筑设计要注意人流、车流的控制。在主入口处可以设置专用车道或专用门,以便在人流、车流增多时进行疏导。同时,在紧急情况下方便特种车辆(如救护车、消防车等)的通行。又如,售票亭、收票口及小型服务设施的相对位置的设计。在人流量大的标识性建筑空间中,可以采用对称式设计,在大、小出入口的两侧均设有收票、售票亭,以降低人流购票、购物、等待、出入等行为造成的流动线的反复交叉。也可采用售票口按照设计好的流动线,在出入口的外广场处进行有序流动,同时在外广场的地面上可设些有趣的提示信息、小品绘画,或在广场上增加迷宫、雕塑、小品或一些简单的游乐节目,降低因游人过多而带来的疲劳情绪。还可以采用入口空间与出口空间相分离的方式,即游人从入口进入园区,便成为流动线的起点,按照一定的顺序参观完全部景点后从出口离开。入口与出口相对独立且保持一定距离,使入口与出口的功能都相对单一,也可以降低外广场出入口处人流过大的压力。

(3)满足视觉观赏 在设计中,对人性的关注越来越重要。如何体现对人的关爱、对人性需求的探索等,便成为对设计的考察要点。"以人为本"说来容易,但要真正做到,确实需要认真研究。

如人们对标识性建筑的认知,主要通过视觉,视觉所获得的信息达到正常人获得信息量的75%~87%,同时,90%的行为是由视觉引起的。可见在对标识性建筑及环境认知的过程中,视觉比听觉、嗅觉、触觉等发挥着更大的作用。因此,在对视觉因素进行设计时,要考虑以下几个问题:首先,人们对标识性建筑的视觉感知,即观看时需要一定的距离。从扬·盖尔德人体尺度基础出发,在140 m×60 m建筑的外广场上,人与建筑物保持20~30 m的距离,能够把具体的建筑从背

景中分离出来,保持12 m为亲切距离,正如古人"千尺看势、百尺看形"之说。

视距还与标识性建筑的高度或宽度有关,如标识性建筑整体以高方向为主,那么最佳视距与建筑物高度的比值为1.5~2.5,即建筑物高10 m,最佳视距在15~25 m,可以对标识性建筑有较完整的印象。

其次,观看需要一个良好的视野。视野是头和眼睛固定时,人眼能观察到的范围,眼睛在水平方向上能观察到120°的范围,在垂直方向能观察到130°的范围,其中以60°较为清晰。因此,标识性建筑除能够形成一个良好的视野,给游人印象深刻外,还需要运用多种设计元素,如台阶、扶手、坡道等形成韵律和方向感的过渡物等,同时,还可以凭借地形、地势的高度,使标识性建筑成为一个突出的观望角,或通过门洞形成框景等,在良好的视野范围内,引起游客的浏览兴致。

2)标识性园林建筑的设计方法

标识性园林建筑的因素没有过于严格的限制,其创作空间相对自由。标识性园林建筑设计虽然突出环境的因素,但设计的重心必须"以人为本",从创意、布局、属性、空间设计及美学体验等几个方面,将形态进行深入剖析,积极探索建筑的设计方法,从而创造出多元化、立体化的艺术作品。

(1)设计的创意 创意是创新与立意的合体,设计因创新而有了生命之源,因立意而有了发展之本。因此,创意的好坏对整个设计的成败至关重要。

一个好的设计不仅要有创意,而且要善于抓住设计中的主要矛盾,既能较好地解决标识性建筑功能的问题,又具有较高的艺术境界,寓情于景,触景生情,情景交融。

由于标识性园林建筑不同于其他建筑类型,既要满足一定的功能性、艺术性、观赏性的要求,还要注重与园内及城市环境系统的关系;既要满足人们在动线中观景的需要,又要重视对园林内外空间的组织和利用,使园林建筑内外空间和谐统一。因此,标识性园林建筑在设计上更加灵活多变。

我国古典园林中的标识性建筑不可胜数,却很难找出格局和式样完全相同的。园林标识的设计总是因地制宜地选择建筑式样,巧妙配置山石、水景、植物等,以构成各具特色的空间。现代园林标识建筑不能简单地套用、模仿,把一些檐头、漏窗、门式、花墙等加以格式化,随处滥用,这是万万不可取的,真正的设计贵在

创新,哪怕简单的模仿都会削弱其感染力。

标识性园林建筑的创意,在强调建筑自身景观效果,突出艺术情境创造的同时,也绝不能忽视建筑功能和园林自然环境条件。否则,园林建筑、景观或艺术情境就将是无本之木、无源之水。

另外,标识性园林建筑的创新性还在于设计者如何利用和改造环境条件,如绿化、水源、山石、地形、气候等,从总体空间布局到建筑细部处理细细推敲,才能达到"景因境成,景到随机"的境界。

标识性园林建筑设计随着科技、材料以及建造技术的发展,也逐渐趋向于注重高科技、情感的投入。同时,对游人的审美情趣、心理特征以及环境、社会的美感评价也不能忽视,否则,背离社会、背离游人的设计创意是无法被认可的。

(2)整体和谐 标识性园林建筑要以功能需要为前提,与园区内部环境(即主要景观、建筑、广场、导游线等)相协调,形成有主有次、主次相依相辅的建筑设计特色,以标识建筑为龙头,带动游客在景区内的串联、并联、放射、混合等方式的参观线路,以方便游人全面或重点参观。还要与城市环境、道路交通系统、游客、自然达到整体和谐,以方便游人到达及增强整体环境效应。

标识性园林建筑空间的组合形式,建筑有了好的组景立意和恰当的选址,还必须有好的建筑布局,否则构图无章法,也不可能成为佳作。标识性园林建筑的空间组合形式通常有以下几种:

①开放性空间:a. 由独立的建筑物和环境结合,形成开放性空间。这类设计对建筑物本身的造型要求较高,使之在自然景物的衬托下更见风致。因此,在点出园区景观特色的同时,还要强调建筑物主体特色。b. 由建筑组群自由结合的开放性空间。这种建筑组群一般规模较大,与园林空间之间可形成多种分隔和穿插。在兼顾多种实用功能的基础上,通过分散式布局,利用道路、铺地等使建筑物相互连接,空间组合可就地形高下,随势转折,但不围成封闭的空间。这种设计方法因涉及建筑物较多,给人的视觉感受丰富,印象壮观,且具有功能完整、空间连续性好的特点。因此,这种由建筑群自由组合的开放性空间是设计师潜心研究的形式。

②封闭性空间:由建筑群围合而成的封闭性空间,有众多的空间可用来满足售票、休息、控制人流等多种功能的需要。在布局上可以是单一封闭性空间,也可以由几个大小不等的封闭性空间相互衬托、穿插、渗透

形成统一的空间,从景观方面来说,封闭性空间在视觉上具有内聚的倾向。一般情况下不是为了突出某个建筑物,而是借助建筑物山水花木的配合突出整个空间的艺术意境。

③混合式空间组合:由于功能式组景的需要,可把以上几种空间组合的形式结合使用,总体布局统一,分区组织建筑,称混合式空间组合。

如果是规模较大的园林,标识性园林建筑设计需从总体上根据功能、地形条件,把统一的空间划分成若干各具特色的景区式景点空间来处理。在构图布局上互相因借,巧妙联系,有主从之分,有节奏和韵律感,以取得和谐统一的效果。

由此可见,标识性园林建筑的空间布局形式多样,变化万千,如何才能掌握或开放、或封闭,或活泼、或严谨的空间布局呢?只有从园区的特色、功能、地形等出发,经过不断的设计历练,才能选择比较合适的空间布局形式。

3)标识性园林建筑的尺度与比例

尺度在园林建筑中是指建筑空间各个组成部分与自然物体的比较,是设计时不容忽视的。功能、审美和环境特点是决定建筑尺度的重要依据,恰当的尺度应和功能、审美的要求相一致,并和环境相协调。

标识性园林建筑是人们出入、休憩、赏景的所在,空间环境的各项组景内容,一般应具有轻松活泼、富于情趣和使人无尽回味的艺术气氛,所以尺度必须亲切宜人。

标识性园林建筑的尺度除了要推敲建筑本身各组成部分的尺寸和相互关系外,还要考虑园区空间环境中其他要素如广场、道路、景石、池沼、树木等的影响。一般通过适当缩小构件的尺寸来取得理想的亲切尺度,室外空间大小也要处理得当,不宜过分空旷或闭塞。另外,要使建筑物和自然景物尺度协调,还可以把建筑物的某些构件如柱子、墙面、踏步、门窗、屋顶等直接用自然石材、树木来替代,或以仿天然喷石漆、仿树皮混凝土等来装饰,使建筑和自然景物互为衬托,从而获得空间亲切宜人尺度。

在研究空间尺度的同时,还需仔细推敲建筑比例。一般按照建筑的功能、结构特点和审美习惯来推定,现代标识性园林建筑在材料、结构上的发展使建筑式样有很大的可塑性,不必一味抄袭模仿古代的建筑模式,若能在创新的同时,适当借鉴一些地方传统特色的建

筑比例,取得神似的效果,必会令人耳目一新,同样除了建筑本身的比例外,还需考虑园林环境中水、石、树等的形状及比例问题,以达到整体环境协调。

4)标识性园林建筑的色彩与质感

标识性园林建筑的色彩与质感处理得当,其营造的空间才能有强有力的艺术感染力,形、声、色、香是园林艺术意境中的重要因素,而标识性园林建筑风格的主要特征更多表现在形和色上,我国南方建筑体态轻盈,色彩淡雅;北方则造型浑厚,色泽华丽,随着现代建筑新材料、新技术的运用,标识性园林建筑风格更趋于多姿多彩,简洁明丽,富于表现力,色彩有冷暖、浓淡之分,颜色的情感、联想及其象征作用,可给人不同的感受。

质感表现在建筑物外形的纹理和质地两方面。纹理有曲直、宽窄、深浅之分,质地有粗细、刚柔、隐显之别。色彩与质感是建筑材料表现上的双重属性,两者相辅相成,只要善于发现各种材料在色彩、质感上的特点,并利用它组织节奏、韵律、对比、均衡、层次等各种构图变化,就可获得良好的艺术效果。

5)无障碍设计

在标识性园林建筑设计中,还应体现对弱势群体的关怀,即现代设计中最为重要的无障碍设计,无障碍设计的目的在于为活动受限者平等参与社会活动提供便利条件,要求根据使用性质在规定范围内实施规定内容。无障碍设计是一个系统工程。对于标识性园林建筑而言,无障碍设计应包括道路、出入口和建筑物等多个细节,各有关部分是相互依存的,需要紧密配合才能发挥作用。由于使用对象不同,采用无障碍设施要有所侧重,如在建筑设计过程中,要兼顾多种活动受限者的需要。因此,建筑中应处理好残疾人坡道、盲道等的设计。

(1)标识性园林建筑附近盲道位置 一般应在人行道尽端处、建筑物入口前、公交停靠站前,人行横道处、人行道里侧绿化带豁口处、人行道高差跌落处,以及人行天桥、人行地道中的坡道尽端处等。

(2)标识性园林建筑无障碍设施设计要点 ①通行无阻。保证出入口处通行范围的宽和高,地面要防滑,不绊脚,残疾人坡道的坡度和宽度应符合《城市道路和建筑物无障碍设计规范》。②信息到位。标识性园林建筑指引标志齐全,易于辨认,关键位置有提示,紧急呼救有人处理。③自主使用。所有手操作部分伸

手可及,操作简易方便。④防止意外伤害。对易出现事故的范围采取保护措施,既要尽量减少出现意外,又要注意减少出现意外后的伤害。⑤紧急疏散和救助。活动受限者的席位设在易疏散、易给保护的位置,轮椅位深为1.1 m,宽度为0.8 m。

由此可见,标识性园林建筑的设计只有满足了交通网络化连接、功能分区明确化、整体和谐、视觉观赏及无障碍设计要求的基础上,结合园区风貌、城市气质和社会环境等因素,运用设计师的才华,才能创造出使人流连忘返的标识性园林建筑经典。

3.2　风景区入口

在风景园林建筑的入口及大门建筑中,风景区(风景点)入口和公园大门是游人欣赏景观最先接触的位置,也是游人进入景区(公园)必经之路,因此,入口的使用频率非常高。入口的设计必须要醒目,同时应结合实际情况,设立提示的标志。

园林大门是各类园林中突出、醒目的面貌,由于各类园林的性质不同,其大门的形象、内容,有很大的区别。如自然风景区、城市小游园和城市公园的大门就迥然不同(图3-9、图3-10)。

图3-9　华蓥山风景区大门

入口的组成因园林的性质、规模、内容及使用要求的不同而有所区别。按目前最普遍公园类型,其主要出入口大门的组成大致有如下内容:出入口(大门)、售票室及收票处、门卫和管理用房、入口内外广场及游人临时等候区域、停车场和自行车存放处等。

图3-10 沂山风景区大门

另外,有些公园还包括一些小型服务设施,如小卖部、电话亭、照相亭、儿童车出租处、物品寄存、游览导游等(图3-11)。

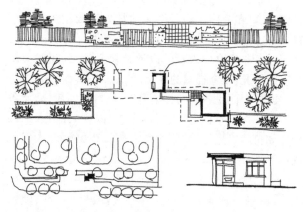

图3-11 上海公园大门设计图

入口作为游人进入公园的第一个视线焦点,是给游人留下的第一个印象,故在设计中要充分考虑它对城市街景的美化作用以及对公园景观的影响。出入口附近绿化应简洁、明快。

3.2.1 风景区入口类型

入口作为风景区功能结构中的一项重要部分,是不容忽视的,风景区的一个入口结构,包含入口建筑及配套服务设施,内外人流集散广场、停车场、游客服务中心等。随着旅游形势的发展和城镇化进程的加快,越来越多的风景区为人们提供了良好的休憩、活动、观光场所。许多风景区建设入口园林建筑,不仅作为景区或者公园的形象,甚至成为所在旅游区甚至更大范围的标志物、风景区的大门设计理念应新颖独特、美观大方,不仅要与周围环境相协调,与景区本身的建筑群风格一致、融为一体,还要考虑容纳游人活动的空间,

要充分体现景区的特色和发展方向。

优美的入口形象有助于吸引游人,标志的造型要富有个性、体量不一定要大,材质不一定要高,要根据实际环境,从整体出发考虑其空间组织及建筑形象,立意要切合景区的性质与内容。

随着近代建筑的不断推陈出新,大门设计的造型,空间组织也体现出一种富有时代感的清新、明快、简约的特点,大门的类型也不断丰富,包括山门式、牌坊式、柱式、顶盖式等,各有各的特点,充分展现时代精神和地方特色。

1)利用原山石或模拟自然山石构成入口

用这种巧借地形的方法来构成入口,更顺乎自然、以简胜繁。目前较大的城市公园,内部都划分为若干个景点,景点入口多由建筑构成,但也有一些入口结合自然山石处理,更是别具一格(图3-12)。

图3-12 江西省海木源风景区大门

2)以自然山石结合山亭、廊、台构成入口

将人工和自然这两种不同性质的处理方式糅合在一起,使其布局紧凑,主次有序,较易收到良好的效果。既能形成体现景区特色的一处景点,也可以成为游人休憩赏景的一个去处。

园林入口的处理要有总体观念,既要照顾和局部环境的配合,也要注意在同一景区特别是同一游览线上各个景点入口处理是否统一。入口的设计不单纯是它本身的造型和风格问题,也牵涉入口前后的空间序列与组织的相关性(图3-13至图3-15)。

3)利用小品建筑构成入口

利用小品建筑构成入口多见于有悠久历史的风景区、采用山门、牌坊等小品建筑构成入口,与古建筑群

可以相互呼应,自然地融为一体。现代景观园中往往提取传统建筑元素,结合现代设计手法、材料来设计入口,烘托景观主题(图3-16)。

图3-13　纳米比亚埃托沙国家公园大门

图3-14　南非克鲁格国家公园入口

图3-15　荷兰卡茨赫佛尔公园大门

图3-16　大唐芙蓉园历史园入口

3.2.2　风景区入口设计技巧

1)遵循原则

风景区大门建筑的设计要根据风景区的性质、规模、地形环境的风景区整体造型的基调等各因素进行综合考虑:①大门建筑的体量及入口规格应根据风景区容量来确定;②大门建筑形式结合风景区的性质,与风景区整体景观风格相协调;③造型立意要新颖、有个性、忌雷同;④大门建筑设计结合生态要求,注重生态材料的使用。

2)实例分析

樱花陵园入口服务中心+入口桥(宜兰,台湾,中国)

(1)区位关系　樱花陵园位于中国台湾宜兰,樱花陵园是黄声远和田中央设计群的作品,樱花陵园获得2010年台湾建筑佳作奖,提名第二届中国建筑传媒奖,提名人吴光庭给出的理由是"以地景之观念处理公共陵墓园区之规划及设计,不仅对地貌环境保育有所贡献,在建筑空间上亦表现出丰富的人文景观及其对人及土地的关,形成独特的地景美学。樱花陵园入口服务中心和入口桥的场地面积:13 789.16 m²,基底面积:513.35 m²,总建筑面积:772.66 m²,楼层数:2层(图3-17,图3-18)。

图3-17 中国台湾樱花陵园入口服务中心

图3-18 中国台湾樱花陵园入口桥

(2)入口设计特点 樱花陵园入口的桥本来是农业局做的山区道路最后一段,设定是直的,由于两端道路高层因施工误差不在同一高度,设计师设计了一个弯的桥,增加长度可以化解高差,还可以环抱整个兰阳平原。服务中心主要空间为筒状结构,入口桥是一个因为结构需要而隐藏了预力钢索的空间,而沿步道连接到服务中心的空间时,本质可以被显露并被体验,使内部的"空"被打开,人们能看见并走入。弧线的形态除了自入口桥蜿蜒而来之外,也顺应原始山形的凹凸轮廓。设计并没有大规模挖填方,而在坡间浅剖一刀,以卸下的土回馈自己的地平线。这样的做法软化了传统的高耸挡土墙,因而感觉不到房子的存在,真正与山的表面共生。

入口外观呼应起伏山线,顺势而行的墙以两种不同表面处理,分别暗示它们的意义为挡土功能的粗糙机凿面,及从内延伸而出的光滑模板面。而服务中心的空间则轻夹其中,筒状的室内集纳成一个长形空间,创造了户外或半户外的空间。随着自坡上深入地下的倾斜,这些环绕空间也不时起伏穿入内部,使室内间歇被打开。红砖的大阶梯贯穿其中,阶梯上层为办公空间,下层接续小型展示室。环状步道带领着人流移动,也引导向感受到风与水露的半户外厕所。路径连通上下各处,内外区隔不再是有形的界线,而是伴随不同景致,如生命本质一般。雾气环抱中,相对于入口桥有力的逆谷跨越,服务中心的筒状空间却顺应等高线,自入口桥尾处扭动而轻展,曲度延续止于一座缓丘,展开自然广角视野,使人们重回山的本身。

3.3 公园大门

3.3.1 公园大门功能类型

大门的设计要根据公园的性质、规模、地形环境和公园整体造型的基调等各因素而进行综合考虑,要充分体现时代精神和地方特色。造型立意要新颖、有个性、忌雷同。

园门的比例与尺度运用得是否恰当,会影响到艺术的效果。它不仅要考虑其自身的需要,也要考虑与所在环境的协调,反之亦然。适宜的比例与尺度,有助于刻画公园的特性和体现公园的规模。

新材料、新结构、新工艺在现代建筑领域中不断涌现,因而公园大门设计的造型、空间组织亦应体现出一种富有时代感的清新、明快、简练、大方的格调。

大门形式的选择首先必须结合公园的性质和规模,其次受周边环境条件的影响,下面是几种较常见的公园大门的立面形式。

1)山门式

这是我国传统的入口建筑形式之一。据我国古代的"门堂"建制,不仅在建筑群外围设门,且在一些主要建筑前也有设门。

山门是古代寺庙放在集市上或者山脚下第一道门,即寺院的外门或正门,因为寺院大多建筑在山林之间,所以被称为"山门"。后世寺院虽已渐渐移往平地,也泛称山门。具体来看山门不是门面,是类似牌坊一类的建筑,建筑形式相对比较简单。

一般在道观门或寺庙门外尚设有"山门"等建筑标志。这实际是宗教建筑的"福地""洞天"所属领域,"山门"就是这建筑群的序幕空间,对游人来说是起着表征和导向的作用。后来也有把控制人流的入口建筑称为山门。过去此类入口建筑多为砖石墙身、坡顶,造型敦厚、庄重(图 3-19,图 3-20)。现代园林则对山门的做法有了进一步的改进。

图 3-19　广州中山纪念堂山门

图 3-20　北京北海公园大门

2)牌坊式

牌坊式建筑在我国有悠久历史。按其开间、结构和造型来区分,一般有门楼式牌坊和冲天柱式牌坊两大类。一般牌坊多属单列柱结构,规模较大的牌坊为了结构的稳定则采用双列柱构架(图 3-21)。

过去的牌坊和"山门"在功能上相仿,作为序列空间的序幕表征,广泛运用于宗教建筑、纪念建筑等。如南京中山陵牌坊门(图 3-22)。过去在祠堂、官署前也多置牌坊为第一道门,既是空间的分割,也是区别尊卑的标记。在古代城市中被称为牌楼门的牌坊则是坊里大门。传统的牌坊门多采用对称手法,一般造型较疏朗、轻巧。但也有些牌坊门设计得较浑厚。近代公园

的牌坊门为了便于管理,多采用较通透的铁栅门,票房调于门内,以免影响牌坊的传统造型。

图 3-21　广州人民公园后门

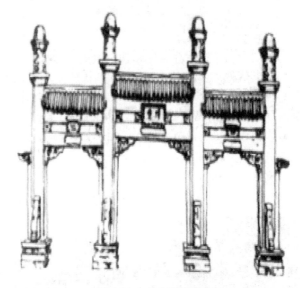

图 3-22　中山陵牌坊门

3)阙式

阙式大门是由古代石阙演化而来。现代的阙式园门一般在阙门座两侧连以园墙,门座中间设铁栅门。由于门座间没有水平结构构件,因而门宽不受限制,售票房可筑在门外或门内,也有利用阙座内部空间做管理用房。

广州起义烈士陵园的"陵"门(图 3-23),宽达 30 m,后靠宽敞的陵园大道,面向宽阔的草坪。两座

白石阙门座之间建以多组红色铁花门，阙顶为朱红色琉璃瓦，大门两侧连以弧形园墙，砌上红色琉璃通花，阙壁镶嵌刻有题词的红色大理石。这个阙式园门处理得十分壮丽、庄重、肃穆、雄伟，体现了革命烈士的英雄气概。

图3-23　广州起义烈士陵园大门

4）柱式

柱式大门主要由独立柱和铁门组成，柱式门和阙式门的共同特点是：门座一般独立，其上方没有横向构件，区别在于柱式门之比例较细长，有些柱由于其体量较大，也有利用柱体内部空间做门卫或检票口用。

一般用在机关单位的柱式大门为对称构图、双柱并列，而在公园中的则为不对称结构。

在现代园林中，柱式大门的柱也发生了变化，经常变化为倾斜式、圆弧式等（图3-24，图3-25）。

图3-24　广州中山陵园北门

图3-25　南宁人民公园大门

5）顶盖式

顾名思义，就是在承重构件上方筑有顶盖，顶盖的形式还有平顶、拱顶和板顶等。

桂林七星公园后门由值班、和门廊等组成，采用坡屋顶形式。曲折的平面，两坡盖顶，高低起伏前后错落的体型，组合成生动活泼、富有乡土韵味的入口。平顶式的园门易于适应各种复杂的平面，应用范围较广（图3-26）。

图3-26　某公园盖顶式大门

上述各类大门，如山门式、牌坊式、阙式等传统形式历史悠久，形象优美，近代公园的大门设计，由于功能、结构、材料和设备等方面均有所发展，不少园门在继承传统的基础上进行了大胆的革新，如将售票房等和园门连成整体，不但可使平面简洁，结构合理，管理方便，即在立面造型上也予人一种清闲、简练、亲切的时代感。

另外，在大门的形式上也有很大的变化，出现了仿生形、雕塑形等形式，儿童公园的大门更贴近儿童的心理需求，以植物造型的大门也受到游客的喜爱（图

3-27,图 3-28)。

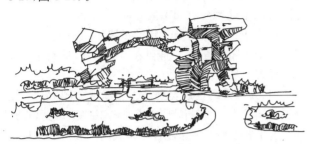

图 3-27　中华恐龙园大门

图 3-28　某生态公园仿树形大门

3.3.2　公园大门的设计技巧

公园出入口的设计原则如下：①满足城市规划和公园功能分区的具体要求，在设置公园的出入口时，充分考虑到城市的规划要求，合理地安排好公园的出入口，入口与城市主干道相连。②方便游人出入公园，这一点是针对次出入口而言的，在有大量游人的地方设置次要出入口。③利于城市交通的组织与街景的形成，在进行出入口设计时应充分考虑出入口附近交通的组织以及出入口对街景的影响。④便于公园管理。

1)公园入口的位置选择

《公园设计规划》中规定："为方便广大游人使用和美化市容，市、区级公园应沿城市主、次路或支路的红线设置。条件不允许时，应设通道解决主要出入口的交通。""主要出入口指游人流量大的出入口，市、区级公园各个方向出入口的游人流量与附近公交车设站点位置、附近人口密度及城市道路的客流量密切相关，所以公园出入口位置的确定需要考虑这些条件，主要出入口前设置集散广场，是为了避免大股游人出入时影响城市道路交通，并确保游人安全。"

公园入口的位置选择首先要便于游人进园。公园大门是城市与园林交通的咽喉，与城市总体布置有密切的关系。一般城市公园主要入口多位于城市主干道一侧。较大的公园还在其他不同位置的道路设置若干个次要入口，以方便城市各区群众进园。具体位置要根据公园的规模、环境、道路及客流向、客流量等因素而定。

其次应考虑公园总体规划，按各景区的布局、游览路线及景点的要求等来确定公园大门的位置，由于公园大门的位置与园内各种活动安排，人流量疏密及集散，游人对园内某些景物的兴趣，以及各种服务管理等均有密切关系，所以，应从公园总体规划着手考虑大门位置。

另外，公园大门位置的周边要有方便的交通，应考虑公共汽车路线与站点的位置，以及主要人流量的来往方向。

一般大、中型的公园有三类门，即公园主要大门、公园次要门和公园专用门。

公园主要大门：作公园主要的、大量的游人出入口，设备齐全，联系城市主要交通路线，是公园主要游览路线的起点。

公园次要门：作公园次要的、局部的人流出入口，一般供附近居民区、机关单位的游人就近出入。

公园专用门：作为公园管理上需要，货物运输或供园内特殊活动场地独立开放而设。

2)公园大门口空间的设计

公园大门空间一般由出入口内、外广场组成，从物质功能上作为人流停留、缓冲及交通集散等用，从精神需要上作为人们对园林空间美的欣赏。公园大门空间是一连串园林空间序列的开端，也是游览导向的起点，因此要考虑：

(1)公园大门空间的形式　公园大门空间是人们由城市街道转入园林的转折点和进入园林空间的过渡，因此要造成强烈的空间变化感，要形成与原来条形街道空间迥然不同的空间效果，使游人在空间感上有个突变，获得园林空间美的欣赏。一般可用扩大空间的办法，形成各种形状的出入口广场、庭园等；或封闭或开放的空间形式，可利用墙面的围合，树木绿化的种植，地形地貌的变化，建筑标志及建筑小品的设置等组成具有美感的空间效果。

公园入口空间应有园林特色，体现出一定的园林

景观效果,并恰当地表现出公园主题与特性。设置景物可结合视线上引导的布局,更进一步加强入口空间的导向作用。常用的有花坛、喷泉、水池、山石、树木、雕塑、亭、廊、花架及装饰小品等,应因地制宜选择应用。

有些公园的入口空间的处理由于某种功能要求和结合园内特殊环境的需要,往往采取纵深较大的开敞性空间,广州起义烈士陵园,正门门楼两边是红琉璃瓦顶的白花岗石座。汉白玉石上有周恩来亲笔题词"广州起义烈士陵园"。陵墓大道宽30 m,两旁苍松翠柏如肃立的卫士,20个花坛中红花争先吐艳,象征革命烈士的鲜血洒在大地上。墓道北端是高达45 m的广州起义纪念碑,造型是冲破三座大山紧握枪杆,象征"枪杆子里出政权",四周塑有广州起义过程中激战场面的浮雕,碑身有邓小平题词"广州起义烈士永垂不朽"。陵园地势最高点是广州公社烈士墓,墓高10 m,直径超过40 m,花岗石的墓墙和栏杆,墓墙环绕着陵墓,其间柱顶有40只石狮守灵,朱德在墓墙正面题词"广州公社烈士之墓",墓墙东面刻有广州起义经过的碑铭。

(2)出入口平面类型和宽度要求 出入口虽有大、小之分,但其具体宽度需由功能需要来确定。

公园小出入口主要供人流出入用,一般供1~3股人流通行即可,有时亦供自行车、轮椅等出入,因此,小出入口的宽度可由此二因素确定。

大出入口除供大量游人出入外,有时在必要的情况下,还需供车流进出,故应以车流所需宽度为主要依据。一般需考虑出入两股车流并行的宽度,需7~8 m宽。

(3)公园大门入口空间的导向 园林游览需按一定的路线进行,才能充分表现出景观效果,需使游人按设计意图循序渐进,在空间上引导是重要的手法之一。公园大门空间就应有明确的导向性,空间引导的方向与公园内景区的布局及景物的设置密切相关,才能吸引游人步入园林景区,一般可在空间形状、道路布局及景物设置上加强导向性。

(4)公园大门性质类别 ①主题性公园大门。主题性公园的大门一般位于城市主干道一侧,因此,在地理位置上特别醒目。主题性公园大门一般采取对称的构图手法,在建筑布局上,以中轴对称的布局方式为原则,主体建筑应在中轴的终点或轴线上,在轴线两侧可以适当布置一些配体建筑。例如荀子文化公园的入口为对称阙式、广州黄花岗公园远门为对称牌坊式等,此类大门具有庄严、肃穆的性格。②游览性公园大门。游览性公园大门多采用非对称手法,以求达到轻松活泼的艺术效果。游览性公园除了采取非对称手法处理外,也有采用对称式的,但其造型和格调有别于一般的主题性公园大门。③专业性公园大门。从广义而言,专业性公园包括动物园、植物园、儿童公园、盆景园和花圃等。专业性公园大门如能结合公园专业特性考虑则更具个性和特色,其手法一般以寓意而非写实为佳。

3)实例分析

La Garenne 动物园大门设计

LOCALARCHITECTURE事务所设计建造了一座预制构件的木建筑,建筑作为瑞士西部的一个动物公园公共入口。单层两面内凹的造型形成了两个毗邻的公共区域,一边是入口庭园,另一边是大一些的广场。建筑的特色在于两端上扬的屋顶线,中间向下凹去,界定了出入口(图3-29至图3-34)。

图3-29 La Garenne 动物园大门

图 3-30　大门立面

图 3-33　交替的木质三角形与玻璃

图 3-31　建筑屋顶上的植被

图 3-34　重复的图案

LOCALARCHITECTURE 事务所为 La Garenne 动物园设计的建筑有着彩旗般的立面,三角形的木材和玻璃在立面上相互交替。设计没有采用直角,从四周不同的视角来看重复的图案。一进入建筑,就能看到左侧的餐厅一直延伸到外部的露台上,一部分被遮蔽在从屋顶延伸出的屋檐下。右侧是一个小型的会议室,同时还有售票处和商店。板式的基础意味着建造

图 3-32　上扬的屋顶线

无须挖掘,加上预制构件的使用,就确保了相当迅速的现场建造过程。同时这种方法还能保证在必需的时候,建筑可以轻松地拆卸并且再循环利用。木材的使用是森林管理委员会(FSC)批准的或者相当的,97%的材料有着天然资源。建筑的屋顶上种了植被,可以提高热性能,并且隔绝噪声。

3.4 主题性园林建筑

3.4.1 主题性园林建筑功能类型

在标识性园林建筑体系中,主题性园林建筑作为主景的有机组成部分,是园林中最为突出醒目的建筑之一,它体现了园林的性质、特点、规模大小,并具有一定的地域文化色彩。每一个主题性园林建筑各具个性,形式丰富多样。根据不同的情况,主题性园林建筑分类方法也有所不同。比如,按功能划分,可分为纯景观功能的主题性园林建筑和兼使用及景观功能的主题性园林建筑;根据艺术形式,又可分为具象主题性园林建筑及抽象主题性园林建筑。

1)按功能划分

主题性园林建筑按功能关系分类,概括起来有两大类,即纯景观功能和兼使用功能及景观功能。

(1)纯景观功能的主题性园林建筑 纯景观功能的主题性园林建筑指本身没有实用性而纯粹作为观赏和美化环境的建筑。这些建筑一般没有使用功能,却有很强的精神功能,可丰富建筑空间,渲染环境气氛,增添空间情趣,陶冶人们情操,在环境中表现出强烈的观赏性和装饰性(图3-35,图3-36)。

图3-36 中国香港大浦完善公园主题性景观

纯景观功能的主题性园林建筑的设计和设置必须注意作品的主题是否和整个环境的内容相一致;造型方法是否符合形式美的原则;文化内涵是否为环境创造出恰当的文化氛围;作品的风格是否与环境的整体风格相一致。不适当的主题性园林建筑非但无补于美化环境效果,反而会破坏整个环境的精神品位。

(2)兼使用功能及景观功能的主题性园林建筑
兼使用功能及景观功能的主题性园林建筑主要指具有一定实用性和使用价值的建筑,在使用的过程中还体现出一定的观赏性和装饰作用。它们既是环境设计的重要组成部分,具有一定实用性,又能起到美化环境、丰富空间的作用(图3-37,图3-38)。

兼使用功能及景观功能的主题性园林建筑是园林体系的标志之一,直接关系到空间环境的质量和游人的体验感,其设计与设置既要服从整体园林环境,符合整体园林的基调和氛围,同时要考虑不同文化层次、不同年龄人在使用时的心理、生理、意愿等需求,应符合人性化的要求。

图3-35 中国香港九龙公园主题性景观

图3-37 新加坡滨海湾公园主题性景观

图3-38 湖南省吉首万榕江风景区内兼做步行与
美术馆一体的桥廊

2)按艺术形式划分

(1)具象主题性园林建筑 具象主题性园林建筑
是园林建筑的一种艺术表现形式,具有形象语言清晰、
表达意思确切、容易与观赏者沟通等特点。如新加坡
圣淘沙公园鱼尾狮建筑(图3-39)。具象主题性园林建
筑有纯观赏性的,也有兼使用功能和景观功能的。为
了方便使用、增强识别性,首先把使用功能的需求放在
首位。具象主题性园林建筑的造型设计基本是写实和
再现客观对象,对具象主题性园林建筑也可在满足使
用要求、保证真实形象的基础上,进行恰当的夸张变
形,以使建筑的形象更具有典型性。

图3-39 新加坡圣淘沙公园鱼尾狮

(2)抽象主题性园林建筑 抽象主题性园林建筑
一般指纯景观功能的主题性园林建筑所采用的艺术表
达形式。抽象主题性园林建筑具有强烈的视觉震撼
力,很容易成为视觉中心、几何中心和场地中心(图

3-40)。抽象主题性园林建筑也有基本形象,只是造型
设计更为大胆、独特,多运用点、线、面等抽象符号加以
组合,彻底改变了自然中的真实形象。抽象主题性园
林建筑无论从基本构成方式到其表现形式,都具有强
烈的现代意识。抽象主题性园林建筑由于几何形体、
色彩形象都比较突出,一般都设置在视觉中心或人们
经常停留注目的地方,起到活跃环境气氛、增强环境情
趣和丰富空间的作用。

图3-40 中国香港梳士公园主题性景观

3.4.2 主题性园林建筑的设计技巧

无论是大范围风景区还是小型园林,都有各自的
中心,也就是通常意义上的主题。因此,主题性园林建
筑的设计要根据所处园林的性质、规模、地形环境等因
素综合考虑,并具有一定的艺术美感。

1)基址选择

主题性园林建筑的位置首先应考虑园林总体规
划,按各景区的布局、游览路线及景点的要求等来确定
其建筑的位置。由于主题性园林建筑的位置与园内各
种活动安排、人流量疏密与集散、以及各种服务、管理
等均有密切关系,所以,应从公园总体规划着手考虑。
一般来说,各个园林的园址形状、游人量及主景区位置
是确定主题性园林建筑位置首先要考量的因素。

2)遵循原则

遵循的原则不管是外形、符号,还是图案、色彩,都
是在进行主题性园林建筑设计时应考虑的最基本要
素,它们是形成最终形象的几个基本途径,在不同的环
境中进行设计时,应遵循两个原则。一方面,根据环境
的特色,设计与之风格相统一的建筑。在建筑的设计

过程中,应充分考虑整体景观设计的风格理念,分析设计中自然环境与历史文脉对建筑的影响,在统一的设计风格中寻求变化,产生独具魅力的文化个性。另一方面,拟定故事情节。设计与故事情节所处年代及背景相吻合的主题性园林建筑。在某些历史风景名胜区和主题游园中,当地的历史传统或风土人情往往蕴含有大量特殊而有意义的故事,将这些耳熟能详的故事情节转化编排成平面化的设计语言,贯穿整体建筑的设计。置身其中,历史与现实的交错往往会产生意想不到的效果。

3)布局设计

在进行主题性园林建筑的设计与布局时,强调注意以下几个方面。

(1)繁简得当 建筑物的设置要以层次清晰、醒目明确和少而精为原则。主题性园林建筑一般采取集中布局,避免因过于铺排而产生繁杂混乱的结果。这就需要主题性园林建筑的造型应强调整体统一,在统一的前提下求变化。建筑的细部及周边环境设施,如园椅、栏杆、园墙等,应力求统一,使游览者得到整体的印象。

(2)造型优美,协调统一 艺术化、多样化的主题性园林建筑往往是环境的点睛之笔。在园林中,它通常起到统帅风景,成为被观赏的景观或景观的一部分。其空间场所成为游览者提供观景的视点和场所。因此主题性园林建筑的设计应简洁大方、色彩鲜明。创造简明易懂的视觉效果,以充分发挥标志的作用。

(3)交通空间组织 主题性园林建筑物通常布置在整个园林的中心节点或尽端处,作为重点,控制整个园林的节奏。在交通空间组织中,应充分利用借景、对景等处理,既能引导流线,又能丰富园林景观层次。在地形起伏较大的园林中,还要考虑俯瞰、仰视等多维的观景效果。主题性园林建筑一般在园林的交通流线处理中力求曲折变化,参差错落,以追求空间流动、虚实穿插、相互渗透,并通过空间的划分,形成大小空间的对比,增加层次感和扩大空间感。运用空间的"围"与"透",达到内外、远近空间的融合。如苏州虎丘,沿游览山道西侧建有拥翠山庄、台地小园路,路的尽端有一片开阔的岩石台地,北部有陡峭的峡谷、山涧、剑池、山坡上下,依势建有石亭、粉墙及其他游赏建筑物,而山巅处耸立着八角七级的云岩寺塔作为结束,造型雄浑古朴,形象突出,控制了整个园林景域. 很自然成为重点和高潮所在。

4)实例分析

香港回归纪念塔

(1)区位关系 香港回归纪念塔位于大埔海滨公园内,是纪念 1997 年香港回归中国而兴建的大型建筑地标之一。于 1997 年与公园同步开放,以纪念香港主权移交。建塔位置是英国接管新界时,首次登陆之位置,所以在回归时,特建香港回归纪念塔用以纪念此事,引人缅怀,启发思潮(图 3-41)。

图 3-41 香港回归纪念塔

(2)设计特点 香港回归纪念塔在平面布局上位于公园圆形广场的中心,景观绿化、人行铺装路皆呈放射状向四周发散,具有强烈的视觉冲击力,充满生动活泼的艺术气息,提高了游览者赏景的情趣。香港回归纪念塔塔高 32.4 m,塔下附有碑记说明兴建意义。基址负山濒海,整个塔身呈海螺状,依托于中部矗立的塔柱,观景步道绕柱盘旋而上,及至塔顶眺望平台。整体造型与布局充分展示了其作为标志性园林建筑的特点(图 3-42)。

2019 北京世博园中国馆

北京延庆 2019 年世界园艺博览会中国馆作为本届世界园艺盛会最重要的场馆,既是当今世界先进园艺技术、园艺文化的展示载体,又是国家形象、国家礼仪、国家精神的代表。博览会是人类社会走向全球化的一种具体的表现形式,而在这样的全球化活动中,展示的内容往往却是地域性特征。自然景观因地理条件的差异性,客观存在地域特征。而人为景观,则可以通过巧妙地借用自然景观,加入地域性人文精神和文化艺术的表达,成为地域性自然景观的延续和升华。

图 3-42 香港回归纪念塔鸟瞰图

(1)总体布局的地域性特征——山水和鸣 我们国家幅员辽阔,有广袤的平原、巍峨的高山、奔腾的河流,"山水和鸣"正是基于中国地域性自然特征衍生出来的独特审美特征和人文情怀。中国馆坐落于妫汭湖南岸、园区的核心景观区内,与西北方的永宁阁和东北方的演艺广场临湖相望,亦可将远处冠帽山与海坨山婀娜的轮廓巧借入画,拥有绝佳的地理位置和景观视线(图 3-43)。

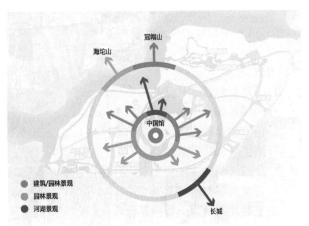

图 3-43 中国馆视线空间关系图

设计团队将建筑地坪在原地形基础上整体抬升 4 m,并将建筑首层用土包裹起来,只露出两层屋架,使建筑似从地面缓缓生长起来,与永宁阁形成犄角之

势,遥相呼应,共同构成了园区内近自然的山水格局和起伏的天际线,使园区内外、近景远景之间达成了自然地域特征上的统一,也更契合中国典型的审美情趣(图 3-44)。

图 3-44 近自然的山水格局和起伏的天际线

(2)建筑景观的地域性表达——锦绣如意 园林和园艺,均源于人类对自然的敬畏、向往和模仿。我们国家是人类四大文明古国之一,拥有极其厚重的农耕文化背景。梯田,是生活在山地地区的人们为了增加耕种面积,对自然山体进行改造的结果。设计师将中国馆周围的覆土整理成类似梯田的形态(图 3-45),就是要用这种自然景观和人文艺术共荣的景观手法,表达对地域性文化的传承和尊重。中国馆造型似中国传

统吉祥器物"如意",在两侧梯田花草林木的包裹和烘托之下,陈列在妫汭湖南岸。建筑与风景有机生长在一起,展现了人为景观与自然景观的和谐和统一。

图3-45 中国馆前广场效果图

(3)植物景观的地域性营造——灵台秀木,中国画卷 中国古代的园林多称为"台",如章华台、姑苏台。中国馆山水和鸣的骨架结构将建筑托于高台之上,亦与中国的地域性人文精神相符合。延庆地处山区,春季回暖晚,秋季降温早。据此我们尤为注意对于开园时节有表现的乡土植物品种的选择,以及秋季有季相变化的彩叶植物的运用。灵台之上,佳木秀而繁阴,共同构成一幅生机盎然的中国自然山水画(图3-46)。

图3-46 中国馆鸟瞰效果图

(4)景观节点的地域性联想——物候轮回,四水归堂 中国馆环抱的广场,中央核心区是一个正圆形的水景。水景的外环是环形的地面石材雕刻,雕刻主题是"二十四番花信风",寓意物候轮回,生生不息。水沿瓦片间的凹槽流下,顺环状檐口从中央孔洞中跌落至地下一层中央的浅水面,形成四水归堂的效果(图3-47),以现代工程手段,模拟秋水时至,云行雨洽时的景象,引发人们关于家乡、关于收获的地域性联想,从而引起文化精神层面的共鸣。

图3-47 四水归堂水景观效果图

在世园会中国馆的设计实践过程中,充分尊重和顺应自然环境的地域性特征,努力寻求人为景观与自然景观的和谐共荣。深入挖掘人文精神的地域性特征,在中华文化悠久的历史和农耕文明的发展之间,找到了并行的轨迹,提炼出能够引起共鸣和具有普世价值的地域性文化特质,向五湖四海的游客回溯了中国观赏园艺的起源以及我国劳动人民利用自然、改造自然,与自然和谐相处的生活智慧。

习题

1. 简述标识性园林建筑的概念。
2. 简述标识性园林建筑的分类与作用。
3. 标识性园林建筑设计思路有哪些?
4. 风景区入口有哪些类型?
5. 公园大门的功能类型及设计技巧有哪些?
6. 公园大门有哪些类别?
7. 主题性园林建筑特点是什么?
8. 主题性园林建筑如何分类?
9. 主题性园林建筑设计原则有哪些?

第**4**章

休憩类园林建筑

【学习目标】
1. 了解休憩类园林建筑的主要特征；
2. 理解休憩类园林建筑功能类型；
3. 掌握休憩类园林建筑的主要类型、形态特征。

【学习重点】
1. 亭、榭、舫、廊的选址布局因素与方法；
2. 休憩类园林建筑与园林环境的关系；
3. 休憩类园林建筑的形态设计方法。

4.1 休憩类园林建筑的功能与类型特征

4.1.1 休憩类园林建筑的功能

休憩类建筑是指人们在园林的游览和欣赏过程中，主要用于驻足欣赏、休息的小型建筑。休憩类建筑包括亭、廊、榭、舫等。休憩类园林建筑是相对于实用性建筑而言的，这类建筑在功能上除观景和休憩外，基本不再承担其他具体功能，建筑体量小巧、空间开敞、布局灵活、姿态万千，又常与园林中的山水、花木相结合，成为园林的重要景点。

休憩类园林建筑在物质方面和精神方面的功能归纳起来主要有下列五点。

(1) 休憩类园林建筑的功能是为了满足人们的休憩和文化娱乐生活的需要，其需要艺术性要求高，具有较高的观赏价值并富于诗情画意。

(2) 由于休憩类园林建筑受到休憩、游乐等生活多样性的影响，且具有较强的观赏性，促使其在设计方面

具有很大的灵活性。一座供人观赏景色，短暂休息、停留的园林建筑物，在设计上受到的制约要求较小。在面积大小和建筑形式的选择上，或亭或廊，或圆或方，或高或低。在设计上应充分考虑其灵活多样的形态特征给园林环境带来的影响。

(3) 休憩类园林建筑所提供的空间要符合游客在动中观景的需要，务求景色富于变化，做到步移景异，同时，在有限空间中令人产生变幻莫测的感觉。因此，推敲休憩类园林建筑的空序列和组织观赏路线，比其他类型的建筑更加重要。

(4) 出于对自然景色固有美的向往，无论在风景区，还是在市区内造园，都应使建筑达到增添景色，与园林环境相协调的目的。

(5) 组织园林建筑空间的物质手段，除了建筑营建之外，筑山、理水、植物配置也极为重要。它们之间不是彼此孤立的，应该紧密配合，构成一定的景观效果。不仅如此，在我国传统造园技艺中，为了创造富于艺术意境的空间环境，还应特别重视因借大自然中各种动态组景的因素。休憩类园林建筑空间在花木水石点缀下，再结合诸如水声、风啸、鸟语、花香等动态组景因素，常可产生奇妙的艺术效果。

4.1.2 休憩类园林建筑的类型

休憩类园林建筑类型多样，主要有亭、榭、舫、廊、花架等。亭是休憩类园林建筑的一个主要类型。我国园林中亭子的运用，最早的史料记载开始于南朝和隋唐。据《大业杂记》载："隋炀帝广辟地周二百里为西苑(即今洛阳)，……其中有逍遥亭，八面合成，结构之丽，

冠绝今古。"从敦煌莫高窟唐代修建的洞窟壁画中，我们可以看到那时亭子的形式已相当丰富，有四方亭、六角亭、八角亭、圆亭；有攒尖顶、歇山顶、重檐顶；有独立式的，也有与廊结合的。此外，在西安碑林中现存的宋代摹刻的唐兴庆宫图中，沉香亭就是面阔三间的重檐攒尖顶方亭。这些资料都说明，唐代的亭已经基本上和沿袭至明、清时代的亭是相同的。在唐代园林中及游宴场所中，亭是很普遍使用的一种建筑，官僚士大夫的邸宅，衙署，筑亭甚多。明、清以后还在陵墓、庙宇、祠堂等处设亭。此外，还有路亭、井亭、碑亭等现存实物很多。园林中的亭式在造型、形制、使用等各方面都较以往有较大发展。现如今在古典园林中看到的亭子，绝大部分是这一时期的遗物。《园冶》一书中，还辟有专门的篇幅论述亭子的形式、构造及选址等。这些宝贵资料为人们提供了借鉴。

在园林建筑中，榭与舫、亭与轩等属于性质上比较接近的一种建筑类型。它们的共同特点是：除了满足人们休息、游赏的一般功能要求外，主要用于观景与点景，属于园内景色的"点缀"品，从属于自然空间环境。虽然它们不作为园林内的主体建筑物，但对丰富园林景观和游览内容起着突出的作用。其在建筑的风格上也多以轻快、自然为基调，并与周围环境和谐共生，紧密配合。它们所不同的是：榭与舫多属于临水建筑，在选址、平面及体形的设计上，都需要特别注重与水面和池岸的协调关系。

在南方的园林中，水边常建水榭以观水景。由于在私家园林中，水池面积一般较小，水榭的尺寸也不大，形体为取得与水面的调和，以水平线条为主。建筑物一半或全部入水中，下部以石梁柱结构支承，或用湖石砌筑，总让水深入石梁底部。临水一侧开敞，或设栏杆，或设鹅颈靠椅。屋顶多为歇山回顶式，四角起翘轻盈纤细。建筑装饰比较精致、简洁。苏州拙政园的"芙蓉榭"、藕园的"山水间"、网师园的"濯缨水阁"、上海南翔古猗园的"浮筠阁"等都是一些比较典型的实例。

舫是参照船的造型在园林的湖泊中建造起来的一种船形建筑物，可供游玩宴饮、观赏水景，身临其中有乘船荡漾于水上的感受。舫的前半部多三面临水，船首一侧常设有平桥与岸相连，仿跳板之意。通常下部船体用石材，上部船舱多用木构。虽然像船，但不能动，所以也称为"不系舟"。

4.1.3　休憩类园林建筑的特点

休憩类园林建筑广泛的出现在我国传统园林和现代园林中。它们或伫立于山岗之中，或依附在建筑之旁，或漂浮在水池之畔。以玲珑美丽、丰富多彩的形象与园林中的其他建筑、山水、绿化等相结合，构成一幅幅生动的画面。这些亭、榭、舫、廊成了为满足人们"观景"与"点景"的要求而通常选用的一种建筑类型。休憩类园林建筑的主要特点有以下几点。

(1)在造型上，休憩类园林建筑一般小而集中，有其相对独立而完整的建筑形象。建筑的立面可划分为屋顶、柱身、台基三个部分。柱身部分做得很空灵；屋顶形式变化丰富；台基随环境而异。它的立面造型，比例关系比其他建筑能更自由地按设计者的意图来确定。因此，从各个角度去看它，都显得独立而完整，玲珑而轻巧，很适合园林布局的要求。

(2)在构造上，休憩类园林建筑的结构与构造，大多都比较简单，施工上也比较方便。通常传统的砌筑以木构瓦顶为主，体量不大，用料较小，建造方便。现在多用钢筋混凝土结构，也有用预制构件及竹、石等地方性材料。现代的园林景观还多用不锈钢、耐候钢等作为构筑材料，既增强了耐久性，又赋予了现代的气息。

(3)休憩类园林建筑在功能上，主要是为了解决人们在游赏活动的过程中，驻足休息，纳凉避雨，纵目眺望的需要，在使用功能上没有严格的要求。建筑与主体建筑的联系较弱。因此，主要从园林建筑的空间构图的需要出发，自由安排，最大限度地发挥其园林艺术特色。

4.2　休憩类园林建筑的设计要点

4.2.1　选址与布局

1)休憩性园林建筑选址的因素

休憩类园林建筑是创造和大自然相协调并具有某种典型景观的空间塑造。一幢休憩类园林建筑如果选址不当，不但不利于艺术意境的创造，而且会降低观赏价值，削弱景观的效果。影响此类建筑选址的因素除了所在的园林环境、设计者的立意外，还与园林构图形式、景观组织、自然地理因素等有很大的关系。

以亭为例,历代名园所建造的亭子,如圆亭、方亭、六角形亭、八角形亭、半壁亭、双环亭、单檐亭、重檐亭等,大小不同,形状各异,不可胜数,而真正给人以深刻印象成为名亭的,除了亭子本身造型外,更加重要的在于选址恰当。长沙岳麓山山腰的爱晚亭,处于进入陡峭山区的前哨是登山的必经之地,亭子建立在一小块较平坦的高地上,从山下仰视高峻清雅,在亭内往外眺望茫茫苍苍,山路、小桥、池塘蜿蜒曲折于茂林中更富幽趣(图4-1)。同样,如避暑山庄内的"南山积雪""四面云山""锤峰落照"等。虽然只是一型简单的矩形亭子,由于建造在山巅、山脊的高处,使得亭子的立体轮廓十分突出,登亭远眺极其辽阔,随着时节晨昏的变化,可以细细玩味积雪、云山、落照、锤峰等优美景色。"相地合宜,构园得体"是进行休憩类园林建筑空间布局的一项重要准则。在一些城市公园中,没有现成的风景可供利用,或虽然有山林、水泊等造园条件,但是景色平淡,还需要凭借设计人的想象力进行改造,以提高园址的素质。

图4-1　长沙岳麓山山腰的爱晚亭

传统上造园大体可分自然式园林和规则式园林两种。自然式园林又称山水式、风景式或不规则式园林。其特点与规则式园林不同,它主要模仿自然景观、景物、景点多以自然形态为主,一般无明显的中轴线,主体不一定是建筑,主体两侧也不要求对称。我国古典园林多为自然式园林。规则式园林人工气息浓厚,多采用对称平面布局,一般建在平原上和坡地上,园中道路、广场、花坛、水池、喷泉、雕像等按几何图案布置,林木排列成行,甚至树形轮廓也按几何图

形修整。园林风格多追求豪华和气魄,这种规则式园林的设计手法,现在多用于城市广场、街心花园等地方。规则对称的空间布局,在我国古代自然式园林中,某些景区也有使用,但在植物、山石的配置上,则完全采用天然形态。

从构图技法上,规则和自然是相对的,采用何种形式取决于功能和造景的要求。从环境和用地上来说,平原地区较适合规则式的园林布置。自然式造园多强调自然的野致和变化,在布局中几乎是离不开山石、池沼、林木、花卉、鸟兽、虫鱼等来自山林、湖泊的自然景物。因此,考虑自然式园林的选址,最好是山林、湖沼、平原三者均备。避暑山庄、颐和园所选园址都是如此。

山林地势有曲有伸,有高有低,有隐有显,自然空间层次较多,只要因势铺排便可以使空间有所变化。傍山的建筑借地势起伏错落来组景,并借山林为衬托,所成画面多为天然风采。清乾隆帝在避暑山庄三十六景诗序中所提"半窗半轩,领略顿异,故有数楹之室,命名辄占数景者"正道出在山林地造园的优点。同样,在湖沼地造园中,临水建筑有波光倒影衬托,视野相对显得平远辽阔,画面层次也会有丰富动态的景观效果。

历来我国在传统上造园喜爱、山水,即在没有自然山水的地方,也多采取挖湖堆山的办法来改造环境,使园内具备山林、湖沼和平原三种不同的地形或地貌。北京北海塔山和苏州拙政园、留园、怡园的水池假山。都是采取这种造园手法来提高园址的造景效果。

园林建筑相地和组景意境和匠心是分不开的,峰、峦、丘、壑、岭、崖、壁、嶂,山形各异;湖、池、溪、涧、瀑布、喷泉,水局繁多;松、竹、梅、兰,植物品种、形态更是千变万化。在造园组景的时候,需要结合环境条件,因地制宜地综合考虑建筑、堆山、引水、植物配置等问题,既要注意尽量突出各种自然景物的特色,又要做到宜亭斯亭,宜榭斯树,恰到好处。如属人工模拟天然的山形、水局,则务必做到神似逼真,提炼精辟,而切忌粗滥造,庸俗虚假。

休憩类园林建筑选址,在环境条件上也要注意细微的因素,即一切饶有趣味的自然景物。一树、一石、清泉、溪涧以及古迹、传闻,对选址都十分有用。以借景、对景等手法把它们纳入画面,或专门为之布置富有艺术性的环境供人观赏,如苏州虎丘剑池的可中亭。

设计者在洞穴深处设石桌凳供人憩息纳凉,在左侧山崖石壁交会处复砌筑洞门、梯级,使景区空间分隔明确;游人步入亭内顿觉清凉不已。可中亭的成功在于选址极妙,若论亭的规模和造型因受地形条件限制,不过是一座体量很小、造型古朴的石亭,亭内空间十分局促,只能设一小石桌和二石凳供人对弈,但因亭子建在奇山怪石之间,人们需要攀岩抵达,增强了游览的趣味性(图4-2)。

图4-2　苏州虎丘剑池可中亭

相对其他地理因素,在进行休憩类园林建筑选址时,应考虑土壤、水质、风向方位等。这些因素对绿化质量和建筑布局也有影响,如向阳的地段。阳光阴影的作用有助于加强建筑立面的表现力,即含碱量过大的土质不利于花木生长;在华北地区冬季西北寒风凛冽,建筑入口,朝向忌取西北等。

2)休憩类园林建筑选址的类型

休憩类园林建筑经常选择的有以下几种地形环境。

(1)选址于山上　将亭、廊等类型的园林建筑选址于山上,特别是山顶。这是为了获得宜于远眺的空间环境。在山顶、山脊上,眺览的范围大,方向多,同时也为登山者提供了一个欣赏和休息的环境。山上建设不仅丰富了山的立体轮廓,使建筑与山体相互融合,也为人们观望山景提供了合宜的尺度。

我国著名的风景游览地,常常在山上最好的观景点上设亭。各代名人到此经常根据亭的位置及观赏到的风景特色而吟诗题字,使亭的名称与周围的风景更紧密地联系起来,在实景的观赏与虚景的联想之间架起了桥梁。例如,桂林的叠彩山是鸟瞰整个桂林风景的最佳观景点。从山脚到山顶,在不同高度上建了三个形状各异的亭子,最下面的是叠彩亭,游人到此展开

观景的序幕,亭中悬"叠采山"匾额,点出主题。亭侧的崖壁上刻有名人的题字"江山会景处",使人一望而知,这是风景荟萃的地方。行至半山,望江亭,青罗带似的漓江就在山脚下盘旋而过。登上明月峰绝顶,"挚云亭""明月""挚云"的称呼不仅使人想见其高,而且站在亭中,极目千里,真有"天外奇峰挑玉笋""如为碧玉水青罗"之胜,整个桂林的城市面貌及玉笋峰、象鼻山、穿山美景尽收眼底。

北方地区的皇家园林也不乏在山上建亭来取胜的优秀案例。承德避暑山庄为清康熙帝选中的是一块既有山区、平原,又有水面的地段。建园的初期,建造者决定在最接近平原和水面的西北部的几个山峰上建造"北枕双峰""南山积雪""锤峰落照"三个亭子,随着山区园林建筑的发展,又在山庄西北部的山峰制高点上建造"四面云山"亭。这样就大致在空间的范围内把全园的景物控制在一个立体交叉的视线网络中,并把平原风景区与山区建筑群在空间上联系起来。到乾隆年间,又在山庄最北部的山峰最高处建古俱亭,其目的在于俯视北宫墙外狮子沟的北山坡上建起的罗汉堂、广安寺、殊象寺、普陀宗乘庙,须弥福寿庙等,这样就进一步使山庄与这几组建筑群在空间上取得联系与呼应。这五个亭子就成为控制整个景区天际轮廓线和空间联系的点睛之笔。

(2)选址于水边　在我国园林中,水是重要的构成因素。山石、建筑一般是静止的东西,而水则是流动的,在各种光影的作用下,水随光线变化也不断变化着色调。由于水的透明性质还能产生各种倒影。这种"静"与"动"的对比,增加了园林景物的层次和变幻效果。因此,水是构成丰富多变的风景画面的重要因素,同时,清澈、坦荡的水面给人以明朗、宁静的感觉。在水边设亭、榭、舫等休憩类建筑,不仅为观赏水面的景色提供了空间,也可丰富水景效果。

在水边建造休憩类园林建筑一般都尽量贴近水面,宜低不宜高,突出水中为三面或四面水面所环绕。如扬州瘦西湖中的吹台是个攒尖顶的四方亭,"徐湛之筑吹台,盖取其三面濒水,湖光山色映入眉宇,春秋佳日,临水作乐,真湖山之佳境也"。亭子三面临水,一面由长堤引入水中。行至亭子的入口处,可见亭子洞门中的五亭桥及白塔正好嵌入其中,宛如两幅天然图画(图4-3)。

图 4-3 扬州瘦西湖中的四方亭和五亭桥

还有一种凸入水中或完全驾临于水面之上的亭、榭，它们常立基于岛、半岛或水中石台之上，以堤、桥与岸相连。如颐和园的知春亭、苏州西园的湖心亭、绍兴剑湖的鹤亭、武昌东湖的湖心亭、上海城隍庙的湖心亭等。完全临水的园林建筑应尽可能贴近水面。为了给人以漂浮于水面的感觉，设计时还尽可能把亭子下部的柱墩缩到挑出的底板边缘的后面去，或选用天然的石料包住混凝土柱墩，并在亭边的沿岸和水中散置叠石，以增添自然情趣。如拙政园的"塔影亭"就架在湖石柱墩之上，有石板桥与岸相连，前后水面虽然小，但是已具水亭的意味，并成为拙政园西部水湾的一个生动的结尾(图 4-4)。

小的空间和水面。位于开阔湖面的亭子的尺度一般较大，有时为了强调一定的气势和满足园林规划上的需要，还把几个亭子组织起来，成为一组亭子组群，形成层次丰富、体形变化的建筑形象，给人以强烈的印象。例如，北海的五龙亭；承德避暑山庄的水心榭；扬州瘦西湖的五亭桥；广肇庆星湖公园中的湖心五亭等。它们都成了公园中的著名风景点，都突出于水中，有桥与岸相连，在园林中处于构图中心的地位，从各个角度都能看到它们生动丰富的形象。拙政园的芙蓉榭，立面开敞，三面廊柱间，均上设挂落，下砌半墙，其上为砖细坐槛与吴王靠，游人凭坐于此，是雨中观景极佳之处(图 4-5)。

图 4-4 拙政园的塔影亭

图 4-5 拙政园的芙蓉榭

在水边设置园林建筑，体量上的大小以它所面对的水面的大小而定。如苏州各园林临池的亭，体量一般不大。有些是由曲廊变化而成的半亭，它适合于较

(3)选址于平地 如果没有山水环境的映衬，一些休憩类园林建筑的设置还常与交通上的重要节点相联系，作为标识或作为节点处空间的放大，如设在桥头、

桥上、廊端、路口、入口等处。如颐和园的廊如亭就立于十七孔桥东端，重檐歇山、体量较大，与十七孔桥相匹配，很好地起着提示作用（图4-6）。又如，颐和园西堤的柳桥、练桥都是在桥中段设亭，亭体量小巧，造型别致，锦上添花。还有一些亭子、廊子通常位于道路的交叉口上，或路侧的林荫之间，有时为一片花圃、草坪、湖所围绕；或位于厅、堂等主体建筑，供户外活动之用。有的自然景区在进入主要景区之前，在路边建设亭、廊、花架等作为一种标志和点缀。亭子的造型、材料、色彩应与所在的具体环境统一起来考虑。

图4-6　颐和园廊如亭

　　另有一些园林建筑并未安置在显要的位置上，而是位于主景区的边角区域，或一些独立的小院落，为花木、山石所环绕，形成私密幽静的空间氛围。拙政园的嘉实亭位于中部景区的西南角，与院墙、廊共同围合成私密的小空间，环境清幽（图4-7）；拙政园小沧浪后院在水院中设亭，凭栏观水，别有一番风味。还有些亭设在墙拐角处或围廊的转折处，使易于刻板的转角活跃起来。尤其是江南庭园大多是在城市的平地上人工造园，空间范围有限，视域与视距较小，因此，亭的安排讲究互相的对位关系。江南古典园林中的亭常建在主厅对面的假山之上，与主厅形成对景。通过对景、借景、框景等设计手法，在咫尺园林中创造出多层次的风景画面，获得小中见大的效果。

3）建筑布局

　　布局是休憩类园林建筑设计方法和技巧的中心问题。有了好的组景立意和地址、环境条件，但布局零乱，不合章法，则不可能成为佳作。休憩类园林建筑的

艺术布局内容广泛，从总体规划到局部建筑的处理都会涉及。休憩类园林建筑空间组合形式常见的有以下几种。

图4-7　拙政园嘉实亭

　　（1）由独立的建筑物和环境结合的开放空间　这种空间组合形式多使用于某些点景的亭、榭，或用于单体式平面布局的建筑物。点景，即用建筑物来点缀风景，使自然风景更加生动别致。这种空间组合的特点是以自然景物来衬托建筑物。建筑物是空间的主体，所以对建筑物本身的造型要求较高。建筑物可以是对称的布局，也可以是非对称的布局，视环境条件而定。例如，颐和园中分割昆明湖的长堤桥亭，以绰约的风姿矗立于拱桥之上，既为游人提供了赏景、休憩的空间场所，又为烟波浩渺的昆明湖增添了无穷的景致（图4-8）。古代西方的园林建筑空间组合，最常用的是对称开放式的空间布局，即以房屋、宫殿、府邸为主体，用树丛、花坛、喷泉、雕像、规则的广场、道路等来陪衬和烘托建筑物。

　　（2）由建筑群自由组合的开放性空间　这种空间组合与前一种组合形式相比，视觉上空向的开放性是基本相同的，但一般规模较大，建筑组群与园林空间之间可形成多种分隔和穿插。在古代多见于规模较大，采取分区组景的帝王苑囿和名胜风景区中，如北海的五龙亭，避暑山庄的水心榭、三潭印月，成都望江楼公园（图4-9）等，其布局多采用这种空间组合形式。由建筑组群自由组合的开空间，则多采用分散式布局，并用桥、廊、道路、铺面等使建筑物相互连接，但不围成封闭性的院落，空间围合可就地形高下，随势转折。此外，建筑物之间有一定的轴线关系，能彼此顾盼，互为衬托，有主有从。

图 4-8　颐和园桥亭与昆明湖的开放空间

图 4-9　成都望江楼公园望江楼

(3)由建筑物围合而成的庭园空间　这是我国古代休憩类园林建筑普遍使用的一种空间组合形式。庭园可大可小，围合庭园的建筑物数量，面积，层数均可伸缩，在布局上可以是单一庭园，也可以由几个大小不等的庭园相互衬托、穿插、渗透而形成统一的空间。这种空间组合有众多的房间可以用来满足多种功能的需要。

从景观方面来说，庭园空间在视觉上具有内聚的倾向，一般情况不是为了突出某个建筑物，而是借助建筑物和山水、花木的配合来突出整个庭园空间的艺术意境，并通过观鱼、赏花、玩石等来激发游人的情趣。有时庭园中的自然景物，如山石、池沼、树丛、花卉等反而能成为空间的主体和人们的兴趣中心。由建筑物围合而成的庭园，在传统设计中大多由厅、堂、轩、馆、亭、榭、楼阁等单体建筑，用廊子、院墙连接围合而成。庭园内，或为池沼，或为假山，或为草坪、花卉树丛，或数者兼而有之，配合成景。由建筑物围合的庭园空间，一方面要使单体建筑配置得体，主从分明，重点突出；在体形、体量、方向上有区别和变化；在位置上能彼此呼应顾盼，但距离避免均等。另一方面则要善于运用空间的联系手段，如廊、桥、汀步、院墙、道路、铺面等。

从抽象构图方面来说，厅、堂、亭、榭等建筑空间可

视作点，而藤桥、汀步、院墙、道路等联系空间可视作线。点、线结合为面，为体，处理好点、线关系，使构图既富于变化而又和谐统一。

(4)混合式空间　由于功能或组景的需要，有时可把以上几种空间组合的形式结合使用，故称混合式的空间组合。如清代颐和园的云松巢依山势高低而起伏，建筑主体为西侧庭园，庭园东侧用廊子把亭子和另一单体建筑连接成统一的建筑群(图 4-10)。承德避暑山庄的烟雨楼建筑群建在青莲岛上，主轴线上为一长方形庭园，东翼配置八角亭，四角亭和三开间东西向的硬山式小室各一座，三个单体建筑物彼此靠近，形成一体；西翼紧接主庭园为一小院，并于岛南端叠山，山顶建一座六角形翼亭，这样使建筑群整体构图更为平衡和完美(图 4-11)。

图 4-10　颐和园的云松巢

这几种空间组合一般属园林建筑规模较小的布局形式，对于规模较大的园林，则需从总体上根据功能、地形条件，把统一的空间划分成若干各具特色的景区或景点来处理，在构图布局上又使它们能互相因借，巧妙联系，有主从和重点，有节奏和韵律，以取得和谐统一。古典皇家园林，如圆明园、避暑山庄、北海和颐和园、古典

庭园,如苏州拙政园和留园等,都是采用统一构图,分区组景布局的案例。

图 4-11　承德避暑山庄的烟雨楼

4.2.2　尺度与质感

1)尺度与比例

尺度在休憩类园林建筑中是指建筑空间各个组成部分与具有一定自然尺度的物体的比较,是设计时不可忽视的一个重要因素。功能、审美和环境特点是决定建筑尺度的依据。正确的尺度应该和功能、审美的要求相一致,并与环境相谐调。休憩类园林建筑是供人们休憩、游乐、赏景的所在。空间环境的内容一般应该具有轻松活泼、富于情趣的艺术气氛,所以尺度必须亲切宜人。

休憩类园林建筑的尺度,要注意推敲门、窗、墙身、栏杆、踏步、柱廊等的尺寸和它们的相互关系,如果符合人体尺度和人们习见的尺寸,可给人以亲切的感受。休憩类园林建筑的空间环境中除房屋外,还有山石、池沼、树木、雕像等。因此,研究园林建筑的尺度,除要推敲房屋和景物本身的尺度外,还要考虑它们彼此之间的尺度关系。这类建筑适宜于室内小空间景物的尺度,不能应用于庭园中的大空间。浩瀚的湖泊和狭小的池沼,高大的乔木和低矮的灌木丛,小巧玲珑的曲桥和平直宽阔的石拱桥,在尺度效果上是完全不同的。

休憩类园林建筑空间尺度是否正确,很难定出绝对的标准,不同的艺术意境要求有不同的尺度感。要想取得理想的亲切尺度,一般除考虑适当地缩小房屋构件的尺寸使房屋与山石,树木等景物配合、谐调外,室外空间大小也要处理得宜,不宜过分空旷或闭塞。中国古典园林中的游廊,多采用小尺度的做法。廊子

的宽度一般为 1.5 m 左右,高度伸手可及横楣,坐凳栏杆低矮,游人步入其中倍感亲切。在建筑庭园中,还常借助小尺度的游廊烘托突出较大尺度的厅,堂之类的主体建筑,并通过这样的尺度处理来取得更为生动活泼的效果,而且还可以把房屋上的某些构件,如柱子、屋面、基座、踏步等直接用自然的山石、树枝、树皮等来替代,使房屋和自然景物得以相互交融,如苏州拙政园的见山楼,为了符合园林环境的尺度要求,楼的体量较小,楼上檐高仅为 2.6 m,三面外廊均设美人靠,以利于凭台远眺。楼梯设在了假山上,跨阁道到达二楼。这样既节省了室内面积,又使房屋和自然景物融为一体(图 4-12)。

控制园林建筑室外的空间尺度,使之不至于因空间过分空旷或闭塞而削弱景观效果,要注意下述视觉规律:一般情况,在各主要视点赏景的控制视锥约为 $60°\sim90°$,或视角比值 $H:D$ 为 $(1:1)\sim(1:3)$(H 为景观对象的高度。在园林建筑中,不只是房屋的高度,还包括构成画面中的树木、山丘等配景的高度,D 为视点与景观对象的距离)。若在庭园空间中,各个主要视点观景,所得的视角比值都大于 1:1,则将在心理上产生紧迫和闭塞的感觉;如果都小于 1:3,这样的空间又将产生散漫和空旷的感觉。一些优秀的古典庭园,如苏州的网师园,北京颐和园中的谐趣园、北海的画舫斋等的庭园空间尺度基本上都是符合这些视觉规律;又如,故宫的乾隆花园以堆山为主的两个庭园,四周为大体量的建筑所绕,在小面积的庭园中堆砌的假山过满过高,致使处于庭园下方的观景视角偏大,给人以闭塞的感觉,而当人们登上假山赏景的时候,却因这时景观视角的改变不仅觉得亭子尺度适宜,而且整个上部庭园的空间尺度也显得亲切,不再有紧迫、压抑的感觉。

园林建筑设计与研究空间尺度同时进行的另一项重要内容是推敲建筑比例。比例是各个部分在尺度上的相互关系及其与整体的关系。尺度和比例紧密关联,都具体涉及处理空间各部位的尺寸关系。好的设计应该做到比例良好,尺度正确。休憩类园林建筑推敲比例和其他类型的建筑有所不同。一般建筑类型通常只需推敲房屋本身内部空间和外部体形从整体到局部的比例关系,而园林建筑除了房屋本身的比例外,园林环境中的水、树、石等各种景物,因需人工处理也存在需要推敲其形状、比例问题。不仅如此,为了整体环境谐调,还特别需要重点推敲房屋与水、树、石等景物的比例关系。

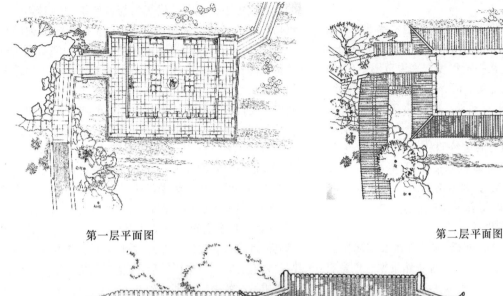

第一层平面图　　　　　　　　　　　　　　第二层平面图

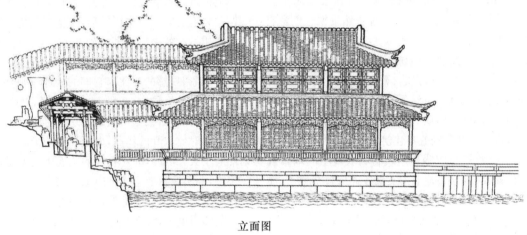

立面图

图 4-12　苏州拙政园的见山楼

（图片来源：潘谷西《江南理景艺术》）

　　休憩类园林建筑很难采用数学比率或模数度量等方法归纳出一定的建筑比例规律，只能从一定的功能、结构特点和传统园林建筑的审美习惯去认识和继承。我国江南一带的古典园林建筑造型轻盈清秀，木构架用材纤细，屋顶轻薄，屋角高翘，门窗栏杆纤细，这是因为设计者在细部处理上采用了一种较小尺度的比例。同样，粗大的木构架用材、较粗壮的柱子、厚重的屋顶、低缓的屋角起翘和较粗实的门窗栏杆细部纹样等采用了较大尺度的比例。这样就构成了北方皇家古典园林浑厚端庄的造型式样及其豪华的气势。现代园林建筑在材料结构上已有很大发展，以钢、钢筋混凝土、砖石结构为骨架的建筑物的可塑性很大，非特殊情况不必去抄袭和模仿古代的建筑比例和式样而应有新的创造，以体现出现代园林建筑的性格特征。

　　园林建筑环境中的水形、树姿、石态优美与否，是与它们本身的造型比例以及它们与建筑物的组合关系紧密相关的。水本无形，形成于周界，或池或溪，或涌泉或飞瀑因势而别；是树有形，树种繁多，或高直或低平，或粗壮对称，或袅娜斜探，姿态万千；山石亦然，或峰或峦，或峭壁或石矶，形态各殊。这些景物本属天然，但在人工园林建筑环境中，在形态上究竟取何种比例为宜，则取决于而与建筑物在配合上的需要；而在自然风景区则情形相反，是以建筑物配合山水、树石为前提。强调端庄气氛的厅堂建筑，则宜取方整规则比例的水池组成水院；强调轻松活泼气氛的庭园，则宜曲折组织池岸，亦可模仿曲溪清泉，但需要与建筑物在高低、大小、位置上配合与协调。树石设置，或孤植、群栽，或散布、堆叠，都应根据建筑画面构图的需要，认真推敲其造型和比例。

2) 色彩与质感

色彩与质感的处理与园林空间的艺术感染力有密切的关系。形、声、色、香是园林建筑艺术意境中的重要因素。其中，形与色在一定程度上来说范围更广，影响也较大，在园林建筑空间中，无论建筑物、山石、池水、花木等都以其形和色来打动人。园林建筑风格的主要特征大多也表现在形和色两个方面。我国传统园林建筑以木结构为主，但南方的传统园林建筑体态轻盈，色泽淡雅；北方的传统园林建筑则造型浑厚，色泽华丽。现代园林建筑采用玻璃，钢材和各种新型建筑装饰材料，造型简洁、色泽明快，引起了建筑形、色的重大变化，建筑风格正以新的面貌出现。

休憩类园林建筑中的色彩、质感除涉及房屋的各种材料性质外，还包括山石、水、树等自然景物。色彩有冷暖、浓淡的差别，色的感情和联想及其象征的作用可给人以各种不同的感受。质感表现在景物外形的纹理和质地两个方面。纹理有直曲、宽窄、深浅之分；质地有粗细、刚柔、隐显之别。虽然质感不如色彩能给人多种情感上的联想、象征，但质感可以加强某些情调上的气氛。苍劲、古朴、柔媚、轻盈等建筑性格的获取与质感处理关系很大。色彩与质感是建筑材料表现上的双重属性，两者相辅共存，只要善于去发现各种材料在色彩、质感上的特点，并利用它去组织节奏、韵律、对比、均衡等各种构图变化，就有可能获得良好的艺术效果。

以构成休憩类园林建筑的主体——墙面为例。建筑的墙面处理一般为粉墙、砖墙和石墙几种。但由于材料和砌筑，修饰方法上的不同，色彩和质感给人情感上的反映却效果迥异。绿林深处隐露洁白平整的粉墙产生清幽宁静的情趣；小空间庭园中饰以光洁、华丽的釉砖、马赛克墙面可增添几分高贵典雅的气息；而灰褐、青黄、表面粗刚、勾缝明显的石墙用于庭园，则富有古拙质朴的韵味。再以石墙为例，由于天然石材品种多，又可任意配色造斧琢假石，因此，石墙造法很多，表现的效果也很不一样，设计中应因地制宜地使用。

园林自然景物中的山石、池水、树木质感各不相同，多数山石纹理以直线条走向为主，质地刚而粗，池水涟漪呈波形纹理，质地柔而滑且有动感，而树木则介乎两者之间。因此，在组景中，水和石一般表现为对比关系，水和树、石和树，则多表现为微差关系。如在广州的一些现代园林建筑中，华南植物园的接待室水庭、白云山庄内庭，于池中散置几块顽石，对比强烈，为其周围

的景物增色不少。而且建筑物与自然景物的对比中也包括色彩与质感。采用汉白玉、大理石精雕细刻的栏杆，加上闪闪发光的琉璃瓦屋顶和色彩艳丽的彩画装修是皇家园林建筑的特色，它与自然景物在色彩与质感上的对比均十分强烈。漂浮在碧绿池水上的廊、桥、汀步同样也是通过彼此在色彩与质感上的对比而显得格外生动突出。小天井式的庭园组景宜用平整光洁的白色粉墙衬托色彩丰富、质地纹理粗犷的花木山石，通过对比可以取得良好的效果，所得的景观往往酷似用白纸点染而成的美的图画。休憩类园林建筑使用色彩与质感对比的手段来提高艺术效果时，需要注意下列几点。

第一，作为空间环境设计园林建筑时，对色彩与质感的处理除考虑建筑物外，各种自然景物相互之间的谐调关系也必须同时进行推敲，一定要立足于空间整体的艺术质量和效果。处理色彩与质感的方法主要通过对比或微差取得谐调，突出重点，以提高艺术的表现力。

色彩、质感的对比与它们的处理原则基本上是一致的。在具体组景中，各种对比方法经常综合使用，只在少数的情况下，根据不同条件才有所侧重。主要靠色彩或质感对比取胜的作品，如桂林榕湖饭店四号楼餐厅室外的小天井庭园，面对餐厅的墙面用大型彩色洗石壁画装饰，壁画题材取意桂林山水，墙下设池，墙根池边以一行绿草连接，墙脚两端放置石种竹、灌木，靠餐厅的地方用鹅卵石铺地，洗石壁画在水石植物的烘托下，真假山水交相错杂，显得格外鲜明生动（图4-13）。在风景区布置点景建筑，如要突出建筑物，除了选择合适的地形方位和塑造优美的建筑空间体形外，建筑物的色彩最好采用与树丛、山石等具有明显对比的颜色；如要表达富丽堂皇端庄华贵的气氛，建筑物可选用暖色调、高彩度的琉璃砖瓦、门窗、柱子，使得与冷色调的山石、植物取得

图4-13 桂林榕湖饭店石壁

良好的对比效果。

第二,休憩类园林建筑中的艺术情趣是多种多样的,为了强调亲切、宁静、雅致和朴素的艺术气氛,多采用微差的手法来取得谐调和突出艺术意境。如成都的杜甫草堂、望江亭公园、青城山风景区和广州的兰圃公园的一些亭子、茶室,采用竹柱、草顶或墙、柱以树枝,树皮建造,使建筑物的色彩与质感和自然环境中的山石、树丛尽量一致。经过这样的处理,艺术气氛显得非常古朴、清雅、自然。园林建筑设计不仅单体建筑可用上述处理手法,其他建筑小品,如踏步、坐凳、园灯、栏杆等也同样可以仿造自然的山与植物,用其以与环境相谐调。

第三,考虑色彩与质感的时候,离视线距离的影响因素应予注意。对于色彩效果,视线距离和空间中彼此接近的颜色因空气尘埃的影响容易变成灰色调而对比强烈的色彩,其中的暖色相对会显得更加鲜明。而在质感方面则不同,距离越近,质感对比越显强烈,但随着距离的增大,质感对比的效果也就随之逐渐削弱。如太湖石是具有透、漏、瘦特点的一种质地光洁,呈灰白色的山石,因其玲珑多姿,造型奇特,适宜散置近观。但若用在大型庭园的空间中堆砌大体量的峰峦,可能会在视线较远时,由于看不清形状脉络,不仅达不到气势雄伟的景深效果,反而会使人以虚假和矫揉造作的感觉。

此外,建筑物墙面质感的处理也要考虑视线距离的远近,选用材料的品种和决定分格线条的宽窄和深度。如果视点很远,无论墙面是用大理石、水磨石、水驰石、普通水泥色浆,只要色彩一样,其效果不会有很大的区别。但是随着视线距离的缩短,材料的不同以及分格嵌缝宽度、深度大小不同的质感效果就会显现出来。设计中不顾视线距离是否恰当,而盲目选用高级材料的做法,只能造成经济上的浪费,对于艺术效果是收益甚微的。

4.2.3　建筑与环境

休憩类园林建筑设计,为了避免单调并获得空间的变化,除了讲究建筑本身的尺度与比例、色彩与质感因素外,另一重要方法是将建筑与周围的环境统一考虑,通过空间组织来达到多样统一和在有限空间中取得小中见大的艺术效果。建筑与环境的关系主要有借景、渗景、对景,等等。

1)借景

借景在休憩类园林建筑规划设计中占有特殊重要的地位。借景的目的是把各种在形、声、色上能增添艺术情趣,丰富画面构图的外界因素引入到空间中,使景色更具特色和变化。昆明西山三清阁道观是清朝末期建于滇池旁悬崖上的道观,在园林空间选景上把祀神的能和观赏景色巧妙地融合在一起,对选址借景的处理也深得章法。由普陀胜境云华洞抵达天阁,一段几十米半封闭的洞穴空间组景是整个艺术布局的高潮,隐约蜿蜒的洞穴山道开凿在千仞悬崖之上,远望滇池但觉天色迷蒙,远山如黛,舟帆点点出没于云霞缥纱间,景色极佳。云华洞有对联"洞外云舒霞卷,海中日往月来",横额"蓬莱仙境"。由此可以看出,组景对象是以云霞、日月、海水自然景象作借景,经过辗转攀登获致"蓬莱仙境"。借景的方法包括远借、邻借、仰借、俯借、应时而借。借景是为创造艺术意境服务的,通过其扩大空间,来达到丰富景观,提高园林艺术的效果。借景的方法有以下几种方式。

(1)借形组景　园林建筑中主要采用对景、框景、渗透等构图手法,把远、近建筑物,建筑小品以及山、石、花草等自然景物纳入画面。南京瞻园的布局以静妙堂为中心,布置南北两区山水。通过假山、水池以及其他元素,将大自然的美景组成了一幅南北呼应、相映成趣的画卷(图4-14)。

图 4-14　南京瞻园北假山建筑园林群体立面

(2)借声组景 在园林建筑设计中,如果借声组景运用得当,对于创造别具匠心的艺术空间作用颇大。自然界声音多种多样,园林建筑所需要的是能激发感情,怡情养性的声音。在我国古典园林中,远借寺庙的暮鼓晨钟、近借溪谷泉声、林中鸟语、秋夜借雨打芭蕉、春日借柳岸莺啼,这些均可为园林建筑的空间增添几分诗情画意。在现代园林建筑中,借泉声组景的例子有白云山庄中的三叠泉和双溪别墅中的读泉,都是借叮咚的涡滴泉声来增添室内空间清幽宁静的艺术气氛。借鸟声得景的例子,如杭州西子湖畔的"柳浪闻莺",在初春和煦的阳光下,水波荡漾,柳絮花飞,黄莺鸣唱,景色自然动人;昆明圆通寺水庭游廊茶座,利用黄莺、八哥、鹦鹉笼中鸣唱也取得了借声的美妙效果。

(3)借色组景 夜景中对月色的因借在园林建筑中十分重要。杭州西湖的"三潭印月""平湖秋月",避暑山庄的"月色江声""梨花伴月"等都以借月色组景而闻名。例如,皓月当空是赏景的最佳时刻,除月色之外,天空中的云霞也是极富色彩和变化的自然景色。所不同的是月亮出没具有一定的规律,可以在园景构图中预先为它留出位置。云霞出没的变化却十分复杂,偶然性很大,常被人忽视。实际上,云霞在许多名园佳景中的作用是很大的,特别是在高阜、山巅,不论其是否建有亭台,设计者都应该估计到在各种季节、气候条件下云霞出没的可能性,把它组织到画面中来。在武夷山风景区游览的最佳时刻莫过于"翠云飞送雨"的时候:在雨中或雨后远眺"仙游"满山云雾萦绕,飞瀑天降,亭阁隐现,顿添仙居神秘气氛。河北承德避暑山庄中之"四面云山""一片云""云山胜地""水流云在"四景,虽然不能说在设计之初就以云组景,但云霞变幻为这四个景点增色不少。此外,借色观景对决定建筑景点命名的作用也很大。在休憩类园林建筑中,随着不同的季节变化,各种树木花卉的色彩也会随之变化。嫩柳桃花是春天的象征,迎雪的红梅给寒冬带来春意,秋来枫林红叶满山是北方园林入冬前赏景的良好时机。同时,月、云、树木、花卉既有色也有形,组景因借应同时加以考虑。

(4)借香组景 在造园中如何利用植物散发出来的幽香以增添游园的兴致是园林设计中一项不可忽视的因素。广州的兰圃以"兰"著称,每当微风轻拂,使兰香馥郁,为园景增添了几分雅韵。古典园林池中每喜植荷,除取其形、色的欣赏价值外,尤为可贵的是夏日散发出来的阵阵清香。拙政园中"荷风四面亭"是借荷香组景的佳例。

以上所举的形、声、色、香,还不足以概括可以因借的对象。大自然中因借的对象还有待设计者做进一步的寻觅发掘。设计前的相地需要顾及借景的可能性和效果,除认真考虑朝向,对组景效果的影响外,在空间收放上,还要注意结合人流路线的处理问题,或设门、窗、洞口以收景;或置山石,花木以补景。建筑空间是人流活动的空间,静中观景,视点位置固定,从借景对象所得的画面来看基本上是固定不变的。若是动中观景,由于视点不断移动,建筑物和借景对象之间的相对位置也随之变化,画面也就出现多种构图上的变化。颐和园桥亭与远处的玉泉山借景,在临湖廊墙上设置一组形状各异的漏窗,以流动框景的手法,远借昆明湖上龙王庙、十七孔桥、知春亭等许多秀丽的景色,借景的时机、视点位置和角度都很得体。广阔的昆明湖景色跃入眼前,可起到园林空间景点的预示作用(图4-15)。

图4-15 颐和园桥亭与远山玉泉山借景

2)渗透

这种方法主要是利用门、窗、洞口、空廊等作为相邻空间的联系媒介,使空间彼此渗透,增添空间层次。在渗透运用上主要有下列手法:对景、流动框景、利用空廊互相渗透和利用曲折、错落变化增添空间层次。

(1)对景 它指在特定的视点,通过门、窗、洞口,从一空间眺望另一空间的特定景色。对景能否起到引人入胜的诱导作用与对景物的选择和处理有密切关系,而且所组成的景色画面构图必须完整、优美。视点、门窗、洞口和景物之间为固定的直线联系形成的画面基本上也是固定的,这就可以利用门、窗、洞口的形状和式样来加强画面的装饰性效果。门、窗、洞口的式样繁多,采用何种式样和大小应服从艺术意境的需要,切忌公式化的随便套用。此外,不仅要注意景框的造型轮廓,还要注意尺度的大小,推敲它们与景色对象的距离和方位,使之在主要视点位置上能获得最理想的画面(图4-16)。

图4-16　拙政园借北塔寺为背景

(2)流动景框　它指人们在流动中通过连续变化的景框观景,从而获得多种变化着的画面,取得扩大空间的艺术效果。李笠翁在《一家言·居室器玩部》中,曾道及坐在船舱内透过一固定花窗观赏流动着的景色得以获取多种画面。在陆地上,由于建筑物不能流动,如果要达到这种观赏目的,只能在人流活动的路线上,通过设置一系列不同形状的门、窗、洞口去摄取景框外的各种不同画面。这种处理手法与《一家言·居室器玩部》中提到的流动观景有异曲同工之处。

(3)空廊渗透　廊子不仅在功能上能够起交通联系的作用,也可作为分隔建筑空间的重要手段。用空廊分隔空间可以使两个相邻空间,通过互相渗透把对方空间的景色吸收进来以丰富画面,增添空间层次和取得交错变化的效果。如广州白云宾馆的底层庭园面积不大,但在水池中部增添了一段紧贴水面的桥廊,把它分隔为两个不同组景特色的水庭,通过空廊的互相借景,增添了空间的层次,取得了似分似合,若即若离的艺术情趣(图4-17)。廊子分隔空间形成渗透效果,要注意推敲视点的位置、透视的角度以及廊子的尺度及造型的处理。

图4-17　白云宾馆庭园桥廊的渗景效果

(4)错落变化　在园林建筑空间组合中,常常采用高低起伏的曲折墙、曲桥、弯曲的池岸等来化大为小,分隔空间,增添空间渗透与层次。同样,在整体空间布局上,也常常把各种建筑物和园林环境加以曲折错落的布置,以求获得丰富的空间层次和变化,特别是一些由各种厅、堂、亭、榭、楼、馆等单体建筑围合的庭园空间,如果缺少曲折错落,则无论空间多大,都给人单调乏味的感觉。错落处理可分远近、高低、前后、左右四类,但又可互相结合,视组景的需要而定。在处理曲折、错落变化时,不可为曲折而曲折,为错落而错落,必须以在功能上合理,在视觉景观上能获得优美画面和高雅情趣为前提。为此,设计时需要认真仔细推敲曲折的方位角度和错落的距离、高度与尺寸。在我国古典园林建筑中,巧妙利用曲折错落的变化以增添空间层次,并取得了良好的艺术效果的建筑,如苏州网师园的主庭园、拙政园中的小沧浪和倒影楼水院;杭州三潭印月,小瀛洲;北方皇家园林中的避暑山庄万壑松风(图4-18)、天宇咸畅;北海白塔南山建筑群,静心斋,等等。

图 4-18 避暑山庄万壑松风

（5）内外渗透　建筑空间室内、室外的划分是由传统的房屋概念形成的。所谓室内空间一般指具有顶、墙、地面围护的房室内部空间而言，在它之外的称作室外空间。通常的建筑，空间的利用也不尽相同，甚至没有区分它们的必要。按照一般的概念，在以建筑物围合的庭园空间布局中，中心的露天庭园与四周的厅廊亭榭，前者一般视作室外空间，后者视作室内空间；但从更大的范围看，也可以把这些厅、廊、亭、榭视作围合单一空间的门、窗、墙面一样的手段，用它们来围合庭园空间，也即是形成一个更大规模的半封闭（没有顶）的室内空间。而室外空间相应的就是庭园以外的空间了。苏州拙政园把由建筑组群围合的整个园内空间视为室内空间，而把园外空间视为室外空间。扩大室内和室外空间的含义目的在于说明所有的建筑空间都是采用一定手段围合起来的有限空间，室内、室外是相对而言的。处理空间渗透的时候可以把室外空间引入室内，或者把室内空间扩大到室外。这样的处理即使处于有限面积的休憩类园林建筑之中，仍能够体会到"一花一木一世界，一山一石一菩提"的无限空间（图 4-19）。

图 4-19　苏州拙政园模型鸟瞰图

3）序列

休憩类园林建筑在创作的时候需从总体上推敲空间环境的程序组织，使之在功能和艺术上均能获得良好的效果。建筑在总体布局中要重视空间程序的组织，其空间程序组织与文学艺术构思中考虑主题思想和各种情节的安排有相似之处。主题思想是决定采取何种布局的前提和根据，各种情节的安排是保证和促使主题思想得以完满体现的方法和手段。经过精心组织的园林空间，通过安排序幕、主要情节，次要情节、重点、高潮和尾声等各个环节，如一首抒情诗，一幅风景画，靠各种动人情和形象之间的有机而和谐地联系来获得美感。

北海公园的白塔山东北侧有一组建筑群，空间序列的组织先由山脚攀登至琼岛春阴，次抵圆形见春亭，穿洞穴上楼为敞厅、六角小亭与院墙围合的院落空间，再穿敞厅旁曲折洞穴至看画廊，可眺望北海西北隅的五龙亭、小西天、天王庙和远处钟鼓楼的秀丽景色，沿弧形陡峭的爬山廊再往上攀登，空间序列至此结束。这也是一组沿山地高低布置的建筑群体空间，在艺术处理手法上，同样随地势高低采用了形状、方向、隐显、明暗、收放等多种对比处理手法来获得丰富的空间和画面。它们的主题思想是赏景寻幽,功能却是登山的交通道。因此,无需有特别集中的艺术高潮,靠别具匠心的各种空间安排和它们有机和谐的联系,也能获得美的感受(图 4-20)。

图 4-20　北海公园的爬山廊

有些风景区为赏景和短暂歇息而设置亭榭,它们的空间序列很简单,主题思想是点景,兴趣中心多集中在建筑物上,四周配以山石、溪泉、板桥、树丛、草坪、石级之类,但也需要推敲道路、广场的走向和形状,研究人流活动的规律,以便取得较多的优美画面。这种以开门见山的手法突出主题的空间序列,与静物写生画的艺术构思和画面布局是十分相似的。休憩类园林建筑在空间序列的组织上主要有以下几种手法。

(1)园林建筑空间是供人们自由活动的所在,人们对建筑空间艺术意境的认识,往往需要通过一段时间从室内到室外,或从室外到室内做全面的体验才能取得某种感受。因此,也可以说,建筑空间序列是时间与空间相结合的产物。在其他艺术中,画面层次、情节安排、观赏程序,基本上是固定不变的。但在建筑空间中,却可以从各个不同的位置、角度,自由观景,这就产生了如何使设计中的空间序列意图与实际效果相一致的问题。

设计师不能强制人们必须按照设计者的布局程序进行观赏,但却可以在设计时仔细分析人流活动的规律,来决定空间围合的方式和观赏路线,并在一定的人流路线上,预先安排好获取最佳画面的理想位置和角度以贯彻布局的意图。如桂林的芦笛岩风景区,总体上把大自然的景色和建筑布点串连成一环形观赏路

线,巧妙地点出了桂林山水的山清水秀、洞奇石美的自然风貌。空间序列先从市内出发,沿江先睹桃花江两岸山水及农村景色,在通往停车场的一段路上,可望见芦笛岩光明山、芳莲岭全景,从上山入口起又把景色进一步展开,先是登山道上的山林野趣,继而是钟乳石洞奇观,再往后是田园风趣。从接待室向东南看,水际观鱼,从曲桥看西北是湖光山色,最后沿堤返回停车场。芦笛岩风景建筑的空间序列,起到了控制空间,组织观赏画面并对风景进行剪裁的作用。在这个相当长的空间序列中,为了使各个景区既有联系又有分隔,各个建筑物之间的距离在五六十米至一百多米,各点之间的高差不大,只有几米至十几米。单体建筑物结合地形或依山、或傍水、或架空,建筑形态各不相同,互为对景。芦笛岩风景区的建筑不多,而画面却给人以丰富多彩、美不胜收的感觉(图 4-21)。

图 4-21　桂林芦笛岩风景区建筑群

桂林盆景园的设计采用增加空间转折和层次的手法以延长展览的路线,并起到把展览盆景和观赏建筑融为一体的作用。无论人们是按照展出路线观景,还是自由往来观景,由于设计者预先推敲过各个必经之地的最佳画面的理想位置和角度,所以各个景点都能收到预期的效果。在组织观赏路线时,一条重要的原则是尽量避免游人在观赏景色过程中走回头路的现象。此路来,此路回,重复观赏同一景色会使游人失去兴趣;此路来,彼道去,景色逐一展开,层出不穷,自然会游兴倍增。因此,组织观赏路线均按环状布局,规模较大的可同时有几条赏路线用以分散人流,并形成环套环或环中有环的格局。但按环状布置的观赏路线也要适当开辟支道通向别的景点以分散人流,使园林空间富于变化,避免单调(图 4-22)。

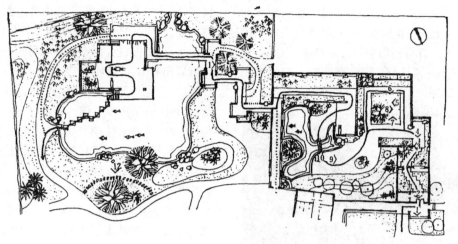

图 4-22　桂林盆景园

（2）建筑空间的处理除考虑观赏价值外，同时还要兼顾各种性质不同的功能要求。园林建筑的空间序列，需要把艺术意境和功能巧妙地融为一体才能真正取得良好的效果。重庆北温泉石刻园的空间序列处理是把三组罗汉石刻沿西北侧山坡、高地、石壁自由布置，南端池一曲桥穿过伏卧断开的巨石形成序幕，迎面石壁石刻园三字作点题，高潮设于高阜台，殿堂内立碑刻。人们在园中游览，画面逐一展开，可以收到步移景异，风趣别饶的景效。石刻园把陈列罗汉浮雕石的功能和观赏景色融为一体，形成了一座园林化的露天"博物馆"（图 4-23）。

功能合理、建筑空间环境优美、观赏路线组织恰当是空间序列成功的重要因素。休憩类园林建筑的空间序列通常分为规则对称和自由不对称两种空间组合形式。前者多用于功能和艺术思想意境要求庄重严肃的建筑和建筑组群的空间布局；后者用在功能和艺术思想意境要求轻松愉快的建筑组群的空间布局。规则与自由、对与不对称的应用在设计中不是绝对的。在实际工作中，由于建筑功能和艺术意境的多样性，以上两种建筑组群空间布局形式往往混合使用，或在整体上采取规则对称的形式，而在局部细节改用自由不对称的形式，或者与之相反。无论采用何种空间序列，具体处理都要考虑空间对比、层次的问题。空间轴线有竖有横，彼此有规律地交织在一起，建筑空间的各个部分能相互顾盼地形成和谐的整体。利用空间的明暗对比，层次变化来取得艺术效果，多用暗的空间来衬托突出明的空间，明的空间一般是艺术表现的重点或兴趣

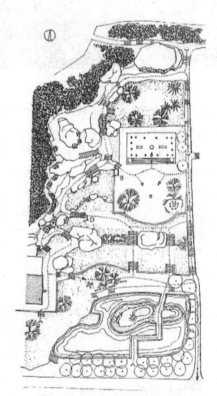

图 4-23　重庆北温泉石刻园

中心；利用不同大小的建筑体量对比来取得艺术效果，较大的体量容易构成兴趣中心，但造型精美的小体量，位置又布置得宜，同样可以构成兴趣中心；利用空间地势高低的对比来取得艺术效果，处于高地势的空间容易形成艺术高潮和兴趣中心，但还是要结合上述其他手段进行综合考虑。

总之，建筑的空间序列如何铺排要认真考虑功能

的合理性和艺术意境的创造性。对空间的处理要从整体着眼,不论从室内到室外,从室外到室内,还是从这一部分到另一部分,从局部到整体,都要反复推敲,使观赏流程目的明确,有条不紊。空间组合有机完整既富有特色,又要高度统一。

4.3　亭、榭、舫的设计

4.3.1　亭的类型与造型

　　亭即"停"也,正是体现了休憩类园林建筑的性质。虽然亭的体量不大,但造型上的变化却是多样灵活的。亭的造型主要取决于其平面形状、平面上的组合及屋顶形式等。我国古代亭子起初的形式是四方亭——木构草顶,结构简易,施工方便。以后随着技术水平的提高,逐渐发展成为多角形、圆形、十字形等较复杂的形体。在单体建筑平面上寻求多变的同时,又在亭与亭的组合,亭与廊、墙、屋、石壁的结合以及在立体造型上进行了创造,并产生了极为绚丽多彩的形体,从而达到了园林建筑创作上的一个高峰。在世界园林建筑中,我国园林中的亭、廊、墙等这些园林建筑类型是最为丰富多样,也最富民族的特色,它们是我国建筑艺术中一份可贵的遗产。

1)亭的类型分类

　　亭子的平面形状大致可分为:单体式、组合式以及与廊、墙等相结合的形式。最常见的有下列几种。

　　(1)单体式亭　正多边形亭,如正三角形亭、正方形亭、正五角形亭、正六角形亭、正八角形亭、正十字形亭等。一般四方亭最为常见,如苏州拙政园的梧竹幽居亭(图 4-24)以及圆亭、蘑菇亭、伞亭等;长方形亭、圭角形亭、扁八角形亭、扇面形亭等。

　　(2)组合式亭　如双三角形亭,双方形亭、双圆形亭、双六角形亭以及其他各种形体的互相组合等。

　　(3)与墙、廊、屋、石壁等结合起来的亭式　如半亭等。

　　亭的立体造型,从层数上看,可以分为:单层和两层。中国古代的亭本为单层,两层以上应算作楼阁。但后来人们把两层或三层类似亭的阁也称之为亭,并创作了一些新的两层的亭式。

　　亭的立面有单檐和重檐之分,也有三重檐。屋顶的形式则多采用攒尖顶、歇山顶,也有盝顶式,但现代用钢筋混凝土做平顶式亭较多,也做了不少仿攒尖顶、歇山顶等形式。

　　从建筑材料的选用上讲,中国传统的亭子以木构瓦顶的居多,也有木构草顶及全部是构的。用竹子作

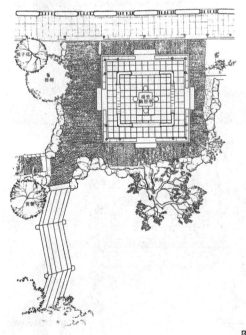

图 4-24　拙政园梧竹幽居亭

(图片来源:潘谷西《江南理景艺术》)

亭不耐用。新中国成立后,各地用水泥、钢木等多种材料制成仿竹、仿松木的建筑,有些山地名胜地,用当地随手可得的树干、树皮、条石构亭,亲切自然,与环境融为一体,更具地方特色,造型丰富,性格多样。

亭子的屋顶形式,以攒尖顶为多,结构构造上比较特殊。一般攒尖顶应用于正多边形(三角、四角、五角、六角、八角等)和圆形平面的亭子上。攒尖顶的各戗脊由各柱中向中心上方逐渐集中成一尖顶,用"顶饰"来结束,呈伞状。屋顶的檐角一般反翘,北方起翘较轻微,显得平缓、持重;南方戗角兜转耸起,如半月形翘得很高,显得轻巧雅逸。

知识链接:亭子屋顶相关术语

(1)攒尖顶 攒尖顶的结构做法是木结构的梁架系统。按清式做法,方形的亭子先在四角安抹角梁以构成梁架,在抹角梁的正中立童柱或木墩,然后在其上安擦枋,叠落至顶安"雷公柱"。雷公柱的上端伸出屋面作顶饰,称为"室顶""宝瓶"等,瓦制或琉璃制,下端隐在天花内,或露出雕成旋纹,莲瓣之类。六角亭、八角亭最重要的是先将檩子的步架定好,两平行的长扒梁搁在两头的柱子上,在其上搭短扒梁,然后在放射形角梁与扒梁的水平交接处承以童柱或木墩。这种用长扒梁及短扒梁互相叠落的做法,在长扒梁过长时显然是不经济的。圆形的攒尖顶亭子,基本做法同上。不过由于额枋等全部需要做成亭形,比较费工、费料,因此,较少采用。江浙一带的攒尖顶亭的梁架构造,刘敦桢在《苏州古典园林》中总结了多种形式。

(2)搭角梁 用搭角梁的做法,如为方亭,结构较为简易,只在下层搭角梁上立童柱,柱上再架成四方形的搭角梁与下层相错45°即可;如为六角或八角亭,则上层搭角梁也相应地须成11角形或八角形,以便架老戗。梁架下可做轩或天花,也可开敞。

(3)翼角 翼角的做法在北方的官式建筑,从宋代到清朝都是不高翘的。一般是仔角梁贴伏在老角梁背上,前段稍稍昂起,翼角的出椽也是斜出并逐渐向角梁处抬高,以构成平面上及立面上的曲势,它和屋面的曲线一起形成了中国建筑所特有的造型美。江南的屋角反翘式样通常分为嫩戗发戗与水戗发戗。嫩戗发戗的构造比较复杂,老戗的下端伸出于檐柱之外,在它的尽头上向外斜向镶合嫩戗,用菱角木、箴木、扁檐木等把

嫩戗与老戗固牢,这样就使屋檐两端升起较大,形成展翅欲飞的趋势。水戗发戗没有嫩戗,木构件本身不起翘,仅戗脊端部利用铁件及泥灰形成翘角,屋檐也基本上是平直的,因此,构造比较简便。

岭南园林中的建筑,一般体形轻快,通透开敞,体量较小。出檐翼角没有北方用老角梁仔角梁的沉重,也不如江南戗出的纤巧,是介于两者之间的做法,构造简易,造型轮廓柔和稳定,比较朴实。

2)亭的造型体量

(1)三角攒尖亭 三角亭只有三根支柱,因而显得最为轻巧。"三潭印月"的三角亭是个桥亭,它位于一组折桥的拐角上,与东南面的一个正方形攒尖顶亭在构图上收到了不对称的效果,从北部的船码头上岸,经折桥走过来,两个驾水凌空,玲珑透漏、形状各异的桥亭漂浮在开阔的水面之上,在折桥的转折处,又从水中立起一座造型生动,爬满藤萝的山石。亭与石都成了水中之景,给初登这个湖中之园的游客以意料不到的感觉(图4-25)。

图4-25 三潭印月三角亭

（2）正方形、六角形、八角形单檐攒尖亭　这种类型的亭是最常见的形式——形态端庄，结构简易。苏州拙政园的荷风四面亭，亭名因荷而得，坐落在园中部池中小岛，四面皆水，莲花亭亭净植，岸边柳枝婆娑它姿态挺秀，局部和细部都很精致（图 4-26）。

呈半月形翘起，顶饰以琉璃宝瓶，柱子修长，细部精致，从各个角度看，两个亭子都互相陪衬，丰富完整。

图 4-26　拙政园的荷风四面亭

（3）重檐攒尖顶亭　此类亭子有两重屋檐及三重屋檐。重檐较单檐在轮廓线上更加丰富，结构上也稍复杂。亭与廊结合时往往采用重檐形式。在北方的皇家园林中，园林的规模大，对建筑要求体形丰富而持重。因此，采用重檐式亭较多。比较有名的重檐式亭，如颐和园知春亭、长廊中间的"留佳""寄澜""秋水""清遥"四个八角亭、西堤六桥的桥亭；北海公园中的五龙亭、景山上的五个亭子；承德避暑山庄水心榭三个亭子等。其中，景山正中的万春亭是三重檐四方亭，两边的"富览""周赏"为重檐八角亭，"湄芳""观妙"为重檐园亭。

（4）圆亭、扇面亭　圆亭，如北海的山际安亭（图4-27）。扇面亭是一种自由变体式亭，长方形变化为扇面形，方形变化为斜方梯形等。扇面亭多用梁架系统做成歇山顶形式，一般用于池岸、道路、游廊的转折处，把开畅的一面对着景色以扩大视野，短的一面做成实墙，上开什锦花窗，如苏州狮子林的扇子亭；拙政园的"与谁同坐轩"扇面亭等（图4-28）。

（5）复合式亭　复合式亭是同一类型的亭在平面上的组合，构造上并不特殊，如北京颐和园万寿山东山脊上的荟亭，平面上是两个六角形亭的并列组合，单檐攒尖顶。从昆明湖上望上去，仿佛是两把并排打开的大伞，亭亭玉立在山脊之上，显得轻盈；南京太平天国王府花园的一组双亭，平面为两个套着的正方形，屋顶

图 4-27　北海的山际安亭

图 4-28　拙政园的"与谁同坐轩"

（6）半亭 亭依墙建造，自然形成半亭。半亭有单独的；有位于围廊中间或其一端的，靠墙多为方亭、长方亭。多角亭则截去倚墙一面的屋檐，屋顶有攒尖式和歇山式。如果亭位于墙角或围廊的转折处时，往往处理成多角形亭或扇亭，也有做成 1/4 圆亭的。苏州网师园入口处庭园中的一个半亭，屋顶呈歇山形式，两个戗角翘得很高，一侧与矮廊相连，另一侧为假山围绕，在两层高、明、快的白粉墙背景的衬托下，轮廓线条非常秀丽，乌黑的片片青瓦，赭黑色的梁枋构架，看上去宛若墨笔勾勒一般，显得清逸淡雅。

图 4-29　网师园的入口半亭

还有一些在自然风景区中与天然岩壁、石洞结合在一起，顺自然形势，就地取材，取得了与环境的融合。近年来，亭子的造型中，还可看到一些新的形式，如伞亭、蘑菇亭、草亭等。重庆市园博园贵州园中的伞亭，以圆石盘的垒砌为柱子，显得古朴大方。洛阳园的四角亭主体结构采用的是钢筋混凝土结构四角攒尖（图4-30）。

4.3.2　榭的类型与造型

通常在中国园林中，榭是人们在水边的一个重要休息场所。《园冶》上说："榭者，藉也。藉景而成者也。或水边，或花畔，制亦随态。"即榭是凭借着周围景色而构成的，它的结构依照自然环境的不同而可以有各种形式。从宋代以及明、清园林现存的实例中，水榭的传统形式是：在水边架起一个平台，平台一半伸入水中，一半架立于岸边，平台四周以低平的栏杆相围绕，然后在平台上建起一个木构的单体建筑物，建筑的平面形式通常为长方形，其临水一侧特别敞，有时建筑物的四面都立有落地门窗，显得空透、畅达，屋顶常用卷棚歇山式样，檐角低平轻巧，檐下玲珑的挂落、柱间微微弯曲的鹅颈靠椅和门窗、栏杆等，都是整个建筑显得轻盈、通透。

眉山见山亭草亭

贵州园石亭

洛阳园混凝土亭

图 4-30　其他材料的亭子

在南方园林中，最具代表性的水榭，如扬州瘦西湖中的水榭，它们位于湖畔，有深远的视野，是园林景区的重要点景建筑。这里暮春夹岸桃红柳绿，景色醉人，夏日赏荷，此处尤凉。水榭为鹅颈靠椅，供坐憩时凭依之用。平台上部为歇山顶建筑，其内圈以漏窗、粉墙圆洞落地罩加以分隔，外围形成回廊，四周立面开敞、简洁、轻快，与环境很协调（图4-31）。

图 4-31　扬州瘦西湖的水榭

水榭运用到北方皇家园林中，除仍保留着它的基本形式外，又增加宫室建筑的色彩，建筑风格比较浑厚持重，尺度也相应加大。有些水榭已做成一组建筑主体，失去了水榭的原有特征，如北京颐和园谐趣园的"洗秋""饮绿"水榭；"对鸥舫"和"鱼藻轩"；北海的"濠濮涧"水榭；圆明园中也有许多这种水榭的建筑物。

在岭南园林中，由于气候炎热，水面较多，因此，创造了一些以水景为主的"水庭"空间。所建"水厅""船厅"之类的临水建筑，多位于水旁或完全跨入水中，其平面布局与水面造型都力求轻快舒畅，与水面贴近，有时做成两层，也是水榭的一种形式。

现代风格的园林建筑将水榭这种传统园林建筑形式加以继承和发扬。在功能上，现代风格的水榭有的比较简单，仅供游人坐憩、游赏之用，体形也比较简洁；有的则比较多样，如作为休息室、茶室、接待室、游船码头等，体形上一般比较复杂；还有的园林建设把水榭的平台扩大成为节日演出舞台，在平面布局上更加多变。之所以如此，一方面，为了适应现代游园活动的需要和新的活动方式及要求。另一方面，现代钢筋混凝土的结构方式，为这种建筑空间上的互相穿插变化提供了可能性。

4.3.3　舫的类型与造型

舫是仿照船的造型在园林湖泊中建造起来的一种船形建筑物。供人们在内游玩饮宴，观赏水景，身临其中颇有乘船荡漾于水中之感。舫的前半部多三面临水，船尾一侧常设平桥与岸相连，仿跳板之意。通常下部船体用石建，上部船舱则多木构。

舫多见于江南的大大小小的园林中。江南地区气候温和，湖泊罗市，河港纵横，自古以来就以船泊为重要的交通工具。以前还有一种画舫专供富人在水面上荡漾、游玩之用，画舫上装饰华丽，还绘有彩画等。江南园林造园又多以水为中心，园主人很自然地希望能创造出一种类似舟舫的建筑形象，即便因为狭小，水面划不了船，却能令人似有置身于舟楫中的感受。在江南的园林中，苏州拙政园的"香洲"（图 4-32）、成都武侯祠桂荷池船舫轩是典型的实例（图 4-33）。此外，苏州狮子林、南翔古漪园、南京太平天国王府花园及四川等地方的一些园林中，都可以看到明、清时期舫的遗迹。

图 4-32　苏州拙政园的香洲

舫的基本形式与真船相似，宽约丈余，船舱分为前、中、后三个部分。中间最矮，后部最高，一般做成两层，类似阁的形象，四面开窗，以便远眺。船头做成敞篷，中舱是主要的休息、游赏、宴客场所，两边做成通长

图 4-33 成都武侯祠桂荷池船舫轩

(图片来源:赵长庚《西蜀历史文化纪念园林》)

的长窗以便观赏。尾舱下实上虚,形成对比。屋顶一般做成船棚式样或两坡顶,首尾舱顶则为歇山式,轻蕴舒展,在水面上形成生动的造型,成为园林中的重要风景点。北方园林中的石舫是从南方引进的,清朝乾隆皇帝六次南巡,对江南园林非常欣赏,希望在北方园林中也能创造出江南水乡的风致。因此,在圆明园、颐和园等皇家园林的湖面上修筑石舫,以满足"雪掉烟篷何碍冻,春风秋月不惊澜"的意趣。北方著名的园林中著名的石舫,如北京颐和园的清宴舫,它的全长为 36 m,船体用巨大石块雕造而成,上部的舱楼原本是木构的船舱式样,分前、中、后舱,局部为楼层。它的位置选得很妙,从昆明湖上看去很像正从后湖开过来的一条大船,为后湖景区的展开起着预示的作用。1860 年,清宴舫被英、法联军烧毁后,重建时才改成现在的西洋楼建筑式样。成都武侯祠桂荷池的船舫轩在桂荷池西岸。在此可以俯观鱼水,仰望诸葛陵堂,视线正好贴近水面,池水光影摇曳,格外诱人,渲染了极为动人的环境氛围(图 4-34)。

图 4-34 颐和园清晏舫

济南章丘百脉泉公园的易安楼全部为钢筋混凝土现浇结构,一前一后,前面一只供游人进餐、小吃,后面一只属厨房供应。船舱为两层,后部稍高,可通顶部平台,整个造型仿船模样,头、尾部位都仿船形做成斜面,建筑形象空透、轻巧,有莲叶形,蹬步与岸相连,清新生动(图 4-35)。

图 4-35 济南章丘百脉泉公园的清照泉易安楼

4.3.4 亭、榭、舫的设计方法

1)设计立意

以亭、榭、舫为代表的园林建筑是一种占有时间、空间,有形有色,以至有声有味的立体空间塑造,与其他一般建筑设计相比较,它更加需要意匠。意者立意、匠者技巧,立意和技巧相辅相成,不可偏废。立意的好坏对整个设计的成败至关紧要。所谓立意就是设计者根据功能需要、艺术要求、环境条件等,经过综合考虑

所产生出来的总的设计意图。

立意既关系到设计的目的，又是在设计过程中采用各种构图手法的根据。"意在笔先"是古人从书法、绘画艺术创作中总结出来的一句名言，它对园林建筑设计创作也是完全适用的。组景没有立意，构图将是空洞的形式堆砌，而一个好的设计不仅要有立意，而且要善于抓住设计中的主要矛盾，其所立意既能较好地解决建筑功能的问题，又能具有较高的艺术思想境界。在亭、榭、舫的设计中要有新意，不落俗套，建筑格局不宜千篇一律，更不容标准化。

我国古代园林中的亭、阁、榭、舫总是因地制宜地选择建筑式样并巧妙地配置水石、树丛、桥等以构成各具特色的空间。绍兴兰亭曾为著名书法家王羲之诗集作序的场所，整个长堤建设在田园风光秀丽的郊野。建筑群以"曲水流觞"亭、水榭、八角攒尖亭等休憩类建筑为主。在建筑组群中利用山岩地形的高低错落进行组景就成了空间组合的共同特色。这里的布局在立意上结合功能、地形特点，采用了对称与自由不对称等多种多样的处理手法，才使全园各景各具特色，总体布局既统一，又富于变化(图 4-36)。

图 4-36　绍兴兰亭鸟瞰图

(图片来源:潘谷西《江南理景艺术》)

2)位置选择

在园林建筑的设计中，亭、榭、舫的设计要处理好以下的问题:位置的选择和本身的造型。其中，第一个问题是园林空间规划上的首要问题。第二个问题是在选点确定之后，根据所在地段的周围环境，进一步研究建筑本身的造型，使其能与环境更好地结合。

建筑位置的选择，一方面是为了观景，即供游人驻足休息，眺望景色;另一方面是为了点景，即点缀风景。眺望景色主要应满足观赏距离和观赏角度的要求。而对不同的观赏对象，所要求的观赏距离与观赏角度是很不相同的。例如，在素有"天下第一江山"之称的江苏镇江北固山上，立于百丈悬崖陡壁的岩石边建有一个凌云亭，又名祭江亭。北固山三面突出于长江之中。人们站在这"第一江山第一亭"中，观察奔腾大江的巨大场面:低头俯视，万里长江奔腾而过，"洪涛滚滚静中听";极目远望，"行云流水交相映";左右环顾，金、焦二

山像碧玉般浮在江面之上，"浮玉东西两点青";气势极大。这样，通过"俯视""远望""环眺"这些不同的观赏角度与观赏距离，使凌云亭成了观望长江景色的著名风景点。

亭、榭、舫在使用功能上没有严格要求，体量小巧，建造起来比较自由、灵活，选址上受到的约束较小。例如，《园冶》对亭的位置有如下描述:"亭胡拘水际，通泉竹里，按景山颠，或翠筠茂密之阿，苍松蟠郁之麓"，可见亭的选址非常多样，花间、水畔、山巅、溪涧、苍松翠竹间均可置亭，且各具情趣。与水相关的亭在设置上有多种模式。紧邻水边建亭，亭常凸于水中，三面或四面为水所环绕;伸入水体建亭，常在水中架设平台，并以曲桥等与岸联系。例如，四川新都桂湖交加亭建在水中平台之上，有桥与岸相连，成为桂湖北岸的重要景点，也有不设平台而立于水中巨石上的;江津白沙古镇聚奎书院鉴止、夜雨、问梅三亭就立于水中黑石之上，

别有一番风味(图4-37)。水体中央建亭,称为湖心亭,例如,西园的湖心亭,设在池中,有曲桥连接。还有将亭建于水中小岛之上,例如,四川眉山三苏祠瑞莲亭位于西面水体中狭长小岛的端部,成为景观的焦点(图4-38);苏州拙政园荷风四面亭也位于水中小岛之上。

图4-37 重庆江津聚奎书院三亭

图4-38 眉山三苏祠瑞莲亭

山上建亭不仅丰富了山的主体轮廓,使山色更有生气,也为远眺、观赏全景提供了合适的位置。位于山巅、山脊上的亭往往具有眺览范围大、方向多的优点,如景山万春亭立于景山之巅,亭重檐三层,成为山体的焦点。江南私家园林中常在假山顶上建亭,休憩的同时也可眺望全景,如留园可亭、恰园中部假山上的螺髻亭、拙政园宜两亭、雪香云蔚亭、厂绣绮亭等。登山路旁,山腰上也常建亭,提供了歇息、观景的场所。

桥上置亭也是我国园林艺术处理上的一个常见手法,设计得好,锦上添花。北京颐和园西堤六桥中的柳桥、练桥、镜桥、豳风桥和石舫近旁的荇桥上,都建有桥亭。贵州镇远青龙洞祝圣桥上建有一个三重檐六角亭,它与桥身十分协调,成为从山西麓延伸到河流最南端的一个对景。从东岸看过去,桥亭增加了空间上的层次,丰富了整体景色(图4-39)。

对于榭、舫这种园林建筑类型,除了要仔细安排好功能上的需要外,还必须特别注意处理好建筑与水面、池岸的关系以及建筑与园林整体空间环境的关系。榭、舫作为一种临水建筑物,就一定要使建筑物能与水面和池岸很好地结合,使它们之间能有机、自然、贴切的融合。建筑物在可能的范围内宜突出于池岸,造成三面或四面临水的形势。如果建筑物不宜突出于池岸,也应以伸入水面上的平台作为建筑与水面的过渡,以便为人们提供身临水面之上的宽广视野。例如,南京煦园不系舟,建筑突入湖中,三面临水,后部以短与长廊相衔接,在水榭之中,不仅可观赏正面坦荡的水面,而且向西透过烟波沼渺的朦胧水景,视野异常开阔,成为游人休息、摄影的好地方(图4-40)。

图4-39 贵州镇远青龙洞祝圣桥桥亭

(图片来源:重庆大学建筑与城市规划学院《贵州镇远青龙洞·历史建筑测绘图集》)

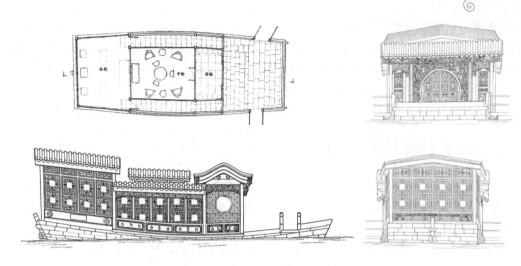

图 4-40　南京煦园不系舟

3）形态设计

关于亭、榭、舫形态的设计归纳起来应掌握下面几个要点。

①必须按照总的规划意图选点。无论是山顶、高地、池岸水旁、茂林修竹、曲径深处，都应使建筑置于特定的景物环境之中。要发挥园林建筑基地小，受地形、方位影响小的特点，运用"对景""借景"等手法，使亭子的位置充分发挥点景的作用。

②亭、榭、舫的体量与造型选择，主要应看它所处的周围环境等，因地制宜而定。较小的庭园，建筑物不宜过大，但作为主要的景物中心时，也不宜过小，在造型上要丰富。在大型园林的大空间中设建筑物，要有足够的体量，有时为突出特定的气氛，还成组地布置，

形成组群。山顶、山脊上的建筑物，造型应求高耸向上，以丰富山体与亭之轮廓；周围环境平淡、单一时，建筑物造型可以丰富些；周围环境丰富、变化多样时，建筑造型宜简洁。总体而言，建筑物体量与造型要与周围的山石、绿化、水面及临近的建筑物很好地搭配、组合、协调起来，要因地制宜。

③建筑的材料及色彩，应力求就地选用地方性材料，不仅加工便利，又易于配合自然。竹木、粗石、树皮、茅草的巧妙设计与加工，也可做出别开生面的建筑，不必过分地追求人工的雕琢。在现代园林中，还大量使用玻璃、钢材来设计亭子，可获得与传统材料截然不同的质感和形式（图 4-41）。

图 4-41　香港大埔完善公园中以钢、玻璃、木为材料的现代亭

④处理好个体建筑与园林整体空间环境的关系。造园，即造景。园林建筑在艺术方面的要求，不仅应使其本身比例良好、造型美观，而且还应使建筑物在体量、风格、装修等方面都能与它所在的园林环境相协调和统一，在处理上，要恰当、要自然。

知识链接：形态设计常用方法——对比

对比是达到多样统一，取得生动谐调效果的重要手段。缺乏对比的空间组合，即使有所变化，仍然容易流于平淡。园林建筑中的对比是把两种具有显著差别的因素，通过互相衬托，突出各自的特点，同时要强调主从和重点的关系。"万绿丛中一点红，动人春色无须多"的诗句恰好说明了对比的意义。"绿"和"红"在色彩上是对比关系，"万"和"一"在数量上也是对比关系，"一点红"是重点，"绿"和"红"不是一半对一半生，硬与呆板的关系，目的是通过突出一点对比协调效果而取得的动人春色。园林建筑的空间运用对比除色彩与质感于另节论述外，主要包括体量、形状、虚实、明暗和建筑与自然景物等。

(1)体量对比　园林建筑的空间体量对比，包括各个单体建筑之间的体量大小对比关系；由建筑物围合的庭园空间之间的体量大小对比关系。通常是用小的体量来衬托，突出大的体量，使空间富于变化，有主有从，重点突出。颐和园中的佛香阁、北海的白塔，成为全园构图主体和重心，除了位置使然外，主要是靠他们的巨大体量与四周小体量建筑物的对比关系取得的。在总体规划上，许多传统名园，如苏州的留园、沧浪亭、网师等，它们都有一个相对大得多的院落空间与园中其他小院落，形成空间的强烈对比，从而突出主体空间。

巧妙地利用空间体量大小的对比作用还可以取得小中见大的艺术效果。方法是采用"欲扬先抑"的原则。小中见大的"大"是相对的大，人们通过小空间再转入大空间，由于瞬时的大小强烈对比，会使这个本来不太大的空间显得特别开阔。例如，广州矿泉客舍庭园空间的处理，在进入大的庭园空间之前设置了一段低矮的通廊，放在狭长的小院中央，把空间加以压缩，当进入到第一道院门时，使人有强烈的局促和压抑感，随之往左，从月洞门透过来的主庭园的明亮光线，预示了主庭的景色，穿过月洞门，空间顿时豁然开朗，步入了另一境界，跃入眼帘的庭园空间显得十分广阔。苏州古典园林利用空间大小的强烈对比而获得"小中见大"艺术效果的范例有很多，如留园、网师园等。

(2)形状对比　园林建筑的空间形状对比：一是单体建筑之间的形状对比；二是建筑围合的庭园空间的形状对比。形状对比主要表现在平面、立面形式上的区别。方与圆、高直与低平、规整与自由，在设计时都可以利用这些空间形状上互相对立的因素来取得构图上的变化和突出重点。从视觉心理上说，规矩方正的单体建筑和庭园空间易于形成庄严的气氛；而比较自由的形式，如按三角形、六边形、圆形和自由弧线组合的平面、立面形式，则易形成活泼的气氛。同样，对称布局的空间容易以庄严的印象；而非对称布局的空间则多为一种活泼的感觉。庄严或活泼主要取决于功能和艺术意境的需要。私家传统庭园、主人日常生活的庭多取规矩方正的形式；憩息玩赏的庭园则多取自由形式。从前者转入后者时，由于空间形状对比的变化，艺术气氛突变而倍增情趣。形状对比需要有明确的主从关系，一般情况主要靠体量大小的不同来解决。例如，北海白塔和紧贴前面的重檐琉璃佛殿，体量上的大与小、形状上的圆与方、色彩上的洁白与重彩，线条上的细腻与粗犷，对比都很强烈，艺术效果极佳。在运用形状对比中，一个最起作用的因素是两者在体量上应存在较大的差别，若两者体量对等，则将失去主从关系而削弱其艺术效果。

(3)明暗虚实对比　利用明暗对比关系以求空间的变化和突出重点，也是塑造园林景象的一种常用手法。在日光作用下，室外空间与室内空间(包括洞穴空间)存在着明暗现象。室内空间越封闭，明暗对比越强烈，即在室内空间中，由于光的照度不匀，也可以形成一部分空间和另一部分空间的明暗对比关系。在利用明暗对比关系上，园林建筑多以暗托明，明的空间往往为艺术表现的重点或兴趣中心。在传统园林中，常常利用天然或人工洞穴所造成的暗空间作为联系建筑物的通道，并以之衬托洞外的明亮空间，通过一明一暗的强烈对比，在视觉上可以产生一种奇妙的艺术情趣。

建筑空间的明暗关系，有时候又同时表现为虚与实的关系，如墙面和洞口。门窗的虚实关系，在光线作用下，从室内往外看，墙面是暗，洞口、门窗是明；从室外往里看，则墙面是明，洞口、门窗是暗。在园林建筑中非常重视门窗、洞口的处理，着重借用明暗虚实的对比关系来突出艺术意境。园林建筑中的池水与山石以及建筑物之间也存在着明与暗,虚与实的关系。在光线作用下,水面有时与山石、建筑物比较,前者为明,后者为暗,但有时又恰好相反。在设计中,可以利用它们之间的明暗对比关系和形成的倒影、动态效果创造各种艺术意境。

如果室内空间大部分墙面、地面、顶棚均为实面处理(即采用各种不透明材料做成面),而在小部分地方采用虚面处理,通过这种虚实的对比作用,视觉重点将集中在虚面处理的部位;反之亦然。但如果虚实各半,则会因注意力分散失去重点而削弱对比的效果。

空间的虚实关系也可以扩大理解为空间的围放关系,围即实,放即虚,围放取决于艺术意境的需要。如果想取得空间构图上的重点效果,形成某种兴趣中心,处理空间围放对比时,要尽量做到围得紧凑,放得透畅,并须在被强调突出的空间中,精心布置景点,使景物能扣人心弦。

(4)建筑与自然景物对比　在园林建筑设计中,严整规则的建筑物与形态万千的自然景物之间包含着形、色、质等各种对比因素,并可以通过对比,突出构图重点,获得效果。建筑与自然景物的对比也要有主有从,或以自然景物烘托突出建筑物,或以建筑物烘托突出自然景物,使两者结合成谐调的整体。风景区的亭、榭的空间环境,建筑是主体,四周自然景物是陪衬,亭、榭起点景作用。云南石林的望峰亭建在密集如林的奇峰怪石之巅,通过形、色上的强烈对比,画面十分优美和谐。有些用建筑物围合的庭园的空间环境,如池沼、奇石、树丛、花木等自然景物是赏景的兴趣中心,建筑物反而成了烘托自然景物的屏壁。

对比是园林建筑布局中提高艺术效果的一项重要方法。以上列举的几种空间对比不是彼此孤立的,往往需要综合考虑。既是大小体量的对比,又是形状的对比;既是体量、形状的对比,又是明暗、虚实的对比;既是体量、形状虚实的对比,又是建筑与自然景物的对比等。在对比运用中,要注意比例关系,不论在形状、明暗、虚实、色彩、质感各方面一定要主从分明,配置得当,还要防止滥用以免破坏园林空间的完整性和统一性。此外,为了加强对比效果,注意突然性是很重要的,突然发生的强烈对比更有助于增加艺术效果。

4.3.5　案例分析

1)江南古典园林亭的设计

江南的庭园多半是在陆地上人工创造的以建筑为基础的综合性园林,因而着重以直接的景物形象和间接的联想境界,互相影响,互相衬托。在园林建筑的构图手法上特别讲究互相之间的对应关系,运用对景、借景、框景等来创造各种形式的美好画面,亭的位置的选择就十分注意满足园林总的构图上的要求及本身观景上的需要。拙政园西部的扇子亭——"与谁同坐轩",它位于一个小岛的尽端转角处,三面临水,一面背山,前面正对"别有洞天"的圆洞门入口,彼此呼应。在扇面前方180°的视角范围内,水池对着的曲曲折折的波形廊飘动在水面之上。扇面亭两侧实墙上开着两个模仿古代陶器形式的洞口,一个对着"倒影楼",另一个对着"三十六鸳鸯馆",这就在平面上确定了它们的对应关系及观赏的视界范围(图 4-42)。亭及其他园林建筑

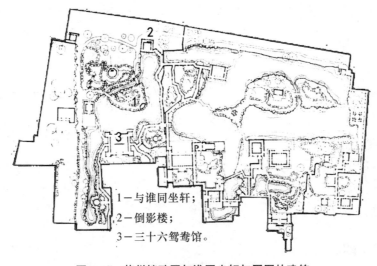

1—与谁同坐轩;
2—倒影楼;
3—三十六鸳鸯馆。

图 4-42　苏州拙政园与谁同坐轩与周围的建筑

位置上的经营,不能仅从平面图上去进行推敲,还必须从游人在主要游览路线上所能看到的"透视画面"来确定。有时我们看苏州一些园林的平面图,某些亭及建筑物并不是正南正北地布置着,而是变幻着角度,廊子、墙等也是曲曲折折,好像很不规则,但身临其境,从视觉的"静观"与"动观"中才逐步领悟到它们的奥妙。

拙政园的标志性建筑——香洲,临水而建,像一艘船,它是典型的舫。这种船形建筑物不仅丰富了水景,而且也是用不系之舟。利用不用缆绳系着的船来反映出无拘无束、无为而治的老庄思想、道家哲学,这是文人写意山水园时钟爱的建筑形式。香洲位于水边,正当东、西水流和南北向河道的交汇处,三面环水,一面依岸,由三块石条所组成的跳板登船。站在船头,波起涟漪,四周开敞明亮,满园秀色,令人心爽。烈日酷暑,此地却荷风阵阵,举目清凉。香洲船头上悬有文徵明写的题额,后人还专门为之题跋。这条香洲旱船的建筑手法典雅精巧,引人入胜,给人一种对高贵人格的追寻的意境(图4-43)。

平面图

北立面图

东立面图

西立面图

平面剖视图

剖面图

图4-43 苏州拙政园香洲

苏州园林网师园内的濯缨水阁，绕水池的亭榭结构各殊，景观互异，可静赏朝、午、夕、晚，一日四时的变化，春、夏、秋、冬四季景物的流转。濯缨水阁纤巧柔美，基部全用石梁柱架空。池水出没于下，宜夏日纳凉，旧时又充戏台。水阁尽可能贴近水面，在池岸地平离水面较高时，水榭建筑的地平相应地下降高度，使水

榭在水面上轻轻架起，支承水榭的下部的石梁柱仅仅露出一点。建筑本身比例良好，在其侧畔以石砌，形成临水巉岩的气氛，衬托了水榭有凌空架于水面的轻快感觉。除了要把水榭平贴近水面外，驳岸也用湖石砌岸边，形成了浅色平台下部一条深色的阴影，在光影的对比中增加平台外挑的轻快感（图4-44）。

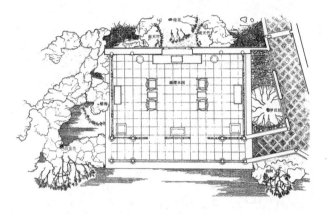

平面图

北立面图

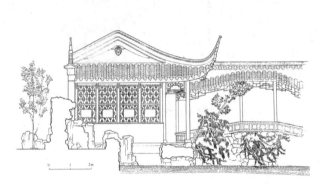

东立面图

剖面图

图 4-44　网师园濯缨水阁

（图片来源：潘谷西《江南理景艺术》）

峨眉山清音阁下的牛心亭是充分融于自然环境，营造了自然飘逸的建筑风格的典型案例。峨眉山清音阁位于溪涧间结合地形，建有听氛赏瀑的亭台。其他一些建筑，如清音阁、清音亭、洗心亭、洗心台、神功亭等多以声得景而命名，密林深谷终年不息的瀑泉声，为整个空间环境增添浓厚的宗教艺术气氛，佛门"四大皆空"的思想得到了充分体现。牛心亭位于建筑群前导区的登山途中，小亭坐落在双飞桥中间的岩石上，正对牛心石，不仅为人们提供了观看"黑白二水洗牛心"的

绝佳地点，还有效地提示了游览线路，丰富了游览感受。清音阁前的牛心亭是一个六角攒尖顶亭，位置选在两条溪水的交汇处，亭的左右横跨着两座石拱小桥。坐在亭内，见两股飞瀑直泄而下，冲击着前面水潭中的牛心怪石，溅起层层水花，两侧石壁陡峭，繁密丛林，令人深感处于大自然的怀抱之中。亭子的顶饰、翼角、花牙子、扶王靠椅等细部装修都是典型的四川地方民间做法，轻巧、精致（图4-45）。

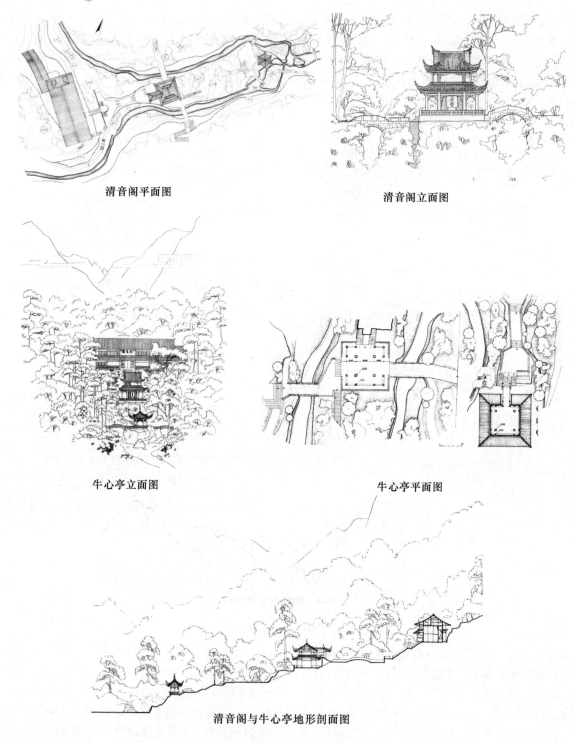

清音阁平面图　　　　　　　　　　　　　清音阁立面图

牛心亭立面图　　　　　　　　　　　　　牛心亭平面图

清音阁与牛心亭地形剖面图

图4-45　峨眉山三山夹两涧景区

（图片来源：重庆大学建筑城规学院（原重庆建筑工程学院）《峨眉山历史建筑测绘集》）

2）现代园林亭的设计

在现代园林中，用于休憩的亭子类建筑仍然是重要的组成部分。现代园林亭与古典园林亭相比，造型更加简洁、多样，构成材料更加多元化。模块化、标准化通常为现代亭子建造的流行做法。重庆市城口沿河乡的北坡村是秦巴山区中一个典型依水而建的小村落,北坡桥曾是进村的必经之路。新修的公路开通后,

北坡桥的功能被取代,逐渐成为供游客休憩、观景的场所(图 4-46)。

立体图

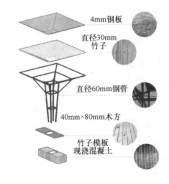

4mm钢板
直径30mm竹子
直径60mm钢管
40mm×80mm木方
竹子模板
现浇混凝土

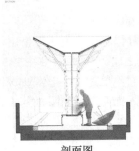

剖面图

图 4-46　北坡桥的休憩亭

在乡村进行实践时,对施工质量的控制是建筑设计的先决条件。作为乡村施工条件相对简陋的情况,建筑师们确立了模块化的建造策略:单元空间、预制构件、现场组装。预制模块使构件的精确度提高,施工难度降低,压缩了建筑师现场指导次数,同时保证了施工质量。预制构件也大大缩短了现场作业的时间,发挥了装配式作业的优势。

建筑师最大程度保留了原桥,并在桥面上用单元模块"伞下的座椅"来满足遮阳、避雨和休憩的需求。"伞"回应当地多雨的气候。选择向上翻转的屋面是因其较于传统下沉的坡顶与桥面围合成相对封闭的空间,拥有更开放的视角和轻盈的姿态。向内聚拢"斗"状的屋面,收集着民间象征财富的雨水。小雨时,雨水沿着中心的雨链,流入石块,下渗到排水系统中;雨势大时,雨水由隐藏在钢构内的排水管排出。由六个独立的单元模块共同托起一个连续的屋面。屋檐下、座椅之间相互独立,其间的"空格"形成有韵律的停顿,邀人入座。空间单元被置于桥的中心,将沿着桥前进的

势能转向两侧。行人过桥时,视线沿着飞扬的屋檐,抬眼望向远山深处,进而慢下来,独坐观雨。

建造材料采用当地的"白夹竹",在新增的卵石地面之上,由重到轻,纵向生长。竹材纹理的混凝土座椅,与竹材尺寸相近,但更持久的钢管,一字排开的竹竿和保护着竹竿的钢板。整个竹亭既传达出传统亭子的精神韵味,又体现了现代材料、现代施工工艺的时代精神。

通常现代亭子体现出简洁、流畅的外部造型,并将绿色生态的理念贯穿到设计之中。西班牙巴塞罗那某景观亭(图 4-47),由六边形组成基本框架。结构不会阻碍地面植物的生长,七个六边形结构构成一个模块,设计师借此构筑空间、建筑和创造生物气候条件。景观亭便于府志,能灵活运用,可控制植物生长速度,不会损伤原来的树木。模块中有一个六边形作为核心构造,好像空心的树干一般,庭园中的技术网络(建筑、电力和雨水收集)、有机网络、热排气口、雨水收集扣和湿度控制处都在其中。

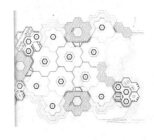

建造方式

立体图

剖面图

图 4-47　巴塞罗那某现代景观亭

4.4　廊与花架的设计

4.4.1　廊

1)廊的功能

廊在园林中具有重要作用,不仅将各个厅房有机联系使之成为整体,也往往是游览路线的一个有效组织者。它不仅具有避雨休憩,来往交通的功能,而且在园林艺术上起着分隔园林空间,组织园林景观,增加园景层次的重要作用,同时还常作为建筑物室内到室外空间的过渡。廊在园林中的作用主要有以下几个方面。

(1)景点与院落空间的串联　廊的设置要考虑能够将主要景点和多组院落空间串联组织起来,还要综合考虑地形条件及游览体验的变化,或沿墙而行,或临水而游,或跨水而越,或依山而上,有机地与地形相结合,同时也不断引领行进路线上景观的变化,形成丰富的游览体验。

在园林设计中,廊子被运用以来,它的形式和设计手法就更为丰富多彩。如果我们把整个园林作为一个"面"来看,那么亭、榭、轩、馆等建筑物在园林中可视作"点",而廊、墙这类建筑则可视作"线"。通过这些"线"的联系,把各分散的"点"连成有机的整体,在园林"面"的总体范围内,它们与山石、绿化、水面相配合,形成一个个独立的景区。

通常廊子布置在两个建筑物或两个观赏点之间,成为空间联系和空间分划的一种重要手段。它不仅具有遮风避雨,交通联系的实用功能,而且对园林中风景的展开和观赏程序的层次起着重要的组织作用。苏州环秀山庄就是通过廊子将主体建筑相连接的典型案例(图 4-48)。

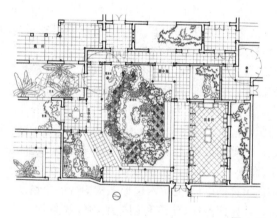

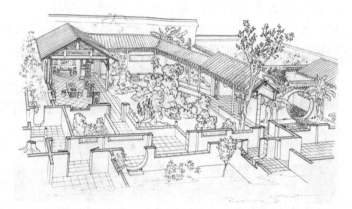

图 4-48　苏州环秀山庄廊子的运用

(2)游览路线的指引　在小型的园林空间中,廊常附设于建筑周边或沿墙以"占边"的形式布置,在形制上有一面、二面、三面,也有四面形成回廊的情况。在皇家园林中采用回廊将各组建筑连接起来形式比较常见,如颐和园的谐趣园(图 4-49)、承德避暑山庄的烟雨楼等都为此种类型。而在苏州园的主景区中,廊则多沿墙设置,为了避免廊围绕一圈所形成的呆板和单调,廊通常只在园林一边或两边出现。与此同时,为了加强空间体验的丰富性与趣味性,廊与墙的关系常常时分时合,形态曲折多变,营造出了许多颇具情趣的小空间(图 4-50)。

图 4-49　颐和园中的谐趣园

图 4-50　沧浪亭水院

图 4-51　环秀山庄桥廊的划分空间作用

当游廊用以登山观景和联系山坡上下不同高度的建筑物时，廊常依山势蜿蜒转折而上，营造出丰富的山地建筑空间，特别是在大型皇家园林中，爬山廊的设置非常普遍。北海濠濮间山环绕，树木茂密，四座殿宇位于山体不同的标高之上，因此，建筑之间的联系采用了爬山而上的折廊进行连接，廊子从起到落，跨越起伏的山丘，结束于临池的水榭，手法自然，富于变化。

(3)园林空间的划分　廊在组织游览路线经常担负着划分空间的作用。在规模较大的皇家园林中，通常用廊界定院落空间，也以此对园林进行分区。承德避暑山庄的万壑松风就是利用廊巧妙地把几个个体建筑物串联起来，并行成了几个大小不同的院落空间。在小型的园林中，也常通过廊的运用，来划分空间以此增加空间的层次。四川眉山三苏祠西面水体就是用中部通透的桥廊和亭将狭长水面划分为两个部分，从而大大增加了空间景观层次的丰富性；三苏祠启贤堂与来风轩则是通过中间的连廊将原来的庭园一分为二。两个庭园景观各具特色，趣味盎然；环秀山庄中部景区南侧水体上的桥廊的形式出现将此处景区进行了空间上的划分，既起到了联系两个厅堂的作用，也围合成了一处较为静谧的小景区(图 4-51)。

图 4-52　水上游廊

临水而设也是游廊常见的设置方式，供欣赏水景并联系水上建筑。水边设廊既有位于岸边的，也有完全与水面紧密贴合的。颐和园的临湖设置长廊就属于前者，廊立于岸边，为观看湖景提供了良好的空间；拙政园西部景区著名的波形水廊则完全紧贴水面设置，廊在自然的转折中，还设置了起伏变化，漫步其上，宛若置身水面之上，别有风趣(图 4-52、图 4-53)。

图 4-53　苏州古松园爬山廊

2)廊的类型

廊在整个园林中是以"线"的形态呈现,通过这些"线"的联络,把各分散的"点",即各厅堂、楼阁、亭等有机地串联起来。具体来说,廊子的平面形态有直线、折线、曲线等。

在寺观园林中,通常空间关系严谨规整,因此,廊多以直廊、回廊形式出现,连接各个建筑物,并成为各个建筑室内与庭园空间的过渡。在游览区,廊的设置相对灵活,除了用于院与院连接的回廊、直廊外,也常采用曲尺形廊或随也形变化使用曲廊。例如,香山静宜园中的见心斋的中心是一座半圆形水池,池东南北三面回廊则跟随水池形状呈弧形;颐和园长廊贯通于前山山麓临湖的平坦地带,结合地形变化廊的平面形态直中有曲,丰富了行走体验;北海濠濮间,四座建筑分别置于不同标高,用曲尺形廊回转而上,将建筑有机连接在一起。

在江南私家园林主景区中,廊多以不规则的折线形态出现,这是因为曲折的形态在有限的空间中有效地增长了游览的长度,延伸了游览的时间,同时曲折的形态使廊与墙时分时合,并与墙体共同围合出了一些特色的小角落,无形中增加了空间层次,并大大提升了行走体验的丰富性和趣味性。而且不规则的折线形态避免了直廊的呆板,与私家园林的整体气氛更加符合(图4-54)。

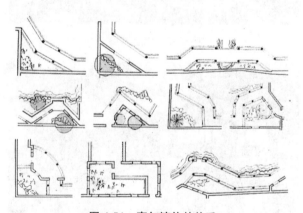

图4-54　廊与墙体的关系

廊的平面较为简单,除复廊宽两间外,通常其他廊进深仅一间,开间数不限,因此,长度随需要而定。从其平面形态来看,主要分为直线形、曲线形、折线形。在具体使用上,廊的形态常"随形而弯,依势而曲",在适应地形的同时,还照顾到人们在游览行进路线上行

走和观赏体验的丰富性,从而变化出灵活多样的线性形态(图4-55)。著名的颐和园长廊贯通于前山山麓临湖的平坦地带,北依万寿山,南临昆明湖,全长728 m,是我国古典园林中最长的游廊(图4-56)。

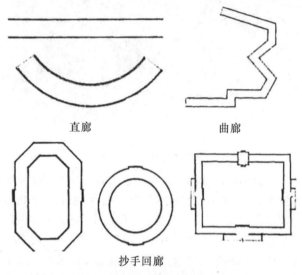

直廊　　　　　　　曲廊

抄手回廊

图4-55　廊子的平面形态

图4-56　颐和园长廊

廊的基本类型从廊的横剖面上来进行分析,大致可分成四种形式:双面、单面空廊、复廊和双层廊。其中,最基本、运用最多的是双面空廊的形式。单面空廊是在双面空廊的一侧列柱间砌有实墙或漏花砖墙,或是完全贴在墙或建筑边沿上。有时单面空廊屋顶做成单坡的形状以利于排水。在双面空廊的中间夹一道墙就形成了复廊的形式,或称之为"内外廊"。在廊内分成两条走道,廊的跨度一般要宽一些。把廊做成两层,上下都是廊道,即变成了双层廊的形式,或称"楼廊"。除上述者外,一些现代廊用钢筋混凝土结构把廊做成

只有中间一排列柱的形式,屋顶两端略向上反翘,落水管设在柱子中间,这种新的形式可称之为"单支柱式廊"。

①双面空廊。在建筑物之间按一定的设计意图联系起来的直廊、折廊、回廊、抄手廊等多采用双面三廊的形式。不论在风景层次深远的大空间中,还是在曲折灵巧的小空间中均可运用。廊景色的主题可相应不同。北京颐和园的长廊是这类廊子的一个突出的实例。它始建于 1750 年,1860 年被英、法联军烧毁,清朝光绪年间重建。它东起邀月门,西至石丈亭,共 273 间,全长 728 m,是我国园林中最长的廊子。整个长廊北依万寿山,南临昆明湖,穿花透树,曲折蜿蜒,把万寿山前山的十几组建筑群在水平方向上联系起来,增加了景色的空间层次和整体感,成为交通的纽带。同时,它又是作为万寿山与昆明湖的过渡空间来处理的。在长廊上漫步,一边是整片松柏的山景和掩映在绿树丛中的一组组建筑群,另一边是开阔坦荡的湖面,通过长廊伸向湖边的水榭及伸向山脚的建筑,在不同角度和高度上变幻地观赏自然景色。为避免单调,在长廊中间还建有四座八角重檐顶亭,丰富了总体的形象。

②单面空廊。单面空廊一边为空廊面向主要景色,另一边沿墙或附属于其他建筑物,形成半封闭的效果。如果其相邻的空间有时需要完全隔离,则做实墙的处理;如果有时宜增添次要景色,则须隔中有透、似隔非隔,做成空窗、漏窗、什锦灯窗、格扇、空花格及各式门洞等。虽然有时几竿修篁、数叶芭蕉、三二石笋必须作衬景,但也饶有风趣。

颐和园的静心斋廊,由于它们处于由大门通道进入主要园林空间的起点上,不希望人们一眼看穿整个景色。因此,敞廊的空柱廊对着小院,院中以朴拙苍劲的古树为主景,而面向主要庭园的则是一排漏窗,山容水态依稀可见,预示即将展开的风景中心,到了"绿荫"敞榭,整个湖光山才呈现在面前。这种利用廊的墙面来达到敞开的空间效果是非常巧妙的的不同处理方法(图 4-57)。

③复廊。复廊是在双面空廊的中间隔一道墙,成两侧单面空廊的形式。中间墙上多开有各种式样的漏窗,从廊的这一边可以透过空窗看到空廊那一边的景色。这种复廊一般安排在廊的两边都有景物,而景物的特征又有各不相同,通过复廊这两个不同景色的空间联系起来。此外,用墙的分划与廊的曲折变化,也可延长游览线和增加游廊观赏的趣味,达到"小中见大"的目的。

图 4-57　静心斋廊子

位于苏州园林沧浪亭(图 4-58)东北面的复廊是运用借景手法处理空间环境的佳例。沧浪亭本身无水,但北部园外有河有池,在园体布局时一开始就把建筑物尽可能移到河边。而在北部则顺着弯曲的河岸起空透的复廊,西起园门东至观鱼处,以砌筑河岸,使山、水、建筑结合得非常紧密。这样处理可以让游人还未进园,就有"身在园外,仿佛已在园中"之感。进园后在曲廊中漫游,行于临水一侧可观水景,好像河、池仍是园林的不可分割的一部分,过漏窗,园内苍翠古木丛林隐约可见。反之,水景也可从漏窗透至南面廊中。通过复廊,将园外的水和园内的山互相借资,连成一气。

图 4-58　苏州沧浪亭复廊

④双层廊。双层廊可提供人们在上、下两层不同高度的廊中观赏景色的效果。有时也便于联系不同标高的建筑物或风景点以组织人流。同时,由于它富于层次上的变化,也有助于丰富园林建筑的体型轮廓。依山、傍水、平地上均可建造。

北京北海公园琼岛北端的"延楼"就是呈半圆弧形的双层廊,共 60 个开间,面对着北海的主要水面,环抱着山东、西对称地布置。它东起"倚晴楼",西至"分凉阁",从湖的北岸看过来,这条两层长廊仿佛把琼岛北麓各组建筑群都兜抱起来连成了一个整体,很像是白塔及山上建筑群的一个巨大基座,将整个琼岛簇拥起来。游廊塔山倒影水中,景色奇丽。廊外沿着湖岸有长约 300 m 的白玉栏杆,蜿蜒如玉带,从廊上望五龙亭一带,水天空阔,金碧照影。

⑤爬山廊。供游山观景和联系山坡上下不同标高的建筑物之用,也可借以丰富山地建筑的空间构成爬山廊:有的位于山之斜坡,有的依山势蜿蜒转折而上。廊的屋顶和基座有斜坡式和层层叠落的阶梯式两种。

颐和园的排云殿和画中游所在位置山势坡度较大,所建爬山廊动用了较多的土方砌筑石壁以构成斜廊的坡度和梯级,它除具有联系不同标高的建筑物的作用外,也增强了建筑群的宏伟感,顺着排云殿西侧的爬山廊登高至德辉殿,再往上围在 38 m 高的佛香阁外圈的四方形回廊,建筑在粗大石块砌起的石台上。无论从它在佛香阁一组建筑群中所起的艺术作用,还是从它本身提供给人们休息与观赏的价值上看,它的设计都是十分成功的。

由于体积小,构造施工简易,廊在总体造型上比其他建筑物有更大的自由度,它本身可长可短、可直可曲,又因可顺地形变化之势,使其造型自然呈现出高低起伏。有时为打破行走时单调的感觉,平地上也会特意处理一定的高差变化,使其外形有所改变(图4-59)。

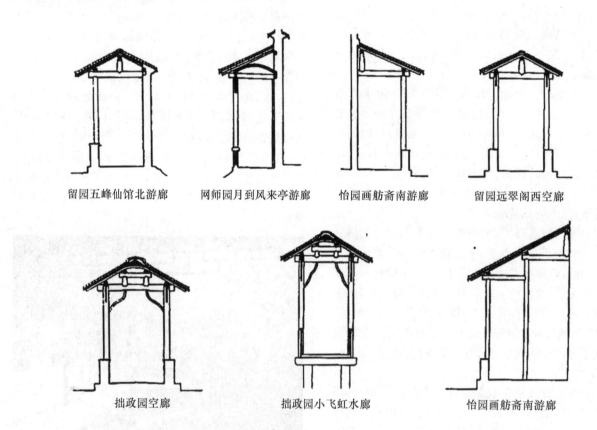

留园五峰仙馆北游廊　　网师园月到风来亭游廊　　怡园画舫斋南游廊　　留园远翠阁西空廊

拙政园空廊　　　　　拙政园小飞虹水廊　　　　　怡园画舫斋南游廊

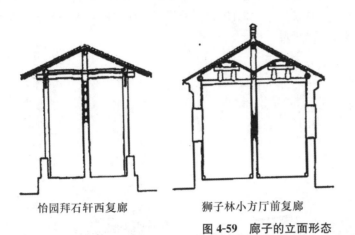

怡园拜石轩西复廊　　　　　狮子林小方厅前复廊　　　　　狮子林小方厅前复廊

图 4-59　廊子的立面形态

3)廊的设计技巧

廊在园林中是以"线"的形态介入空间环境中的。在设计中,首先,要考虑到其位置的选择和空间的组合。其次,尺度与材料也是廊的设计中需要考虑的重要因素。

(1)选址　廊的选址通常有平地建设、水边建设等。通常廊在平地建设以占边的形式布置在围绕起来的庭园中部组景。这样易于形成四面环绕的向心布局,以争取中心庭园的较大空间。廊平地上建设还作为动观的导游路线来设计,经常用于连接各个风景点。廊平面上的曲折变化完全视其两侧的景观效果与地形环境来确定,随形而弯,依势而曲,蜿蜒逶迤,自由变化。有时为分划景区,增加空间层次,使相邻空间造成既有分割,又有联系的效果(图 4-60),通常也选用廊作为空间分划,将墙、花架、山石、绿化互相配合起来。近年来,在新建的一些公园或风景区的开阔空间环境中,建游廊主要着眼点在利用廊来围合、组织空间,并于廊两侧的柱子间设置座椅,提供休息环境,廊的平面方向则面向主要景物(图 4-61)。

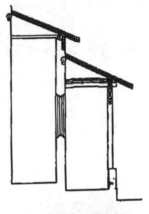

图 4-60　用廊子来围合空间

图 4-61　廊子与休息座椅结合形成休憩空间

廊选址有位于岸边和完全凌驾水上的两种形式。位于岸边的水廊的廊基一般紧接水面,廊的平面也大体贴紧岸边,尽量与水接近。例如,南京瞻园沿界墙的一段水廊,廊的北段为直线形,廊基即是池岸,廊子一面倚墙,一面临水。在廊的端部入口处突出水榭作为起点处理,在南面转折处则跨越水头成跨水游廊。廊的布置不但克服了界墙的平板单调,丰富了水岸的构图效果,也使水池与界墙之间狭窄通道得以充分利用。由于廊的穿插、联络,还使假山、绿化、建筑、水体结合为一个美观的整体。在水岸曲折自然的情况下,廊大多

沿着水边成自由式格局,顺自然之势与环境相融合。重庆园博园平湖上的桥廊,中间的重檐阁三面凌空突出于水池之中,紧贴水面漂浮着,有一种轻盈跳跃的动感。为使廊显得轻快、自由,除注意使其尺度较小外,还特别注意廊下部的支承处理,有时选用天然的湖石

作为支点,有时从墙上伸出挑板隐蔽支撑,以增加廊漂浮于水面的感觉(图4-62)。为了接近水景,有时还会在水中心设置一组廊,为在水面上休憩的游人提供遮阳的场所(图4-63),但此时要注意廊周围需要设置好护栏,护栏的形式也应与廊在风格形式上取得呼应和一致。

图4-62　重庆园博园平湖上的桥廊

图4-63　水上建廊的形式

(2)尺度　廊的尺度处理因地制宜。通常情况下,单廊宽度为1.5 m左右;苏州园林廊开间为3.0 m左右,檐高为2.5 m左右,出檐为0.45～0.5 m。复廊在廊内分成两条走道,所以廊的宽度单廊要宽一些,檐高则相差不多。此外,廊的尺度也应考虑使用者,例如,儿童游乐区的廊子可做的相对低矮,以获得亲切宜人的尺度(图4-64)。

(3)廊的材料　除了上述所说的木材之外,也越来越多地采用了一些现代材料,其中,混凝土材料是最常见的材料。基础、柱、梁皆可按设计要求,因廊所需柱体量多因距近,且受断面影响,宜用光模、高标号混凝土一次捣制成型,以求轻巧挺薄。金属材料常用于独立的花柱、花瓶等。造型活泼、通透、多变、现代、美观,尤其是金属材料的门廊,呈现出简洁、流畅的造型风格,展现出现代景观的魅力(图4-65)。

图4-64　儿童游乐区廊的尺度相对较小

图 4-65　廊子的材料

4.4.2　花架

　　花架是园林,尤其是现代园林中一个常见的元素。花架有三种作用:第一,用于遮阴功能。作为攀缘植物的棚架,又是人们消夏庇荫的场所,可供游人休息、乘凉,坐赏周围的风景。第二,景观效果。花架在造园设计中往往具有亭、廊的作用。花架作长线布置时,就像游廊一样能发挥建筑空间的脉络作用形成导游路线,也可用来划分空间,增加风景的深度。花架作点状布置时,就像亭子一般,形成观赏点,并可以在此组织对环境景色的观赏。除供植物攀缘外,花架在现代园林中,有时也取其形式轻盈的特点,以点缀园林建筑的某些墙段或檐头,使之更加活泼和具有园林的性格。花架本身优美的外形,也对周围的环境起到装饰的作用。第三,花架在建筑上能起到纽带作用。花架可以联系亭、台、楼、阁,具有组景的功能。

　　一般花架是一种"虚"的建筑元素,两排细细的列柱顶着木制或混凝土梁。在花架的一边可透过柱子之间的空间,观赏廊另一边的景色,像一层"帘子",似隔非隔,若隐若现。它把两边的空间有分又有合地联系起来,起到一般建筑元素达不到的效果。

　　在近现代建筑中,花架不仅被大量地运用在园林中,还经常地被运用到旅馆、展览馆、学校、医院等的庭园内,一方面是作为交通联系的通道,另一方面又作为一种室内外联系的"过渡空间"。这类"过渡空间"使庭园空间增添了层次,仿佛在绘画中除了"白"与"黑"的色调外,又增加了"灰调子"。这种"灰色空间"紧密地联系在一起,互相渗透、融合,形成生动、诱人的一种空间环境。

　　花架的结构构造及施工一般也比较简单。通常中国传统建筑中的花架为木构架系统,屋顶多为平顶形式。现代园林建筑中的花架多采用钢筋混凝土结构,还有完全用竹子做成的竹廊等,结构与施工都不难。

1)花架的类型

花架是最接近于自然的休憩类园林建筑。花架的构成元素可以是一组花钵、一座攀缘棚架、一片供植物攀附的花格墙,等等。花架的造型简洁,但往往物简而意深,起到画龙点睛的作用,创造室内与室外,建筑与自然相互渗透、浑然一体的效果。

花架的设计不仅要展示其在绿荫掩映下的美观,在植物落叶之后也要形态优美,充分考虑比例尺寸、选材和装修是必要的。因此,通常花架同样被视为建筑艺术品。花架体形比较轻巧,尺度宜人以免不易荫蔽而显空旷。花架的四周一般都较为通透开畅,除了作支承的墙、柱,没有围墙门窗。花架的铺地和屋顶两个平面也并不一定要对称和相似,可以自由伸缩、交叉、相互引申,使花架置身于园林之内,融于自然之中。

同时,花架的形体也要根据攀缘植物的特点、周围的环境来构思。根据攀缘植物的生物学特性,来设计花架的构造、材料等。一般情况下,一个花架配置一种攀缘植物,配置2~3种相互补充的花草等。

(1)按照植物类型分类

①紫藤花架。紫藤枝粗叶茂,老态龙钟,尤宜观赏。在北京恭王府中,有二三百年前藤萝架;圆明园图"慈云普护"中有"一径界重湖间,藤花垂架"。紫藤花架采用能负荷、永久性材料,呈现出古朴、简练的造型。

②葡萄架。葡萄浆果有许多耐人深思的寓言、童话,似可作为构思参考。种植葡萄要求有充分的通风、光照条件,还要翻藤、修剪。因此,要考虑合理的种植间距。

③猕猴桃棚架。猕猴桃属有30余种为野生藤本果树,广泛生长于长江流域以南林中、灌丛、路边、枝叶左旋攀缘而上。设计此棚架之花架板,最好是双向的,或者在单向花架板上再放临时"石竹",以适应猕猴桃只旋而无吸盘的特点。整体造型纤细、现代不以粗犷、乡土为宜。对于茎干草质的攀缘植物,往往要借助于牵绳而上,如葫芦、茑萝、牵牛等,因此,种植池要近,在花架柱的梁板之间也要有支撑和固定物,才能爬满全棚。

(2)按照结构方式分类

①双柱花架。这种花架好似以攀缘植物作顶的休憩廊。供植物攀缘的花架板平面排列可等距(每个50 cm左右),也可不等距,板间嵌入花架砧,取得光影和虚实的变化;其立面也不一定是直线,可曲线、折线,甚至由顶面延伸至两侧地面,如滚地龙一般(图4-66)。

图 4-66　双柱花架

②单柱花架。当花架宽度缩小,两柱接近而成一柱时,花架板变成中部支承,两端外悬。为了整体的稳定和美观,单柱花架在平面上宜做成曲线、折线形。各种供攀缘用的花墙、花瓶、花钵、花柱如图4-67所示。清代李斗所著的《工段营造录》中有记载:"架以见方计工。料用杉槁、杨柳木条、薰竹竿、黄竹竿、荆笆、竹片、花竹片。"现已不易见到,但为追求某种意境、造型,可用钢管绑扎外粉或混凝土仿做上述自然材料。近年来,也流行用经过处理的木材做材料,以求真实、亲切。

图 4-67　单柱花架

2）花架的设计技巧

花架的构造简单是园林中能够取得较为活泼、灵动效果的建筑元素。在现代园林中，通常采取以下的方法使得花架既源于传统，又充满现代气息。

（1）提取与拼贴　这是通过对传统建筑构件的解构、镶拼和重新组合来完成的转换，将传统建筑的典型符号运用到现代园林建筑中，以此来强调民族传统、地方特色和乡土风格。当一个地区中的大量传统建筑共同反映出某种特色时，该地区的特性才得以凸显。这样的符号或者说从传统建筑中提取出来的有代表性的"视觉模式"，正好反映了地区大量传统建筑共性特征的要素。当它们被拼贴于新园林建筑中，就使新建筑与传统建筑之间建立起了视觉上和情感上的联系，符合人们约定俗成的习惯。例如，某意大利风格公园内场地，借鉴了意大利典型的喷泉广场，提取其中心喷泉、环形廊等元素，转化为现代简洁的砵状涌泉及砖石与木梁组合成的花架。花架的砖石砌筑形式让人们联想到了意大利托斯卡纳地区砖石建筑的传统肌理，使得新式花架与传统意市造园取得了视觉和情感上的联系（图4-68）。

图 4-68　某公园里的现代意式园

（2）简化和提炼　这是在对传统园林花架形式进行深入理解和研究的基础上，对传统建筑的结构、屋顶形式、整体形象、细部处理等进行简化、抽象，从而提炼出新的形式，但在运用时，要注重保持适宜的比例、尺度，从而获得传统的气质和现代的表现。在设计中抛弃了烦琐的装饰，用现代的结构形式和材料塑造出了简洁的现代园林建筑形象，由于保持了传统廊架的比例、尺度，使古典的神韵犹存。例如，某南方一风景区车行通道遮阳花架，简化了传统木构建筑梁架相互叠

合的构筑形式，采用粗细一致的木梁交错拼接，并以钢结构柱作支撑。这样既保持了廊架轻巧的效果，又以现代的钢木结构塑造出现代简洁的形象（图4-69）。

图 4-69　某风景区入口的钢木花架

（3）变形与转化　这是运用现代的材料和建造手段重新诠释和演绎园林建筑的传统要素，而不是复兴园林建筑的传统形式和材料。这就要求园林建筑既要含有传统建筑的某些特征，又要保持与传统建筑的距离表现出的创造性。这些涉及对传统形式的概括、变形、解构、重构，从而完成形式上的"差异性转变"。例如，某公园休憩地采用花棚的形式，夏日牵牛花等藤蔓植物攀爬于玻璃棚上，形成斑驳的遮阳场地；冬日花木凋谢，玻璃棚又可以接纳阳光（图4-70）；南国花苑一处花架，将传统折线廊予以变形，以自由曲线的玻璃花架呈现出来，凸显了现代结构和材料带来的新颖形式，让人耳目一新（图4-71）。在多数情况下，廊子、花架、景墙整合为一体，并利用多种材料组织。它们在不同季节为人们提供了休憩遮阴的场所，是现代园林中必不可少的景观要素（图4-72）。

图 4-70　某公园的休憩花棚

图 4-71　现代曲线型花架

图 4-72　现代园林景观中的廊与花架

习题

1.休憩类建筑的类型有哪些?

2.休憩类建筑在立意上要注意哪些方面?

3.抄绘拙政园荷风四面亭和香洲的平面图、立体图、剖面图。

4.廊的平面与立面类型有哪些?

5.用现代手法处理廊与花架主要体现在哪些方面?

6.徒手设计一个长 5 m,宽 1.8 m 的廊架,比例 1∶100。

第**5**章

服务类园林建筑

1. 了解服务类园林建筑的基本概念、选址与总体布局的基本手法、服务类园林建筑的设计原则及分类；

2. 理解不同类型服务类园林建筑的功能需求与组成、选址与布点要求、建筑造型与风格特色；

3. 掌握服务类园林建筑在总体布局时，利用地形的设计手法，服务类园林建筑的平面布局、流线组织。

【学习重点】

1. 服务类园林建筑在总体布局时利用地形的设计手法；

2. 服务类园林建筑的设计原则；

3. 不同类型服务类园林建筑的设计方法。

服务类园林建筑是现代景观园林的重要组成要素。它包括游客接待中心、贵宾接待室、餐厅、茶室、小型展览馆、售卖亭、游船码头、园厕等不同功能的建筑。一般此类建筑体量不大、功能相对简单，占用园林用地的比例很小，一般为 2%～8%。但因处于景园内、直接服务于游人，因而建筑物的选址与设计是否得当、功能是否合理，对增添景区与公园的优美景色都有着密切的关系。因此，服务类园林建筑在设计时，应遵守组分结合、因地制宜、妥善隐藏、明确主从、协调统一、利于赏景、内外渗透的原则。

5.1 接待类园林建筑

5.1.1 贵宾接待室

规模较大的风景区或公园多设有一个或多个专用接待室，以接待贵宾或旅行团。这类接待室主要是供贵宾休息、赏景，也有兼作小吃功能的营业部分。

贵宾接待室的位置多结合风景区主要风景点或公园的主要活动区选址。一般要求交通方便、环境优美而宁静。即使在周围景观环境欠佳的情况下，也需营造一个幽静而富于变化的庭园空间。一般贵宾接待室的空间功能包括入口部分、接待部分和辅助设施部分。它的选址特色与设计要点主要包括以下几个方面。

1)因地制宜，天然成趣

桂林芦笛岩接待室(图 5-1)筑于劳莲山陡坡之上，建筑依山而筑，高低错落，颇有新意。主体建筑为两层，局部为三层，每层均设一个接待室，可以同时接待数批来宾。第一层和第二层均有一个敞厅，作为一般游客休憩和享用小吃的场所。登接待室，纵目远眺，正前方开阔的湖山风光、两山间飞架的新颖天桥、山麓濒池的水榭、遥遥相对的洞口建筑以及四周的田园风光，这些景色均为接待室创造了良好的赏景环境。

在构筑上，接待室底层敞厅筑小池一方，模拟涌泉，基址岩壁则保留天然原样，建筑宛似根植其上。这样的处理不仅使天然的片岩块石成为室内空间的有机组成部分，而且与室外重峦叠嶂，遥相呼应，深得因地制宜、景致天成的效果。

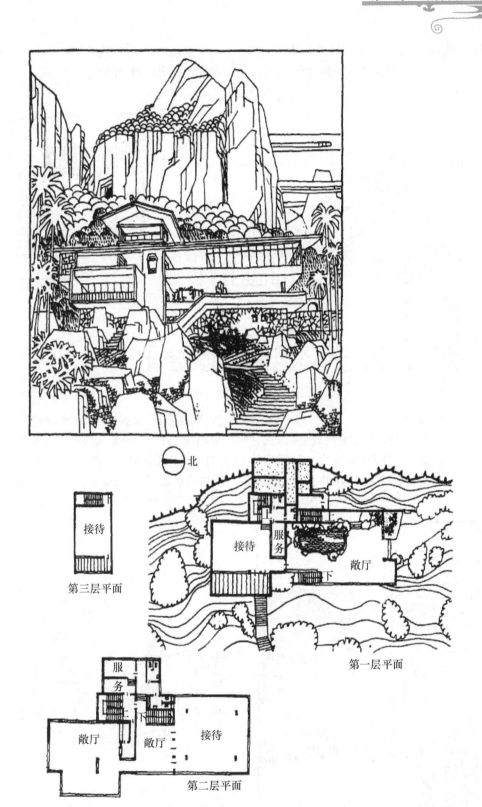

图 5-1 桂林芦笛岩接待室

桂林伏波山接待室(图 5-2)筑于陡坡悬崖。它借岩成势,因岩成屋。建筑分两层供贵宾休息和赏景用。虽然建筑的室内空间简单,但利用山岩半壁,并与入口前的悬崖陡壁相互渗透,颇富野趣。由于楼筑山腰,居高临下视野开阔,凭栏可远眺漓江,秀美山水得以饱览无遗。

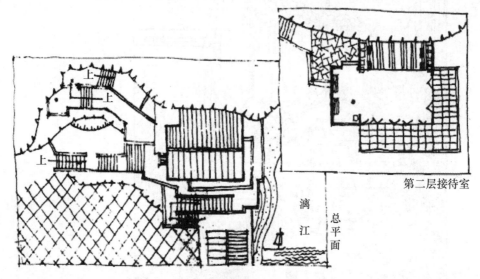

第二层接待室

漓江

总平面

图 5-2 桂林伏波山接待室

2)突出主题,吻合园意

广州兰圃是以兰花为主题的专业性花园,虽然它临近闹市,但经造园者一番经营,却成为一个浮香储秀、闹处寻幽的好去处。由兰圃景门折西,跨小石板桥便是其接待室(图 5-3)。室前临池,侧放小溪,平台卧波,清流咽石,绿荫曲径,环境幽雅。室内巧置兰草数丛,窗前品茗,兰香沁人心脾。建筑的室内外空间虚实相映,墙垣质感对比强烈,色彩明快和谐。壁面分青砖、粉墙或石壁,形朴质雅,颇为得体。幽旷野趣的建筑风格与兰花生长环境的相互协调,吻合兰圃本身的主题。

过厅

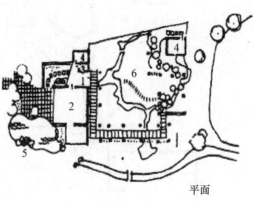

平面

1—过厅; 2—接待室; 3—卫生间;
4—管理用房;5—叠石山泉;6—植物园。

图 5-3 广州兰圃接待室

3)发挥环境素质,创造丰富空间

广州华南植物园临湖的接待室(图 5-4),虽然室的南面靠近园内主要游览道,但由于为竖向花架绿壁所障,虽然游人鱼贯园道,也无碍室内的宁静。接待室采用敞轩水榭形式濒湖开展,不仅充分发挥其较佳的环境优势,错落安置水榭、敞厅、眺台和游艇平台,同时极力组织好室内外的建筑空间。例如,通过绿化与建筑的穿插、虚与实的适宜对比,达到敞而不空的效果;又采用园内设院、湖中套池的方法增添景色层次,使规模不大的小院空间朴实自然而富有变化。

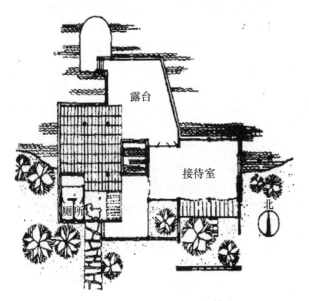

图 5-4　广州华南植物园接待室

南京中山植物园的前身为孙中山先生纪念馆,建于 1929 年,为我国著名植物园之一。该园地处紫金山南麓,背山面水,丘陵起伏,为南京主要风景点之一。园内的李时珍馆(图 5-5)以接待、会议和陈列中草药物为主。该馆设计吸取了江南园林的处理手法,采用我国传统建筑形式,较好地结合了基地的周围环境,建筑体形和空间显得朴实而丰富。

5.1.2　游客接待中心

游客接待中心是旅游景区设立的为游客提供信息、咨询、游程安排、讲解、教育、休息等旅游设施和服务功能的专门场所。修建接待中心的目的是向游客提供有关旅游和风景名胜区的信息,同时提供必要的服务和帮助,甚至包括住宿及娱乐设施。

1—门廊; 2—贵宾厅; 3—设备用房;
4—女卫生间; 5—开水间;
6—电话机房; 7—男卫生间。

图 5-5　南京中山植物园李时珍馆

1)功能作用

游客接待中心有三大主要功能:展示、服务、管理。建筑的功能要求决定着其功能组成和平面组合、空间布局以及室内空间的分隔形式。在建筑设计时,需要在满足相应功能的同时,还要组织好便捷的交通流线,并塑造出舒适宜人、底蕴丰富的室内外空间环境。

游客接待中心的功能还决定着其外部的形态特征和大众的审美意象。同时,建筑风格又受到风景名胜区的地理环境和民俗文化的影响以及经济技术条件的影响。因此,游客接待中心建筑应当体现出地域文化特色,并与外部景观相协调。

2)选址与布局

游客接待中心的选址与布局应符合风景名胜区规划要求。在《风景名胜区条例》中对风景区内的建设有着严格规定:"风景名胜区规划未经批准的,不得在风景名胜区内进行各类建设活动。禁止违反风景名胜区规划,在风景名胜区内设立各类开发区和在核心景区内建设宾馆、招待所、培训中心、疗养院以及与风景名胜资源保护无关的其他建筑物。"游客接待中心应按照规划要求确定基地位置和基地范围,要有合理的服务半径,并注意不仅要根据近期规划,还应结合风景区的远期和远景规划。近期规划时间段是 5 年以内,远期规划是 5~20 年,远景规划是大于 20 年。此外,规划还会对建筑高度、建筑风格等有具体的要求。

对基地的分析是游客接待中心设计的第一步,基地往往以自身的形态和条件成为制约设计的限定因素。对于中心的选址来说,需要有多方面的考量:基地的地理位置与人文环境条件以及基地自身的地形、地貌、日照、景观等都属于要考虑的范围,而且还应对用地进行现场勘察,在地形图上详细标注目力范围以内的自然造物及其视角和视距(主要包括山的高度、仰角等),尽可能地标注树木、地貌、景观以及它们的相互关系,以求使建筑与基地相吻合。

(1)气候特征 在建筑设计中,日照是重要的自然因素。日照影响着游客接待中心的采光和朝向设计以及各个功能空间的建筑布局。对日照的分析要把握太阳的运动规律,一天内太阳的运动轨迹,一年四季中太阳的高度角变化。除此之外,风向、温度、空气质量也是选址要考虑的因素。

(2)地质、地貌特征 地貌条件包括基地上现有的建筑物、树木、植物、石头等现存的物质因素。通常这些地貌因素限定了平面的形状和布局。如果在理想的游客接待中心建造位置上有现存的建筑物时,是拆过新建,还是另外择址,则要从总体规划的角度来考虑。如果在理想位置有无法移动的巨石、不能伐倒的古树,则可以考虑把它融入建筑设计中。例如,古树可以放在庭园中,形成内部视觉焦点。总之,应使设计与地形固有的特征有机地融合。

(3)基础工程条件 游客接待中心的选址还应具备相应的水、电、能源、环保、抗灾等基础工程条件,靠近交通便捷的地段,依托现有服务设施及城镇设施;避开有自然灾害和不利建设的地段,同时还要分析所选位置的生态环境,应因地制宜,充分顺应和利用原有地形,尽量减少对原有地物与环境的损伤或改造。

(4)服务设施 游客接待中心是游览区与城市的交通连接点,对来往的旅游者具有集散作用,游客接待中心建筑作为服务设施之一,同样要考虑这个问题。风景区的范围很大,服务设施一般可以设置在风景区、景区、景群或相对应的旅游城镇和旅游村。作为游客接待中心的建筑物,所承担的作用是给游客提供游览

信息和相关服务。因此,设置在人流集中的位置为宜。通常来说,游人容量相对集中的地点主要在风景区的入口处以及风景区内部交通换乘处和重要的节点处。因此,游客接待中心建筑常位于风景名胜区的检票入口处附近,或者索道下站附近,规模相对较大,功能也最完善。例如,九寨沟游客接待中心就位于九寨沟的沟口一侧,是游人进入景区的必经之地。无论是参观、休息、购物,还是购票都可以实行一体化服务。

一般来说,游客接待中心的整体规划布局要遵循以下原则。

①恰当处理设置于各级景点的游客接待中心与景区结构的关系。

②设计时,应使各级游客接待中心的作用、设计风格、布局特点有机结合并相互补充。

③适时调整游客接待中心的布局,使之有利于景区的良好发展,并能使两者相互促进,使游客中心更好地发挥作用。

④设计独特,能够体现本景区和旅游目的地的特点。

⑤游客接待中心的规模、功能、配套设施、开发状况要与旅游景区的级别匹配。

游客接待中心规划布局的模式主要有块状型、散点型等几种模式。块状型布局主要指游人中心单独设置在景区的一处地方,一般设置在景区出口。这种布局对土地的占用较大,适合于面积广阔、地势平缓的景区。散点型布局主要指根据景区规划和景区的地理状况,将游客接待中心分别设置于景区的重要地段,这种布局形式适合于景观集中、占地狭小的景区。

3)平面组织

(1)游客接待中心平面组织的基本要求 游客接待中心平面组织的基本要求包括以下几点。

①满足景区总体规划要求。

②分区明确、布局合理、联系方便、互不干扰。从使用和管理上,将接待中心分为游客活动区、后勤管理区。前者主要设置为游客服务的场地,后者是行政办公。在总平面布置时,两者应有明显的界定关系。分区界定用地功能的目的是使游客活动的场地能与内部工作人员和货物车流出入的场地明确分开,以确保内外有别、互不干扰和使用安全。因此,应有各自的独立通道和出入口。

③组织好人流交通和车流交通流线,避免干扰使各部分有单独升级的便捷入口。因此,统筹组织交通

流线显得格外重要。人流路线应当短捷,在出入口前面应预留出一定的用地作为集散缓冲所需的空间。

④留有发展用地。应考虑必要的远景发展:如果所选的基地较小,无法预留发展用地,将来因游客数量增加导致现有设施无法满足要求时,会给改建或扩建带来麻烦。

⑤有利于创造优美的空间环境。在总平面规划时,建筑基底的平面形态和尺度的设计,应充分考虑其建筑界面与相邻建筑和景观所产生的视觉效果,要把握好外部环境对建筑实体形态与尺度所产生的总体影响;充分考虑基地客观自然条件及人文景观,做到与周围环境相协调,与环境共生共存,对景区环境影响降到最低;有效利用自然地形,不仅能减少土、石方工程量,节省投资,而且能因地制宜,创造出错落有致,富于变化的建筑空间。

(2)游客接待中心总平面的设计要点　游客接待中心的总平面设计需满足道路、停车、管理、景观和安全等多种需求。基地设计和建筑设计不应割裂开来,应按游客活动规律和便于管理为原则,对各区的功能特点、环境要求、各个组成部分的相互关系等进行合理安排。一个良好的设计能提供心理上的开放性和生态上的连续性,同时要考虑到环境的承载量,以保证生态的平衡。总平面设计中应考虑的主要因素包括以下几方面。

①入口广场。入口广场是人流和车流的主要集散地,应留出适当的缓冲空间,并可布置自行车、机动车辆停放场地以及必需的环境绿化用地。场地既能传递触觉,又能传递视觉。场地的质感修饰有助于形成其视觉特征,它能使景观和谐统一,能表现地面活动的布局,并对人的行为有一定的指示引导作用。例如,可以用铺砌带引导人们进入广场。入口广场的地面质地的差别可以提示空间、地域的划分,特殊的质地总会诱人趋近观赏,等等。平面标高的变化也起着限定空间的作用。

②建筑基底和庭园用地。这是建筑自身空间结构所占有的用地区域,其作用是提供室内外活动的空间,并创造富有特色和魅力的建筑形象。建筑基底主要包括建筑的主体部分和附属部分:主体部分集合了游客接待中心的主要功能;附属部分可以包括餐馆、旅馆等。庭园的设计应结合地形、地貌及建筑功能分区的需要。

③绿化、建筑小品等室外场地。室外环境包括绿化、美化。例如,树木、草坪、花坛、水池等能创造优美的外部空间环境,改善小气候,烘托气氛。在设计中,设计师往往就是在建筑物周围和道路旁点缀些树木而已。尽管有些著名的景观中并没有树,甚至是广场也可能没有任何植物。然而作为室外空间组织的要素之一,植物是最基本的材料。这就要求设计师在总体设计的时候要把握好植物的群体特征和种植地段。因为乔木、灌木、花草在不同的环境下都有其特定的效果。

④杂物内院用地。这是内部业务及辅助用地部分,用于安排仓库、配电间、锅炉房等辅助用房的卸货、修整用地。

⑤停车场地。当驾车到达某一地点时,如何进入建筑是要解决的一大问题,还有减速、入口和停车等问题。在基地内应设置自行车和机动车辆停放场地,可根据基地情况考虑地面广场停车。停车场可以分散设置、分层布置或者与吸引人流的活动或造景串联起来。

⑥游客接待中心的出入口。出入口是内外联系的主要通道,出入口的位置选择对整个游客接待中心的总平面有一定的制约性。应注意的是,确定出入口需结合总平面布局来考虑,应有利于安排主体建筑和室外场地,有利于功能分区及流线组织:主要出入口应面向人流量大的部位,主要出入口由于有大量人流通过,考虑到游客出入的暂缓停留及安全因素,应设置在视野开阔地带,有一定缓冲空间而且它的位置应明显,游客直达门厅;辅助出入口便于以使用服务设施为主的游客出入;职工出入口设在职工工作区域,用于职工上下班进出,位置应隐蔽。

(3)典型游客接待中心功能空间组成　典型的游客接待中心功能空间的组成应包括门厅、休息厅、接待处、信息处、展示、商店、银行和售票处以及解说长廊(包括播放、板报、展览、声像影院、表演舞台、活动区或类似设施)、食物和饮料供应区、卫生间、管理和急救区和导游服务(表5-1)。

①门厅。门厅是一般游客进入中心的入口,也是主要的交通枢纽,起着停留、分配人流和交通缓冲的作用。游客来到接待中心,在此处稍做停留,作为由室外到室内的过渡空间,既要合理集散人流,又可美化建筑内部的空间环境。

第一,门厅的各股人流的流线要简洁通畅,给游客以明确的导向作用,同时尽量避免人流的交叉与重复,并符合防火及疏散要求。门厅设计中首先要注意游客人流的组织和分配,它关系到正门、楼梯的合理布局。对容易吸引游客形成人流聚集的辅助区域,应尽量布置在厅内人流相对少的位置,避开主要人流路线。

第二,门厅的设计要考虑朝向、采光和通风等卫生条件的要求。采光以柔和的自然光线为宜。

第三,当门厅内设有楼梯或电梯时,不仅要组织好水平交通人流,还要组织好垂直交通人流。

第四,管理台、咨询服务、接待室也需设在门厅附近。厅内可布置宣传栏作为建筑物的入口所在,是外观的重要部分,应适当进行空间处理,体量得当,比例尺度适宜,注意颜色、材料的选择,不应过于追求高大壮观或过于烦琐,对地面、墙面、顶棚进行简单的处理都可取得良好的效果。

第五,门厅的面积应适当,也不要大而空导致面积使用不经济。单独的门厅面积为 20~100 m²,若是采取门厅和展示空间相结合的方式,则主要参考展示空间的面积设置。

②展示空间。为了使游客更清楚景区现状、旅游的路线以及在生态旅游愉悦的活动中提高环保意识,游客接待中心内还特别需要设计一些提供景区介绍、环境教育的特殊设施。各地根据其需要可设计展示厅、陈列室、多媒体厅等。游客接待中心展示空间的用房设置包括以下几个部分(表5-1)。

a.展览厅:通过地图、沙盘、文字向游人提供旅游信息,图文并茂地让游客了解景区的线路图、自然科学知识、人与自然的关系,从而让游客直观地了解景区情况,确定游览线路,并启迪游客的环境保护意识。

表 5-1 游客接待中心平面功能与房间设置

功能	活动内容	房间	设施设备	面积占比/%
游客活动	问讯、导游服务	门厅	咨询台、宣传栏	5
	了解景区信息、路线	展览厅、展览廊、陈列室、多媒体厅(多功能厅)	地图、沙盘、橱窗、陈列柜、多媒体录像	30
	休息、茶水	免费/VIP休息厅、咖啡厅、茶室	座椅、沙发、饮水、洗涤设备、卫生间	15
	购买必需品、特产、纪念品	商店、超市	货架、货柜、收银台、库房	10
	存包、邮寄服务、存取款、上网、医疗急救	行包寄存处、邮局、银行、商务中心、医疗急救室	柜台、货架、ATM、电脑、Wi-Fi、医疗器械	12
	餐饮、娱乐设施	餐厅、厨房、娱乐室、娱乐厅	餐桌椅、作业台、贮藏、冷冻、洗涤、更衣、娱乐设备	附加
	住宿	旅馆、酒店	床、桌椅、电器、盥洗	
管理	行政管理	售票间	电子设备、家具	3
		值班室、办公室、会议室	办公家具、办公设备、卫生间	15
辅助	贮藏	库房	货架	2
	能源动力	配电间、空调机房	锅炉、水泵、配电盘	8

b.陈列室:把景区的重点项目、详细资料及生产产品、各类文物和标本等实物陈列介绍给游客的设施可与展示厅合并。

c.多媒体厅(多功能厅):通过多媒体手段向游客放映介绍景区内的主要景点及保护自然的录像带、影片等。为达到最佳效果,有的地方采用高科技,使游客有身居其境的惊心动魄的感觉。

另外,游客接待中心展示空间的布置要遵循以下

一些原则:第一,展览厅内的参观路线应通顺,并设置可供灵活布置的展板和照明设施;第二,展览厅应以自然采光为主,并应避免眩光及直射光;第三,展览厅出入口的宽度及高度应符合安全疏散、搬运板面和展品的要求;第四,每个展览厅或陈列室的使用面积不宜小于 65 m²,一般总面积为 100~300 m²。如果展览陈列物品丰富,展厅总面积可达到 400~500 m²,多媒体厅面积为 60~200 m²。

展示空间布局通常有两种办法:一是设置专门的展厅、陈列室或专门的展览陈列空间,这种方法较常见;二是结合走廊、走道等布置展览陈列。中、小型的游客中心受面积的限制,可以采用此种方法。但必须考虑到走廊、走道的净宽要适当放大,不能影响走廊、走道的交通功能。廊作为交通空间具有交往空间、组织观景的功能。它与展览类空间动态性的要求结合起来,不仅能提高空间的利用率,还可以丰富接待中心的空间层次。

无论是设置单独的展览类空间,还是与交通性空间结合设置,都须考虑与门厅的位置关系。一般展览类空间与门厅都有直接联系,对于单独展厅,既要与门厅相连,又要保持自己的独立性。除了以上所说的陈列厅外,还常常在厅或走廊处,布置陈列栏、陈列台、陈列架或者在墙面上嵌设陈列窗。在特殊场合时,可以采用高新技术的布展方式。

③主要服务设施

a.问讯处:游客接待中心一般设有问讯处,向游客提供咨询服务,游客可以在此领取景区的相关介绍资料,还可通过电子触摸屏查询各种信息。问讯处应邻近游客主要入口处,使用面积为 $6\sim10\ m^2$,问讯处前应设不小于 $8\ m^2$ 的游客活动场地。大多数情况下,问讯处直接设在门厅内。

b.休息厅:首先,休息空间按管理方式和使用要求可设置不同类型的休息处。例如,免费休息室和VIP休息室。休息空间内最好有饮水、洗涤设备,设置座椅,有的还提供咖啡服务,也有的设置一些长椅可供游客躺下休息,使游客在旅游疲倦时有一个舒展休息、消除疲劳的场所。休息厅的布置应方便大部分游客的使用,位置不能过偏,同时应注意人流路线组织,保证必要的停留休息的面积和设施,充分发挥休息厅有效面积的作用。休息厅室内空间应符合采光,通风和卫生要求。其次,休息厅的布置还应注意景观的处理,搞好室内外空间的结合。特别是南方地区,应当充分利用室外绿化庭园,为游客创造休息的优美环境。最后,休息厅最好有单独的出入口,在设计上要处理好对外开放和内部管理的关系。休息厅使用面积指标应按游客最高聚集人数 $1.10\ m^2$/人计算,通常面积为 $100\sim300\ m^2$,咖啡厅、VIP休息室控制在 $50\ m^2$ 左右。采用自然通风时,室内净高不宜小于 $3.60\ m$。

c.商店:游客接待中心通常设置商店出售旅游必需品、名优土特农产品和特色纪念品及旅游工艺品,以满足游人购物的需求,其使用面积按最高聚集人数计算,每人不宜小于 $1\ m^2$。根据不同情况,可以分成超市、特色纪念品专卖等,总面积为 $10\sim80\ m^2$。

d.厕所:厕所要注意位置的选择,既要隐蔽,又要使用方便。厕所不应设于人流密集位置,如主要楼梯旁等。有的服务中心将厕所设在过厅内,有的面向天井、内院布置,这些都有可取之处。此外,厕所还要满足一些特殊要求,例如,针对伤残人士,就要考虑无障碍设计。游客使用的厕所及盥洗台,还应符合下列规定:应设置前室,游客量大的园林应单独设盥洗室;厕所应有天然采光和良好通风,当采用自然通风时应防止异味串入其他空间;厕所等设备的数量按游客最高聚集人数计,男厕每 80 人设一个大便器和一个小便斗;女厕每 50 人设一个大便器。

e.次要设施:游客接待中心的次要设施主要包括小件寄存、自助银行、邮政服务、急救、网吧、餐饮和住宿等。小件寄存处的使用面积应按最高聚集人数每人 $0.05\ m^2$ 计算,一般为 $10\sim20\ m^2$;游客接待中心应配备相关的医疗服务人员,为景区内发生意外的游客和员工服务,急救室面积为 $10\sim20\ m^2$;自助银行,即ATM自动取款机和邮政信箱都可设置在大厅的一角或是单独设置一隔间;游客聚集人数较多的接待中心可设置邮电间,其面积为 $10\ m^2$;网吧可单独设置,其面积为 $20\sim50\ m^2$;也可结合多媒体信息设置餐饮厅及娱乐设施等取决于游客接待中心的规模以及风景名胜区的服务设施规划安排。游客接待量较大的风景名胜区,可以考虑在游客接待中心设置餐厅和娱乐设施,其使用面积按最高聚集人数计算,每人不宜小于 $1\ m^2$;住宿也是附属设施,一般规格($13\sim16\ m^2$/床)即可,个别豪华房间为 $15\sim20\ m^2$/床。

f.管理及辅助用房:管理用房的位置应设于对外联系和对内管理方便的部位,有单独的出入口。售票室一般在主体建筑的地面层开辟售票间,窗口向室外,上置雨篷。根据窗口数量的不同,售票间的使用面积为 $10\sim40\ m^2$。售票口设置应符合下列规定:团体票与散客的售票窗口应分开,可以开设网络购票窗口;售票窗口数应取游客最高聚集人数除以120(120为每小时每个窗口可售票数);窗口中距不应小于 $1.20\ m$,靠墙窗口中心距墙边也不应小于 $1.20\ m$;窗台高度不宜高于 $1.10\ m$,窗台宽度不宜大于 $0.60\ m$;售票窗口前宜设导向栏杆,栏杆高度宜为 $1.20\sim1.40\ m$。例如,张家界游客接待中心售票处,共分12个售票窗口,将团体票与个人票窗口分开,便于管理。值班室、办公室和会议室的面积大小应视中心的管理人数而定,办公室为20～50 m²,会议室为30～50 m²,值班室面积不超过10 m²。辅助用房是指仓库、配电间、锅炉房或空调机房等设备用房,总面积为80～150 m²。

4)交通流线

游客接待中心建筑空间组合中的交通流线组织问题,实质上是合理的安排人流活动顺序。它是一定的功能要求与关系体系的体现,同时也是空间组合的重要依据。从某种意义上说,交通流线组织的优劣会影响空间使用的满意程度、平面布局的合理性以及空间利用是否经济等。因此,人流组织中的顺序关系是极为重要的。

面向游客开放的各种活动用房不仅活动方式不同,而且参与活动人员的流动的方式也各不相同。从各项活动人员流动的特点来看,人流活动频繁,呈现着集中与分散,有序流动与无序流动以及交叉进行的各种不同流动状态。游客人流相对分散,没有明显的高峰期,人流比较平均主要集中在休息厅和展示厅,通过门厅进行连接。展览用房的参观人流具有分散而有序的特点,而商店等服务设施的人流则呈现既分散,又无序的特点。管理人员的人流应能直接方便地到达办公室。虽然人数不多,但同样需要短捷,不应与游客人流交叉、相混。

根据活动人员人流的特点,在功能流线的组织中,应给予适当的安排,使集中而有序的人流能以最短捷的流线集散,使集中而无序的人流能被控制在具有类似活动环境的区域内,尽可能减少对安静活动区域的干扰。对人流分散的活动用房,则应创造更便于使用时自由选择活动项目的流线,以均衡各项活动的人流,减少人流往返迂回带来的干扰,提高设施的利用率。

为了将集中而无序的人流控制在具有类似活动环境的区域内,可将同类活动用房相对集中成一个较为独立的区域,与其他活动环境采取一定的隔离措施。当这类用房规模较大、项目较多时,还宜为该区域设置可供单独使用的辅助出入口。游客接待中心交通流线组织设计有以下几个要点。

①展示部分是接待中心建筑的核心,交通流线组织应该以它为重点进行设计。其他部分可以使用过道、过厅等形式与它相连。展厅的灵活性可以让观众进行全部参观或局部参观,参观路线明确、简洁,防止逆行和阻塞,方便管理办公与展厅联系,并与参观路线不交叉干扰。作为核心的展示部分要同时容纳和疏散大量的人流,展示部分应该与门厅紧密相连,或者结合门厅的功能,成为建筑的交通枢纽。考虑到旅游高峰期人流疏散面积应该加大,展示部分与门厅结合布置时,应与门厅、展厅紧密结合设置或直接对外。

②多功能厅宜单独布置,有利于人流直接疏散。

③其他人流分散的活动用房,为便于人们随意自由选择使用,应组织最为灵活而直接的流线,其流线组织常可采用中心辐射型的组织方式,例如,采取由中心交通大厅直接通达各活动用房的方式。中心交通大厅常可与公用休息、社交和服务空间相结合,形成多功能的中央共享大厅空间,发挥其组织建筑整体功能的核心作用。

④楼梯或电梯是构成垂直交通的一个重要因素。结合主要使用部分、次要使用部分、辅助部分来划分,可以较好地处理其便捷性。

⑤接待中心的人流疏散还要与游人广场结合起来,因而在考虑建筑的疏散问题时,应把旅游淡季与旅游旺季时不同的人流状况做全面考虑,才能合理地组织流线与空间的序列。

5)建筑造型和风格特色

游客接待中心造型设计应注重功能、建筑技术与建筑个性的表现,强调建筑环境的协调统一,努力探索民族性和地域性。在游客接待中心的建筑造型处理上应注意以下几点。

①不要脱离具体条件去片面追求某种建筑形式,而应根据游客中心的性质、等级标准以及技术经济等条件作恰当的艺术处理,不搞虚假的门面和烦琐的装饰。

②造型处理要结合地区条件和特点。北方地区一般不采用过大的玻璃面和过分开敞的处理;南方地区可有较大灵活性,而且可多采用我国庭园建筑的手法,结合绿化、水池等建筑小品,为观众创造优美的室内外环境。

③既要突出重点,又要顾及全面。如主要出入口、门厅、展示厅以及休息厅等,无论是形式处理、色彩、材料质感和装修等方面都要做重点处理,但同时要有统一格调,有主次,有呼应,使建筑的各个部分成为一个完整统一、相互协调的有机体。

④建筑形式处理要因地制宜,不要盲目抄袭,要不断研究和探讨,把新的功能、新的要求、新的技术、新的结构和新的艺术与环境有机地结合,融为一体,使建筑

造型反映出其科学性,经得起推敲,既新颖、有时代感,又不失其独自的特点。

目前的景区建筑均千篇一律,缺乏特色,地域性不明显。尊重传统并不是墨守成规,而是要在继承传统的基础上创造,让时代感与文脉环境意识相结合。游客接待中心的建设应根据其所在地域的自然及人文条件,将当地的建筑特色、材料、传统、工艺等统一纳入接待中心的设计范畴,为游客提供难得的体验地方文化的机会。服务区的规模、建筑高度、密度、体量、材料、色彩等都要与景观、地方文化协调。例如,河北木兰围场游客中心(图 5-6)的设计中,受当地建筑的启发,利用旧的石头、用过的木梁和藤条等当地的材料与周围的微景观保持一致,使该建筑可以适应广阔的自然环境。该建筑的模式和外观的许多元素都取自传统的蒙古包建筑:两个大圆圈创造了主客厅,延续了传统的蒙古包布局。扩展的亭子成为半公共空间,这种布局使蒙古包适应了现代生活方式。在立面设计方面,通过制作不同厚度的木制框架,形成花形屋顶。它的内部空间是不同方向的框架——从传统的蒙古包内部衍生出来的。

图 5-6　河北木兰围场游客中心

尊重自然并不是要简单的模仿自然,而是要运用直觉来真实地体验风景名胜区的环境。人的行为、人的参与使自然的运动最终形成完整的过程。人的存在渗透到山、水、树、石的存在当中,并通过对环境的设计表达出自己的情感和智慧。尽管景观要素,如山、水、树、石是自然之物,经过处理却可以体现人为的特征。反之,人工造物,如景观中的建筑在与自然协调的思想指导下也可以成功地表现出自然的精神。任何新的建设项目的性质、布局、建筑造型、体量、高度及色彩等,应与其所处的环境相协调。例如,位于瑞士图西斯的

维亚马拉访客中心(图 5-7)。维亚马拉峡谷是瑞士格劳宾登州一处独一无二的自然景观。经过建筑师对场所特质的深入思索,他们认为需要建造一座新建筑,不仅服务于峡谷的旅游活动,同时提升景区入口的功能,但应采取不与峡谷景观冲突的细腻设计。访客中心的体量形成了从道路进入峡谷的过渡,建筑脚下就是壮观的 60 m 深渊。约 40 m 长的非对称坡屋顶覆盖了游客中心及其前台区域。虽然建在面向街道及峡口的一侧显得封闭,但其南北面皆设置了大面积玻璃窗。这些结构性开口一直延伸至屋顶,成为壮阔风景的景框。访客中心所使用的材料主要是混凝土、木材和钢,以此融入峡谷的古朴环境。

图 5-7　瑞士维亚马拉访客中心

游客接待中心的建筑体量不宜过于宏大,而应结合环境形态,因借环境要素,体现自然协调与变化之美。为了保持风景名胜区的优美景观,接待中心应该成为环境中的风景,使用合适的室外引导方式使游客自然地进入其中,如用标志牌、广场小品、绿化等手段把游客引至接待中心;可以利用景观环境中的树、石、山、水作为人与自然的沟通桥梁,使接待中心空间完成

从次序的建筑空间到自然空间的过渡。这样可以更深刻地体现建筑与风景环境的融合和与自然的协调。例如,在秦岭田峪插头崖游客中心(图 5-8)的设计中,在保留了一部分旧建筑的基础上,置入了新的建筑,并通过化整为零的手段,使建筑以聚落的形态融于自然环境,同时也使其成为游人欣赏自然风景的媒介。建筑师将一个个功能盒体摆放到场地中,通过山水和树木等自然的引导,每个盒体选择出适当的体量和位置。如果展示与服务面积较大,安置在相对较空的地块,餐厅临河,茶室面崖,盥洗室藏于竹林中。这些新的盒体与原有建筑一起,将河滩、崖壁、树木、远山纳入空间的布局,初步形成了一个疏密有致的山水聚落的雏形。利用当地材料,黄土再夯筑成墙,青瓦立砌成铺装景观,同时,银灰色的金属横向墙面扣板轻盈而现代,透明的玻璃幕墙让立面看起来明亮通透。在靠近河岸的茶室,使用窄条的木纹清水混凝土,混凝土的材质加强了建筑浑然一体的体量感,而窄板木纹给予建筑更好的尺度与肌理。材料使用上的离、散对比,强化了设计概念中"山水聚落"的构想。传统的材料带着时间的痕迹,与现代的材料构成一种富有张力的联系。

5.2　展陈类园林建筑

展陈行为起源于人们对珍品的收藏。由于文艺复兴的思想变革,从 17 世纪开始,展示内容扩展到各种历史文物、艺术品及动植物标本等人文与自然科学内容。18 世纪末,罗浮宫面向社会公众开放,逐渐形成了国家、地方、个人的分级规模,并根据资金实力和展品来源的不同,逐渐丰富展示的规模与类型,展陈建筑随之成为一类重要的反映社会文化的建筑类型。

风景区与公园内常设置不同规模的展陈建筑开展展陈活动。展陈建筑不仅在内部功能上要符合展览要求,同时其自身也应成为展览品,尤其是位于景园区中的展陈建筑,应以新的造型、结构、材料和技术去表现新的构思或以巧妙的构思、形象的手法来表达某种设计意境或以新颖的建筑形体和组合来表达建筑氛围和奇异多变的活动空间。

5.2.1　选址与总体布局

1)展陈类园林建筑的选址原则

(1)景园中的展陈建筑选址应符合风景名胜区规

图 5-8　秦岭田峪插头崖游客中心

划要求,宜地点适中、交通便利,并具有适当的用于展陈建筑自身发展的扩建用地。

(2)场地干燥,排水通畅,通风良好,远离易燃易爆物。

(3)选址宜位于游览路线上,与其他景点穿插布置,在景区环境组织中起到控制和点景的作用。

2)展陈类园林建筑总体布局设计要点

(1)大、中型展陈建筑应全面规划,一次或分期建设,同时应独立建造。小型展馆若与其他功能建筑合建时,需满足建筑的环境与使用要求,自成一区,单独设置出入口。

(2)新建展陈建筑的基地覆盖率不宜大于 40%,并有充分的空地和停车场地。

(3)展陈建筑内一般应有陈列区、藏品库区、技术及办公用房以及游客服务设施等四个功能分区。

(4)功能分区应明确合理,使游客参观路线与藏品运送路线互不交叉,场地和道路布置应利于游客的参观、集散和藏品的装卸、运送。

（5）陈列区安装不宜超过四层，两层及以上的藏品库或陈列室要考虑垂直运输设备。

（6）藏品库应接近陈列室布置，藏品不宜通过露天运送和在运送的过程中经历较大的温、湿度变化。

（7）陈列室、藏品库、修复工场等用房宜南北向布置，避免日晒。

（8）当陈列室、藏品库在地下室或半地下室时，必须有可靠的防潮和防水措施，配备机械通风装置。

3）总体布局形式

园林中的展陈建筑设计需要解决的是人、建筑与环境三者之间相融共生的关系，既要反映构思的理念，也要体现人与环境相处的设计哲学。环境因素、地形地貌、历史传承、人文风情、内在主题都会对园林中的

展陈建筑总体布局形式产生影响，其布局形式主要有集中式布局和围合式布局两种。若与自然环境相结合，又可呈现滨水布局、倚山布局、埋藏式地下与半地下布局等形式。

5.2.2 功能与空间

展陈建筑的基本功能包括陈列展出、藏品储存、科学研究、修复加工、服务用房、管理用房等是以藏品为主题的设置体系。根据建筑的规模与位置，考虑适当的建筑前广场，方便车辆和人流的组织，并分清主次入口，保留消防车道。公共交流部分的公众入口宜布置在易看到并能便捷到达的地方。展陈建筑的基本流线包括观众流线、展品流线和工作人员流线（图5-9）。

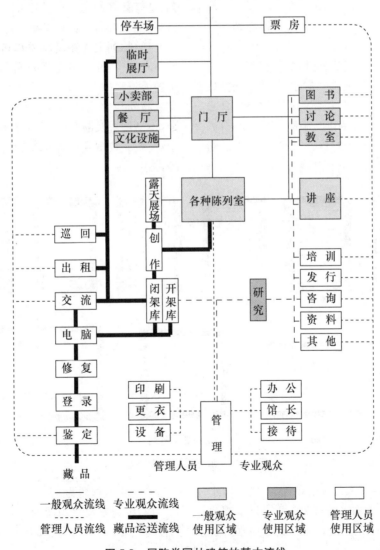

图5-9 展陈类园林建筑的基本流线

1)门厅与进厅

(1)门厅设计要求

①合理组织各股人流,路线简洁通畅,避免重复交叉。

②垂直交通设施的布置应便于游客参观的连续性与顺序性。

③合理布置供观众休息、等候的空间。

④宜设置问讯台、出售陈列印刷品和纪念品的服务部以及其他公用设施。

⑤工作人员出入及运输藏品的门厅应远离观众活动区布置。

(2)进厅设计要求

①进厅应与陈列室联系直接,空间宽敞,便于观众进出。

②根据陈列内容的性质,可以灵活更换陈列序言和屏风。

③进厅的形式包括走廊(方向性强,不受其他流线干扰)、过厅,空间紧凑,有过渡性)、前厅(与数个展室联系,空间宽敞,观众人流在这里组织,具有选择性大、方向性明晰可循、人流集中的特点)、中庭(将不同方向、不同层次的陈列室围绕统一的核心空间组织,人流组织复杂,选择性大)。

2)展览用房

展览用房主要是指陈列室。通过陈列进行宣传教育和组织参观交流等活动。按展出内容可分为综合性陈列室,政治思想教育陈列室,工业、农业、交通运输等经济建设成就陈列室,科学技术陈列室,文化艺术陈列室等。虽然各种陈列室因展出内容不同,对陈列室的要求略有差异,但其基本要求还是大致相同的。

(1)基本要求 陈列厅的设计,首先要满足陈列要求,适合于陈列的内容和特性,陈列布置要有系统,参观路线要避免迂回,方向性明确,争取好朝向,防止日晒和风吹,尽量避免馆外噪声干扰。其次要满足参观要求,人流组织合理,路线设置通畅,不重复、不交叉、防止逆行和堵塞,使观众有明确的前进方向,避免遗漏,并有良好的光线和视觉条件,使参观者对陈列品看得清楚和准确,使观众在参观时不易感到疲劳和厌倦。

(2)陈列室的参观路线和布置 根据陈列内容的性质和规模,参观路线可分成几种类型(图5-10)。当室内人流多的时候,口袋式陈列,其门口容易堵塞;通过式陈列与单线连续式陈列,流线明确清楚,顺序性强,不易倒看及漏看;灵活布置的陈列多用于园林建筑中;当展品较多或室内空间较大时,通常采用大型陈列的方式。

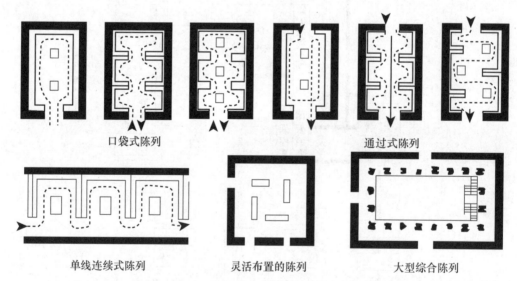

口袋式陈列　　　　　　　　　　　　通过式陈列

单线连续式陈列　　　　灵活布置的陈列　　　　大型综合陈列

图 5-10 陈列室的参观路线

(3)视觉分析和视距 人的视野范围为一锥体,水平极限视角为自视点向左右各张开70°,垂直极限视角为水平线向上45°,向下65°。理想的视觉区为水平视角为45°,垂直视角为27°。

(4)陈列室尺寸和常用的陈列柜尺寸 陈列室的跨度与选用的结构形式和陈列品布置方式有关,如为单线、双线还是三线展出。观众通道宽度一般为 2～3 m,隔板长度一般为 4～8 m,隔板长度应小于隔板间距。

陈列室高度取决于陈列室的性质、展品尺寸、观众数量、采光口形式及空间比例等因素。博物馆的陈列室一般净高为 4～6 m;工业展览馆的陈列室常因有高大的展品,又希望使室内显得宽敞热闹往往以增加室内高度而构成比例适当的大空间,它的净高一般为 6～8 m。从空间比例上看,一般室内高度至少为宽度的 1/3;从采光要求来看,当采用单面侧窗采光时,净高应不低于跨度的 1/2,双面侧窗采光时,净高应不低于跨度的 1/4。

陈列室的长度常取决于以下两个因素:一是陈列室的面积,二是要满足布置一个完整独立的陈列内容。

例如,博物馆的陈列室面积一般为 150～400 m²,展览馆的陈列室面积一般为 500～800 m²。此外要使室内空间比例良好,一般室内长度控制在宽度的 2 倍。

虽然陈列室的形式和大小应根据上述办法加以确定,但如果所有的陈列室都采用同样的尺寸和形式,势必形成单调的感觉。因此,在平面布置中,必须使陈列室的空间具有适当的变化,并结合室内装饰和色彩的处理手法,使观众不断地接触新颖的环境。

垂直面上的平面展品陈列地带,一般从离地面 0.8 m 开始,高度为 1.7 m。通常高过陈列地带,即 2.5 m 以上的地方,只布置一些大型的美术作品,如图画、照片等。小件或重要的展品宜放在观众视平线上,高为 1.4 m 左右。挂镜条一般高度为 4 m,挂镜孔高度为 1.7 m,间距为 1 m,如图 5-11 所示。

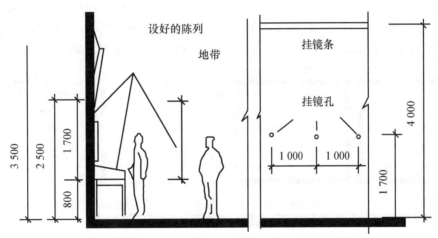

图 5-11　陈列室的陈列方式(单位:mm)

(5)陈列室的采光和照明

①陈列室采光的一般要求。陈列品的大小、形状、质地、颜色细部的繁简、各部分色相的对比程度,决定了陈列室的不同的照度水平。陈列室的采光要求照度均匀,特别是墙面各部的照度;照度稳定,受日照变化影响少;根据陈列品的特点考虑光线投射方向;避免阳光直射损害陈列品;避免或减少直接眩光、一次反射和二次反射眩光;陈列品与背景之间应有适当的亮度对比。例如,陈列品与隔板、墙面或柜子等的亮度对比以 3:1 为宜,一般不超过 5:1。陈列品与陈列室远处的其他较暗部分;地面、墙壁等或较亮部分,如顶棚,两者的亮度比分别以不超过 10:1 和 1:10 为宜;陈列品与其贴近的光源如窗口、灯光等,两者的亮度对比以不超过 1:20 为宜。顶部采光的陈列室,可使房间长轴取东西向,天窗朝向北向。

②消除或减轻眩光的措施。眩光是当观众注视陈列品时,在视线范围内出现光源、反光物体或陈列室内有强烈的明暗对比、一次反射或二反射等引起的(图 5-13)。

第一种情况为直接眩光。消除或减轻措施为避免陈列品靠近窗口陈列,使陈列品与窗口有一定距离。从实践调查总结得出,此距离要保证如图 5-12 所示中的角 $\alpha > 14°$,其包括水平方向及垂直方向,此角称为保护角。

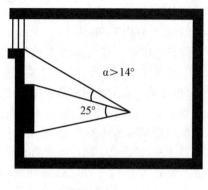

垂直保护角

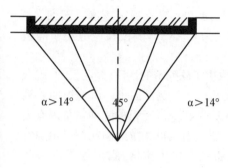

水平保护角

图 5-12　保护角

第二种情况为一次反射。从采光或电灯等光源反射来的光线，从镜面下反射到眼睛里，使观众往往看见玻璃面上反映出窗或灯具的一片亮光，而看不清镜框里的陈列品，这就是第一次反射现象。第一次反射现象主要产生在以下情况：侧窗采光时，平行于窗口垂直的陈列品上；顶部采光时，水平的陈列品上。消除或减轻第一次反射现象有几种方法：改变光线投在陈列品上的角度或改变光线的反射角，使反射不落在视线范围内；使光线不反射或漫射。具体办法为减少或消除陈列品光滑面，如少用镜框、玻璃柜及有光照片等(图 5-13)。

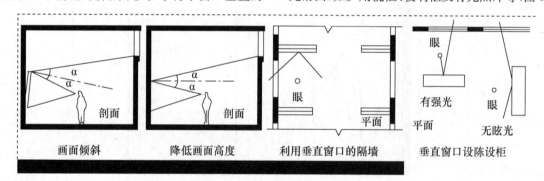

画面倾斜　　降低画面高度　　利用垂直窗口的隔墙　　垂直窗口设陈设柜

图 5-13　减轻眩光的方式

第三种情况为二次反射。光线经过某物体反射到镜面，再反射到人眼里。往往在镜面里出现观众自身或陈列室中其他物体的影子，这就是第二次反射现象。这种现象程度稍轻，不会看不清展品。消除或减轻第二次反射现象有几种方法：缩小陈列品与玻璃面的距离，且不采用深色背衬；有意识地将陈列品布置在较亮的位置，而使观众位置较暗，即陈列品的照度不大于其他部分的照度；陈列室内墙面、地面、家具等不采用反光材料；设置调光装置，避免阳光直射室内，均匀扩散光线，控制室内照度，例如，采用悬挂窗帘或扩散性玻璃；棱镜玻璃、磨砂玻璃或玻璃涂白等以及采用遮阳板、反光板、折光板、挡光片等装置；利用人工照明，提高陈列品照度。

③采光口形式。普通侧窗式是较常用的一种采光方式。窗户构造简单，管理方便，气氛开朗，但室内光线分布不均匀，垂直面上眩光不易清除，外墙陈列面积较少，房间进深受限制，只适于一般性的陈列室和小型图画陈列室。布置在陈列柜中的水平画幅，侧光时，亮度最好的隔墙地带是窗户中心至隔墙的 $30°\sim60°$ 地方，隔墙接近窗户的部分往往看到反射，所以一般多在此部位安排出入口。

高侧窗式陈列室一般将侧窗窗口提高到离地面 2.5 m 以上，以扩大外墙陈列面积和减轻眩光，还可采用反光片、折光片等装置消除直接眩光以及提高墙面照度或光线直接导入陈列橱内。此类采光方式的光线自斜上方射入室内，很适宜于雕塑陈列室和陈列品有玻璃保护面的陈列室。

顶窗式陈列室室内光线明亮均匀，采光口不占用墙面,便于陈列布置,但窗户构造复杂,管理不便,需要机械通风,并限于单层或顶层房间使用。另外,可设置光线扩散装置、反光板、挡光板,以避免阳光直射,提高墙面照度,降低水平面照度。

3)展陈类园林建筑空间组合的基本形式

展陈类的建筑空间组合的基本形式有:集中式、流线式、单元式、综合式等。此外,各种基本形式在实践中,可结合客观实际和不同处理手法而创作出别具一格的建筑形式,如台阶式建筑、以几何为构图中心的空间组合形式、以计算机辅助设计为主要手段的解构主义空间形式等。

串联式指各个使用空间按照功能要求一个接一个地互相串联,一般需要穿过一个内部使用空间到达另一个使用空间。与走廊式不同的是,它没有明显的交通空间。串联式是展览类建筑中常见的一种布局形式。观众可按照一定的参观路线通过每个展厅。图5-14中的全国农业展览馆综合馆,各展览厅相互串联,观众从门厅开始按顺时针方向可依次从一个展览厅进入另一个展览厅,直至最后再回到门厅。这种布局形式的主要优点是人流路线紧凑、方向单一、简捷明确,参观者流程不逆行、不重复、又不交叉;但也存在一定的不足,即活动路线不够灵活;人多时,易产生拥堵现象,不利于陈列厅的独立使用等。这种形式较适宜于中、小型建筑。

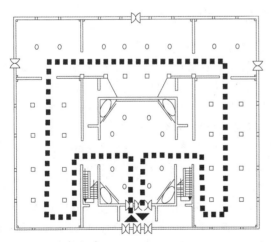

图 5-14　全国农业展览馆综合馆

在规模较大的展览类建筑中采用时,在适当部位布置廊子、过厅或休息厅。这样一方面可使展室具有独立使用的灵活性。另一方面也可供参观者作为休息

的场所。

5.2.3　造型与环境

服务类园林建筑的设计贵在与地形、地貌有机结合,相辅相成,结成整体,达到人工与自然统一的境界。因此,园林中的展陈建筑的构图可视作特定地形、环境的产物。基址选定后,要对其中的有价值的一草一木、一水一石给予充分保护和利用,发挥积极有利的因素,改造消极不利的因素,达到建筑与基地的完美结合。以湖北青龙山白垩纪恐龙蛋遗址博物馆(图5-15)为例,设计师受现象学理论启发,从恐龙蛋遗址所呈现的特殊问题出发,提出关注场所、适应地域气候、保留历史记忆,采用适宜技术等设计原则。设计师采用化整为零的手法将超长体量的建筑"打碎"为若干自由形态的体块,使得博物馆紧密地锚固于遗址上。设计师采用湖北地区极其常见的竹跳板作为混凝土外模板,创造了浪漫而沧桑的表皮肌理,借鉴传统民居的双层屋面策略,将当地农民废弃的旧瓦作为博物馆的第二层屋面。这里既有几千万年前的恐龙蛋,又有几十年前的旧瓦,还有刚刚建成的建筑物,建筑空间对地形的嵌合以及不同时间段的凝结,使这小建筑充满着历史感与场所感。

图 5-15　青龙山白垩纪恐龙蛋遗址博物馆

除考虑自身的使用功能外,还要注意建筑在景区序列空间中所产生的构图作用,处理好与自然景色的主从关系,明确自然为主、建筑为辅的原则。在整个景区或园区的建设中,应以自然景色为主,建筑宜起点缀作用。从某种意义上说,建筑存在的目的首先是衬托主景、突出主景、装点自然,然后才是个体形象的建筑处理。在中国北部渤海湾昌黎县一段被称作黄金海岸的沙滩上,OPEN设计了一座消隐的美术馆——UC-

CA 沙丘美术馆(图 5-16),如同藏于沙丘之下的神秘洞穴。海岸沙丘经历了漫长的时间累积和风沙推移而自然形成,并被原生低矮灌木深扎的根系固化下来。将美术馆选址于沙丘之下,既是对自然的敬畏,也是一种保护:因为沙丘美术馆的存在,这片沙丘将永远不会被人为"推平",从而维护了千百年累积下来但也十分脆弱的沙丘生态系统。受启发于孩童们在海边挖沙的游戏,建筑师尝试在沙丘里"挖掘"创造出形态各异又互相连接的一些"洞穴"——这也是人类最原始的居住形态和最早的艺术创作场所。一系列细胞状的连续空间,构成了沙丘美术馆里丰富的功能,以及大小形态各异的展厅、接待厅和咖啡厅等。建筑的主入口是嵌入沙丘里的一个隧道般的洞口。经过长长的、幽暗的隧道进入到一个圆顶有柔和天光的接待厅,然后空间豁然开朗——人们步入中央展厅,那里,一束光线从高高的穹顶上倾泻而下,光线在墙壁地面间跳跃折射,空间弥漫着静谧而神圣的精神光辉。从沙丘美术馆内部看海,透过不同的洞口、在不同的时间里,大海都是不一样的风景。一部通往沙丘顶部观景平台的螺旋楼梯,引领人们从洞穴的暗处循着光线拾级而上,直到突然置身于天空与大海的广袤之中。在永恒的沙与海之间,建筑营造了一个隐匿的庇护所,将人的身体包裹其中,聆听自然与艺术的回响。沙丘美术馆复杂的三维曲面壳体是由秦皇岛当地擅长造船的木工用木模板等小尺度线性材料手工编织出的模板定型,并用混凝土浇筑而成的。建筑师保留了混凝土壳体上留下的不规则甚至不完美的肌理,让手工建造的痕迹可以被触摸、被感知,整个建筑在形态上与自然融为一体。

图 5-16 UCCA 沙丘美术馆

5.3 餐饮零售类建筑

随着生活质量的提高,今天人们光临餐厅、茶楼、咖啡厅、酒吧等餐饮零售类建筑,除了满足物质功能以外,更多的是休闲、交往、消遣,从中体味一种文化以获得一种精神享受,餐饮零售类建筑应该为客人提供亲切、舒适、优雅、富有情调的环境。

近年来,餐饮零售类建筑在风景区和公园一角成为一项重要设施,在人流集散、功能要求、建筑形象等方面对景区的影响较其他类型建筑要大。如果设计合理,不但能为园景添色,还是重要的经济收入来源。

5.3.1 选址与布局

为方便游客,应配合游览路线布置餐饮零售类服务点。在一般的公园,餐饮零售类建筑应当与各景点保持适当的距离,避免抢景、压景而又能便于交通、联系。在中等规模的公园里,餐饮零售类建筑要适宜布置在客流活动较集中的地方。一般建筑地段要交通方便、地势开阔以适应客流高峰需要,同时有利于管理和供应。采取基本营业厅与敞厅、外廊散座区相结合的方式是解决客流量变化的有效措施,也可以通过庭园空间组成露天的营业厅。在风景区或大规模公园,一般采取分区设点。为吸引游客,基址环境应考虑观景、点景的作用。

5.3.2 功能与空间

1)餐饮类建筑设计要点

(1)建筑规模与体量 园林中的餐饮类建筑在功能上以餐厅最为复杂,面积与规模也较大。一般小规模的客容量为 200~300 座,建筑面积在 500 m² 以内;中等规模的餐厅容客量约为 600 座,建筑面积约为 800 m²;大规模的餐厅容客量往往达到 1 000 座以上,面积超过 1 500 m²。一般中等规模的餐饮类建筑体量多为 2~3 层。

(2)造型与空间组织 点景是风景区餐饮类建筑的精神功能。如果要强化这一精神功能的作用就必须根据不同地区的气候条件、环境等具体情况,因地制宜,结合功能要求,细细推敲其建筑造型与空间组织,切忌千篇一律的单调形象,以免削弱点景的作用。结合不同的环境,通过湖心建筑、临水建筑、水岸建筑及山地建筑等形式,均可创造出丰富的建筑造型,与湖光山色相映成趣,起到点缀景色的作用。

　　在建筑处理上采用室内外结合的方式,除使用灵活外,也有利于丰富建筑层次,促进建筑与庭园空间的相互渗透,增添园林气氛。华南植物园蒲江冰室(图 5-17),营业部分由前厅、廊座和后庭组成。中庭环境宁静幽雅,以湖面为主,添以小桥、汀步、绿植,并使之分割围合空间,形成山野之趣。

　　设于园中心地段的餐饮类建筑,辅助部分难以利用视野死角掩蔽。一般利用院墙和辅助部分用房形成杂物院,再加以绿化作障景,珠海市海滨公园餐厅(图 5-18)。

(3)餐饮类建筑的空间组成　餐饮类建筑主要由营业部分、加工及辅助部分和内部管理办公部分组成。

　　①营业部分。餐厅设计的基本要求是合理的使用面积,对顾客及服务人员的来往交通组织便捷,选择适宜的餐桌布置形式。营业部分指接待就餐、就餐的餐厅以及入口、前厅、卫生间等服务于顾客的用房。餐厅的规模按设座的多少可分为大餐厅和小餐厅。设座在40 个以内,称为小餐厅,设座在 40 个以上,称为大餐厅。大型的餐厅需设有专供宴会或接待较高规格的喜庆典礼等使用的宴会厅与雅间。

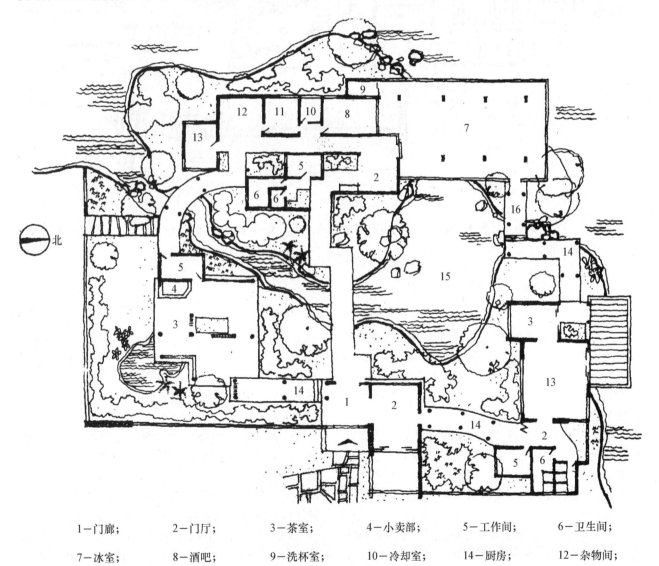

1—门廊;　　　　2—门厅;　　　　3—茶室;　　　　4—小卖部;　　　　5—工作间;　　　　6—卫生间;

7—冰室;　　　　8—酒吧;　　　　9—洗杯室;　　　　10—冷却室;　　　　14—厨房;　　　　12—杂物间;

13—库房;　　　　14—廊;　　　　15—湖;　　　　16—小桥。

图 5-17　华南植物园蒲江冰室

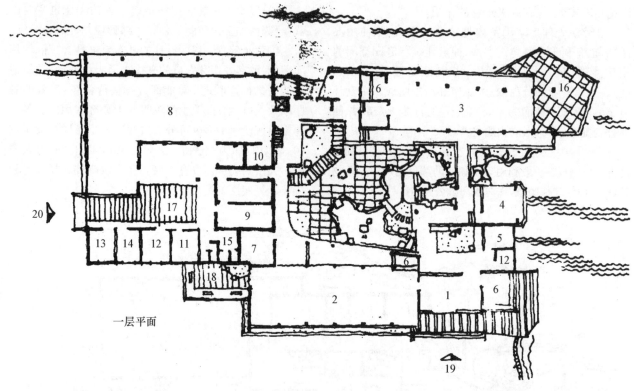

一层平面

1-门厅；　　　2-快餐部；　　　3-荷花厅；　　　4-小餐厅；　　　5-接待室；　　　6-小卖部；

7-备餐间；　　　8-厨房；　　　9-主副食库；　　10-拼盘间；　　14-冷冻库；　　12-贮藏间；

13-办公室；　　14-值班室；　　15-卫生间；　　16-露台；　　　17-杂物院；　　18-小院；

19-客入口；　　20-供应入口。

图 5-18　珠海市海滨公园餐厅

a. 餐厅内的人流交通。餐厅中的人流交通情况是极其活跃的，一般在很短的时间里，人流大量地集中，有进有出，来往频繁。因此，在设计中，应分析来往人流的规律，将各部分合理布置，以减少餐厅内的混乱，也便于管理。

由于人流从入口直接到各个座位上去，因此，在桌椅布置时，应留出足够的交通过道。这些交通过道需要根据人流的多少分主线和支线。这样组织交通就比较有秩序，也节省面积。桌椅的布置还应方便服务员操作联系。

b. 餐桌椅布置。餐桌椅布置是餐厅内家具设备的基本内容，它直接影响着餐厅的使用面积和交通情况。六人长桌及八人长桌占地面积最经济，但在使用上不如四人或八人方桌那样方便。餐桌数量一般按经常保持的最高额就餐人数来计算。餐桌的排列布置主要是根据餐桌数量和餐厅跨度，同时考虑餐桌形式、交通走道、排队面积、供应开水等位置以及碗柜的设置，要达到在最经济的限度内解决使用问题。常见餐饮类建筑餐桌椅的尺寸及客席布置的通道尺寸，如图 5-19 和图 5-20 所示。

c. 餐厅的卫生要求。餐厅的清洁卫生直接影响用餐者的健康，因此，建筑的细部设计和选用的材料都要能满足这一要求。朝向应尽可能布置成南北向，即长轴沿最好的方向，并且要照顾到常年的主导风向，保证餐厅内的良好通风效果。地面要采用不易起尘、便于清洗的地面材料，如水磨石地面等，并应保证一定的坡度为 1.2%～1.5%，还要考虑污水的排放问题。内墙离地 1.2 m 高的范围内，最好能做便于清洗的护壁。室内细部设计要尽量简单，线脚要少，以免积灰。餐厅的门窗均应装有纱门纱窗，以防虫蝇。

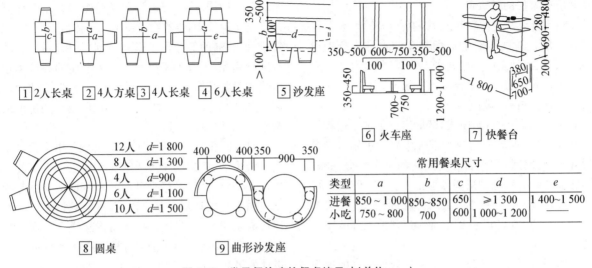

图 5-19　常见餐饮建筑餐桌椅尺寸(单位:mm)

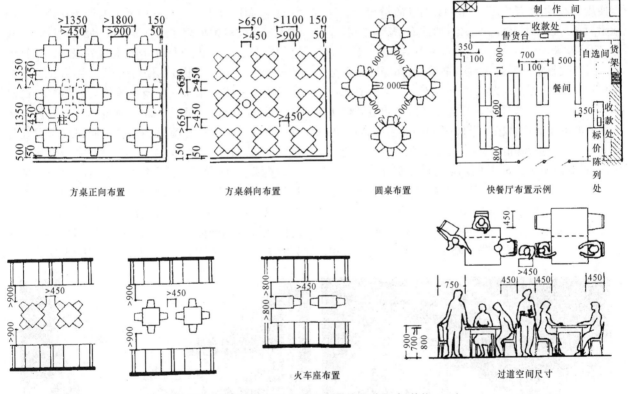

图 5-20　常见餐饮类建筑客席布置的通道尺寸(单位:mm)

②加工及辅助部分。餐饮类建筑的加工部分为厨房,其中有主食加工系列、副食加工系列、备餐洗涤消毒、餐具存放等;辅助部分包括各种库房和炊厨人员更衣、浴厕及办公用房等。根据不同的建筑用房和建筑标准加工部分的内容也会有所增减和变化,要灵活掌

握。厨房平面设计有以下几个要点。

a.合理布置生产流线,要求主食、副食两个加工流线明确分开,从初加工—热加工—备餐的流线要短捷通畅,避免迂回倒流。

b.原材料供应路线接近主食、副食初加工间,远离

成品并应有方便的进货口。

c.洁污分流。对原料与成品,生食与熟食,要分隔加工和存放。垂直运输生食和熟食的食梯应分别设置,不得合用。加工中产生的废弃物要便于清理运走。

d.工作人员应先更衣再进入加工间,更衣、卫生间应设在工作人员入口附近。

厨房布局形式有:封闭式,即厨房整个加工过程呈封闭状态,这是西餐厨房及大部分中餐厨房用得最多的形式;半封闭式,即经营者将厨房的某一部分暴露,使顾客能看到有特色的烹调和加工工艺,以活跃气氛,增加情趣;开敞式,有些小吃店,如南方的面馆、粥店等直接把烹制过程呈现在顾客面前,现吃现制,气氛亲切。

③内部管理办公部分。一般的或较低标准的餐厅所需办公用房可能较少,有时一间或几间。工作人员需使用更衣、浴厕等房间,一般可以加工部分合设。其他附属用房根据具体情况考虑,如洗衣房、锅炉房、车库、杂品库等。

餐饮类建筑的厨房、仓库、锅炉、烟囱等辅助部分用房和构筑物,庞大而杂乱,一般较难与风景园林相协调,极易破坏景区整体性。要解决好这项功能和建筑形象之间的矛盾,主要是充分利用自然环境的特点,因地制宜,合理进行功能分区,并采取绿化与其他的建筑手段,以突出园林建筑的主体,隐蔽辅助部分。

不同的地理环境,隐蔽辅助部分的手法各异。建于山麓的餐饮类建筑,其辅助部分宜设于靠山一侧或视野死角,务求隐蔽,以利于生产加工、后勤供应、交通运输、对外联系和三废处理。临水建筑形式多样,有傍水、跨水、四周滨水等形式,此类建筑多以水榭敞轩形式半支于沧浪中,半筑在驳岸上。主体建筑临水,取其便于赏景;辅助部分设于岸上,则取其易与绿篱、墙垣等障景相配,更有利于排污。建于平地的餐饮类建筑为便于隐蔽其辅助部分,应尽量掎角处理,主体面向景区,把辅助部分障于主体之后,利用院墙和用房形成杂物院,再加以绿化作障景。

以乡野建筑"竹里"(图5-21)为例。该项目位于四川省崇州市道明镇。这个在乡郊田野上盘旋着的青瓦房,实际上是由70%轻型预制的钢木构架支撑起的一个内向重叠的环形青瓦屋面,而盘旋的屋面自然而然地形成了两个内向的院落,为室内提供了丰富的景观层次。阅读场地和生活场景,拾取原味乡村特质成为设计的最初起点。场地跨溪而入,再跨溪登山,林盘地景,竹林丛生。农家菜地与林盘斡旋,参天树木提示着深邃与野趣,登山远望是一望无垠的油菜花田。整个建筑的可建场地坐落在原有拆除农户的宅基地上,基地周围东临树林,北靠林盘,南面是几垄菜地。设计者的最初预设是最大限度的保留一草一木,并试图在自然的空间缝隙中建立一个当代建筑与自然乡村的对话。透与不透在竹里用非常中国园林的方式得以呈现,竹内有筑,竹里有院,竹外有田,而田又可以在竹内。从马路上隐约可以两层跨越溪流的竹林看到隐约而跃然眼前的盘绕而上的屋顶。一笔而行,而又不能用尽笔墨,迂回而不失力量、半透明的观赏或许正是参与这个建筑的一种方式。当阳光高过树梢,照在院子里的时候,会非常有趣地建立一个光的序列:灰暗的竹林、光亮的菜地、灰暗的檐下空间以及光亮的中间庭园。

图5-21 竹里

2) 零售类建筑设计要点

园林中的零售类建筑主要为游人零售食品、工艺品和一些土特产以及提供咨询、摄影、语音导游设备租赁服务等,其规模较小,独立或附设在接待室、茶室、大门建筑内或与敞厅、过廊结合组成。

(1) 零售类建筑的功能　在公园或旅游风景区,为方便游人游园,常设置一些商业服务性设施,经营食品、旅游工艺纪念品和土特产等小商品以及提供咨询、门票销售、摄影、语音导游设备租赁等服务,这类小型服务性建筑称为零售类建筑。它是现代园林中必不可少的组成部分,既要满足游人的消费需要,完善服务体系,提高经济效益,丰富园林景观,又要为游人提供较佳的休息、赏景、购物、休闲的场所。

(2) 规模与位置　在设置零售类建筑时要考虑全园的总体规划,进行合理安排(图 5-22)。影响售卖亭规模与数量的因素很多,可依据公园的规模及活动设施、公园和城市关系、交通联系、公园附近营业点的质量和数量等来设计。国内活动设施丰富的公园游客量一般较多,零售类建筑的布点也应随之增多。这种零售类建筑有附设在游客接待中心、展陈类建筑、餐饮类建筑内,也有独立设置,多选择在游人较集中的景区中心。有些公园规模较小,活动设施不多,且又在市区内,零售供应也较方便,零售类建筑的规模不宜过大,可考虑内外结合,兼对园外营业。

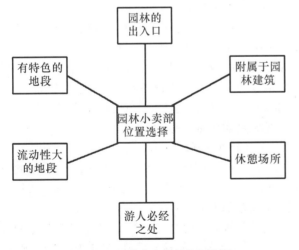

图 5-22　园林小卖部的位置选择

近年来,由于旅游业的发展,不少市内公园常在公园干道入口处增设对外营业的售卖亭,营业内容除一般饮料、食品、香烟和糖果外,有些还增设工艺品、花卉和盆景等项目。还有些售卖亭是独立的园林建筑,周围环境景观秀美,常与庭园、亭廊以及草地、小广场等结合设置,较便于经营管理和景观眺望。

(3) 建筑处理　零售类建筑的功能相对简单,如果单独设置,建筑造型应在与周围环境景观和谐的前提下,尽量独特新颖,富有个性;如果组合设置时,则应以建筑的其他功能为前提,应处于从属的地位。例如,香港迪士尼乐园售票亭的设计风格(图 5-23)就与乐园整体的卡通娱乐风格相映成趣。

图 5-23　香港迪士尼乐园售票亭

而上海思南书局快闪店(图 5-24)的设计,呈现了钻石形样貌。其实它是以构建晶莹剔透的人文心脏为造型设计创意,打造温馨又梦幻、环保又现代的建筑空

图 5-24　上海思南书局快闪店

间。快闪店书籍的摆放也不同于传统书店的竖直分类。快闪店的每一类书籍都围绕着一座灯座四散开来，就像飓风中心点一样，飓风外围也散落着相关书籍，有时候还会有一些特殊设置。书店面积为 30 m²，这是设计师确定的一个最合适的空间，因为读者刚好可以在 15～20 min 浏览完书店内的所有图书。设计师旨在以一系列创新的设计及建造技术，打造可移动、可复制、可推广的人文空间，改变城市居民的生活方式，为城市公共空间的功能探索提供了一个良好的实验模本。

5.4 园林厕所

厕所是人们生活中之必需，是衡量社会文明程度的一个窗口。园林厕所是园林中必不可少的服务性设施之一。近年来，人们生活水平的提高、知识的增进，对园林景观的要求越来越高。因此，设计者对景观的维护也很重视。园林厕所不论其规模大小、造型如何，均会影响园林景观效果。一般来说，厕所不做特殊风景建筑类型处理，但是应与整个园林或风景区的外观特征相统一，并且易于辨认。

5.4.1 园林厕所的功能

园林中的厕所，首先，应满足人们的功能需要，其建筑小巧，虽然不是主要风景建筑，但为游人所必需；其次，应满足人们的审美需要，造型美观，设计周密，尽量使之成为旅游区景色的一部分。可见，园林厕所是一种高标准满足游客功能需要和审美需要的特殊公共厕所。因此，它应布局合理、方便游人。这就要求厕所须选择最佳区位进行布置，即在选择其位置时，应尽量使游人方便而满意。

5.4.2 园林厕所的类型

园林厕所依其设置性质可分为永久性和临时性厕所，可分为独立性和附属性厕所。

1）独立性厕所

它指在园林中单独设置，与其他设施不相连接的厕所，并与其他设施的主要活动不产生相互干扰，适合于一般园林。

2）附属性厕所

它指附用于其他建筑物之中，供公共使用的厕所，使用较方便，适合于不太拥挤的区域设置。

3）临时性厕所

它指临时性设置的厕所，或流动厕所，可以解决因临时性活动的增加所带来的需求，适合于在地质土壤不良的河川、沙滩的附近或临时性人流量的场所设置。

5.4.3 选址与布局

1）园林厕所选址的基本原则

（1）布置在旅游区或景区的进出口附近

旅游区或景区的进出口，人流量大，且人流分布的时空集中性强，在此布置厕所，可方便游人，控制出入口及附近一带区域；同时，可为游人游览风景区做好生理上的准备。

（2）布置在旅游区或景区游人集中的区域

旅游区或景区中游人集中的地方一般主要有主体建筑、主景、广场、博物馆、露天影剧场、球场、游泳池、儿童游乐场等。在这些地方，游人多而密，且逗留时间长，若无厕所，会带来诸多不便，甚至影响游人的兴致。因此，在旅游区或景区中游人集中地布置厕所，可起到以点控面的作用。

（3）突出方便性

园林厕所的布置，不应妨风景，同时又须易于寻觅，突出方便性和可达性。因此，须均匀分布于旅游区的各功能区，彼此的距离以 200～500 m 为宜，其服务半径最好不大于 500 m，且应有鲜明的标志，以示游人。

（4）强调隐蔽性

目前，园林厕所的建造正在向净化、美化、香化的新型厕所发展。但就一般而言，在其布局时，宜"靠边"布置：靠墙边、靠池塘湖水边、靠山石（假山）边、靠树林边、靠路边等；宜隐蔽在绿荫丛中，用美观、别致、突出的指示牌加以指引或引导，以方便游人寻找。

2）园林厕所布局的一般形式

（1）支撑式布局

一般在旅游景区面积不太大的情况下，多用此布局形式，全区用一个厕所加以控制，服务于整个景区，其布局要求如下。

①位于景区几何中心。几何中心居于全景区的适中地段，是整个景区的核心部分，在此布置旅游厕所，能近便使用厕所，起到以点带面、以一当十的作用。

②位于景区道路交汇处。景区道路交汇处控制着几个方向的游人，因此，在此布置厕所，能控制和满足各方向游人的需要。

③位于主景附近。在一般的景区中，往往只能突出一个主要景色，此主景处游人集中且逗留时间较长，因此，在此布置园林厕所能就近满足需要。

④位于隐蔽处。大多数旅游景区多采用占边隐蔽的布局形式，因为在支撑式布局中，旅游景区一般不大，虽然占边并加以隐蔽，只要指示牌设计得巧妙，游人还是很容易寻找的。

(2)对称式布局

①规划对称。在旅游区或景区中，园林厕所的对称布局，规则对称不多见，而且往往也不是严格的规则对称。例如，成都宝光寺的旅游厕所布局，基本以中轴线：照壁、山门、天王殿、舍利塔、七佛殿、大雄宝殿和藏经楼等为对称轴线形成为规则的对称形式，如图5-26所示。从图5-25可知，两个园林厕所各控制一半的空间范围，但从面积而言，中轴线右侧稍大；就游人的感觉而言，两面相差不太多。因此，就控制游人来说，两厕基本平衡，形成较为规则的对称式布局。

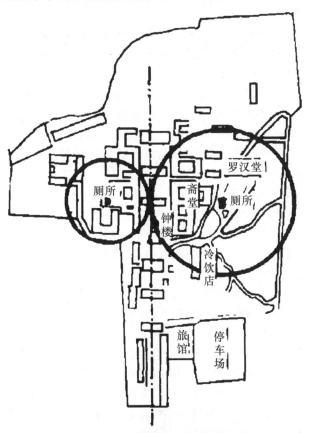

图 5-25　成都宝光寺的旅游厕所布局

②自然对称。在园林厕所的对称式布局中，绝大

多数属于此种类型。自然对称形成一南一北，或一东一西，产生上下或左右的呼应，以达到方便游人上厕所之目的。因此，园厕的对称式布局更多的是注意对称中的均衡。例如，上海南丹公园的旅游厕所属于对称式布局的东西呼应；成都武侯祠属于对于对角线呼应产生的对称布局；成都望江楼公园的旅游厕所布局基本上是一种以崇丽阁为中心的均衡对称(图5-26)。

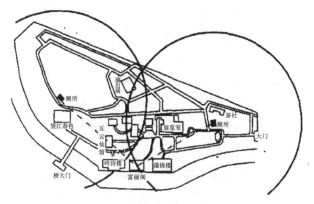

图 5-26　成都望江楼公园的旅游厕所布局

(3)散点式布局

在比较大的旅游景区或游人较多的旅游景区中，一般需布置三个以上的园林厕所，才能满足游人的需要。三个以上的园林厕所在景区中的布置形式往往形成散点式。

散点式布局虽然貌"散"，却"神"不散，其中的关键因素在于：散而不乱，强调联系和呼应；散而有序，突出对位关系和空间关照；散而成型，注意与风景的协调和融合。一般而言，散点式布局具有下列形式。

①三点式布局。以三角形为对位关系，以三角形三顶点为园林厕所布置地点，以整个三角形形成控制格局，往往坐落在旅游景区空间布局的重心地带。如杭州花港观鱼园以近似等边三角形的布局格局，控制了整体旅游景区，而且与旅游景区的整体景色分区和布局态势相吻合，是三点式布局的佳例，如图5-27所示。

②散点式布局。在四个及其以上园林厕所布局的旅游景区中，注意与整体风景和地形起伏、景区形状、景区外观面貌等方面协调，形成散而不乱、散而有序、散而成型的空间布局形式。这种布局多沿旅游景区边缘呈环状布局，以环状格局取得对位和联络关系，既注意了隐蔽性，又突出了方便性。例如，上海长风公园共

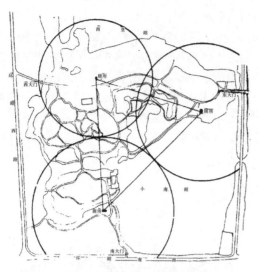

图 5-27 杭州花港观鱼园的旅游厕所布局

布置了七个园林厕所,呈环状布局形式,控制和服务于全园,同时又在其空间艺术布局的立面构图中心——铁臂山布置一园林厕所。这样用六个园林厕所控制全面,一个园林厕所控制局部,既有重点控制区域,又有一般控制区域,有机结合而形成空间的有序化,强调相互间的联系和关照,虽然形如散点,却有着强劲的空间关联,游人甚为方便,如图 5-28 所示。

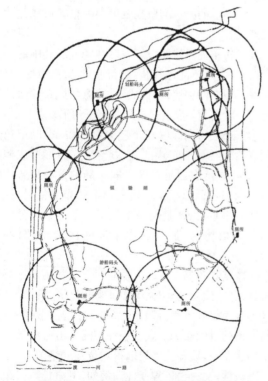

图 5-28 上海长风公园的旅游厕所布局

3)园林厕所布局的处理手法

一般而言,园林厕所布局的处理手法主要有三种:隐蔽法、融合法和美化法。这些处理手法主要是从满足游人功能需要出发,同时兼顾园林厕所与风景的结合和协调,并以园林厕所与风景的相关性为基础,考虑游人的欣赏情趣和审美观念,因时空不同,而因地制宜采取的园厕布局方法。

(1)隐蔽法 在风景秀丽的地方,若园林厕所存在有可能损害或影响风景时,应尽可能使园林厕所不引人注目,隐蔽其存在以突出景色的佳丽,这种方法目前在各旅游景区中大量使用,其隐蔽方式主要有占边隐蔽、占角隐蔽和遮挡隐蔽。

①占边隐蔽。旅游景区的边缘地带一般游人稀少,人流较小,大多利于隐蔽。因此,一般园林厕所多占据景区边缘,靠墙隐蔽,尽量"否定"其自身的存在。

②占角隐蔽。一般边角地段是最容易隐蔽的区域,如成都武侯祠的两个旅游厕所在两个对角上布置,隐蔽性较强。

③遮挡隐蔽。一般采用风景建筑、风景植物、人工山石等加以掩映,使人们的视线完全或基本上被阻挡,园林厕所被加以隐蔽。例如,成都杜甫草堂水榭附近布置的园林厕所被一片茂密而挺拔的高树遮挡,隐蔽在树林后面,半隐半显;有些园林厕所随着视角的不同,使其产生不同的效果,时而隐蔽,时而清晰,若游人在其游览过程中,园林厕所就会呈现时隐时现、半隐半显的局。这样既有方便游人寻找的一面,又有通过园林厕所构成景致的一面。

(2)融合法 这种方法使园林厕所与风景按基本相同的格调互相融合,浑然一体。这是园林厕所与风景融合协调、有助于增进风景美、在现有的风景环境中增添园林厕所的方法。一般而言,这是一种对园林厕所的存在既不否定(隐蔽),也不强调(美化)的方法。在现实风景中,园林厕所布置后产生的协调关系,以不破坏原有景致为基础。因此,在这种意义上,融合法是一种较为积极的方法,是一种比隐蔽性(消极方法)具有更高的审美价值和欣赏情趣,并表现出高一级层次的布局方法。

运用此种方法布置的园林厕所,一般并不占边、占角,往往布置在景区的适中地段。例如,成都望江楼公园大门附近布置的旅游厕所,完全与周围风景融为一体,它既未破坏周围风景的气氛,也未被特别强调或突出。由此可见,融合法是介于隐蔽性与美化性之间的过渡方法,是一种适当隐蔽、适当美化的方法。

(3)美化法 美化法是园林厕所布局的最高境界,通过美化作用,强调并突出园林厕所的存在,尽量引人注目,吸引游人的视线,给人以美感,同时,满足游人的生理需要。园林厕所已具有支配旅游景区内某一空间范围景色变化的作用,成为风景的组成因素之一,这就是美化方法。

美化法的运用使园林厕所在某一微域风景中占据中心地位,并在以该园林厕所为重要景色的前提下,组织各种构景要素,创造出新的风景环境和景色变化。这是因为往往在布置园林厕所之先,旅游景区中的某一地段景色不一定很好,这样可以通过布局园林厕所并以园林厕所为重点内容组织风景,创造出一个美的整体,使原来风景平凡之地焕然一新。

由于这种园林厕所的存在引人注目,因而一般具有信号作用和象征作用。同时,审美价值和敏感度都很大,成为游人的欣赏对象和享受对象。例如,重庆浮图关巴人石居旁的圆亭型园林厕所,造型别致、式样出新、体量合宜、尺度宜人、背岩面江、视野开阔、游人无不惊叹,同时尽情享用、好不惬意,这就是美化法的佳例。它融园林厕所的形式美和功能美为一体,并与周围风景相关联和协调,创造出一种全新的境界。又如,日本建筑师远藤秀平设计的兵库县新宫町公园公共卫生间(图5-29),这个建筑的造型就十分奇特,外部用电镀螺旋状纹状钢板包裹。从某种程度上来说,波纹钢板既是墙面,又是屋顶和地板。螺旋波纹钢板有用一系列钢管支撑的梁固定,设计难度不大,但是由于建筑师匠心独具的材料使用,使其呈现出了惊人的结构造型,成为公园中的一道风景。

图 5-29 日本兵库县新宫町公园公共卫生间

5.4.4 园林厕所设计要点

(1)园林厕所要与周围的环境相融合,这就要求既"藏",又"露";既不妨碍风景,又易于寻觅,方便游人,易于发现。在外观处理上,必须符合该园林的格调与地形特色,既不能过分讲究,又不能过分简陋,使之处于风景环境之中,而又置于景物之外,既不使游人视线停留,引人入胜,又不破坏景观,惹人讨厌;其色彩应尽量符合该风景区的特色,切勿造成突兀不协调的感受,运用色彩时还应考虑到未来的保养与维护。例如,深圳彩虹间(马家龙智能公厕)(图5-30)的处理方式,项目场地位于深圳城市动脉显著位置,采用镜面与绿植结合的方式,将这个易受厌恶的设施消隐在原本树林掩映绿化带中。厕所隔间采用不分性别的隔间形式,建筑与自然的边界不复存在,十分和谐地交融于此,改变了人们对传统厕所的认知。

(2)茶室、阅览室或接待外宾用的厕所,可分开设置或提高卫生标准。一个好的园林厕所,除了本身设施完善外,还应提供良好的附属设施,如垃圾桶、等候桌椅、照明设备等,为游人提供较大的便利。

(3)园林厕所应设在阳光充足、通风良好、排水顺畅的地段,最好在厕所附近栽种一些带有香味的花木。例如,南方地区可种植白兰花、茉莉花、米兰等;北方地区可种植丁香、珍珠梅、合欢、中国槐等,来减免厕所散发的不好闻的气味。

(4)园林厕所的定额根据公园规模的大小和游人量而定。市、区级公园游人人均占有公园面积以

图 5-30　深圳彩虹间（马家龙智能公厕）

图 5-31　中科院华南植物园姜园公厕

图 5-32　深圳市莲花山公厕

60 m² 为宜，居住区公园、带状公园和居住小区游园以 30 m² 为宜；近期公共绿地人均指标低的城市，游人人均占有公园面积可酌情降低，但最低游人人均占有公园的陆地面积不得低于 15 m²。风景名胜公园游人人均占有公园面积宜大于 100 m²。

（5）园林厕所入口处应设"男厕""女厕"的明显标志，外宾用的厕所要用人头像象征，一般入口外设 1.8 m 高的屏墙以挡视线。

（6）面积大于 10 hm² 的公园，应按游人容量的 2% 设置厕所蹲位（包括小便斗位数），小于 10 hm² 者按游人容量的 1.5% 设置；男女蹲位比例为（1～1.5）:1；厕所的服务半径不宜超过 250 m；各厕所内的蹲位数应与公园内的游人分布密度相适应；在儿童游戏场附近，应设置方便儿童使用的厕所；公园宜设方便残疾人使用的厕所。

（7）为了维护园林厕所内部的清洁卫生，避免泥沙黏在鞋底带入厕所内，在通往厕所出入口的通道铺面稍加处理，并使其略高于地表，且铺面平坦、不宜积水。

（8）园林厕所一般由门斗、男厕、女厕、化粪池、管理室（储藏室）等部分组成。

（9）立面及外形处理力求简洁明快，美观大方，并与园林建筑风格协调，勿太张扬个性。图 5-31 和图 5-32 为中国科学院华南植物园姜园公厕及深圳市莲花山公厕。

5.5　游船码头

游船码头是具有水域的旅游风景区或公园中的一个重要组成部分，它是提供游客上、下船的地方，同时兼有供游客休息、赏景的功能。

5.5.1　游船的类型

1）交通游览船

具有辽阔水域的风景区或公园，如无锡的太湖、武汉的东湖、杭州的西湖、云南的滇池等。它们不仅在陆地或半岛有众多的游览点，而且在湖心也有不少名胜古迹，吸引着广大游客，因而这些交通游览船既可解决风景区中各风景点的交通联系，又可在湖中畅览湖光山色，有些甚至可以组织水上的一日游。这类游览船除了满足游客视野要求外，尚需考虑有些船只旅游时间较长,因而要求有舒服的座位和设施,规模较大的还要有餐食供应。

2)小游艇

在有湖泊的公园里多设有小游艇,规模4～8人不等,适合各种不同年龄的游客随意泛舟或竞渡。

3)私人游艇

私人游艇娱乐是一种尊贵、高雅的水上休闲方式,它兴起于18世纪英国,在第二次世界大战后得到蓬勃发展。现代豪华私人游艇以其独特的集休闲与商务交流为一体的功能,已逐渐成为人们生活不可或缺的一部分。随着国民经济的不断发展,人们生活水平日益提高,人们在努力创造物质文明的同时,也在不断地追求与之相适应的休闲娱乐生活方式。国内私人游艇娱乐逐步在经济发达地区的景区涌现,并成为一种时尚。

5.5.2　选址与布点

1)游船码头规划设计选址、布点需考虑的因素

(1)环境条件　应选在交通比较方便的地方,最好靠近一个出入口,位置明显,注意风、日照等气象因素对码头的影响,并注意利用季节风向,避免风口,船只停靠不便和夏季高温,避免夕阳的低入射角光线的水面反光,水面反光对游人眼睛刺激强烈,这对游船的使用十分不利。

(2)水体条件　应考虑水体的大小、水流、水位情况:水面大的应设在避免风浪冲击的湖湾中,以便船只停靠方便;水体小的应选择较开阔处设置;流速大的水体应避免河水对船体的正面冲击。

(3)观景效果　码头在宽广的水面应有景可对,水体小的水面争取较长的景深与视景层次,取得"小中见大"的效果。

2)游船码头规划设计选址、布点的要点

(1)对于风景名胜区而言水面一般较大,水路也成为主要交通观景线,一般规划3～4个游船码头(数量可根据风景区的大小和类型进行灵活确定),选点时在主要风景点附近,便于游人通过水路到达景点,码头布点和水路路线应充分展示水中和两岸的景观,同时码头各点之间应有一定的距离,一般控制在1 km为宜,同时与其他各景点应有便捷的联系,选择风浪较平静处,不能迎向主要风向,以便减少风浪对码头的冲刷和船只靠岸的方便。

(2)对于城市公园而言水面一般较小,一般依水面

的大小设计1～2个游船码头,注意选择水面较宽阔处,为防止游人走回头路,多靠近一个入口,并且应有较深远的视景线,视野开阔、有景可观。

该点的选择在便于观景的同时也应该是一个好的景点。例如,北京陶然亭公园:码头南侧是宽阔的水面,附近有双亭廊等景点,西北向做地形的处理,面水背山形成良好的小气候,视景线深远,中央岛、云绘楼、花架、陶然亭、接待室等均可作为借对景,并且与东大门和北大门均有便捷的联系;合肥逍遥津公园:水域宽阔,湖中的逍遥墅、湖中三岛可作为码头的对景,附近有茶室、展览馆等景点,视景线也较长;上海杨浦公园:将码头定位在避风的港湾处,且有较宽阔的水面,西部的月洞桥可以作为对景;西安兴庆公园:码头选址在正入口的中心轴线之上,面临宽阔的水面,附近有缚龙堂、茶室等景点,远处的西山岛,兴庆楼是其对景;沈阳青年公园:码头选址在较宽阔的水面之上,卧波桥、同心亭可以作为其对景;天津水上公园:码头选址在正入口的一侧,起到一个水上观光游览组织交通的作用,面临宽阔的水面,朝南,湖心岛是其对景;桂林七星公园:水面是狭长的水道,花桥、茶室是其周围的景点;南京莫愁湖公园:紧靠入口,面临宽阔的水面,云影、波光亭是其对景;南京白鹭洲公园:面临宽阔的水面,鹭舫、亭桥是其对景。

5.5.3　常用的泊船码头形式

1)驳岸式

如果公园水体不大,应结合池壁修建,垂直岸边布置;较大的公园水面,可以平行池壁进行布置;如果水位和池岸的高差较大,可以结合台阶和平台进行布置。

2)伸出式

用于水面较大的风景区,可以不修驳岸,直接将码头挑伸到水中,拉大池岸和船只停靠的距离,增加水深,是节约建造费用的较好形式。

3)浮船式

对于水库风景区等水位变化较大的风景区特别适用,游船码头可以适应不同的水位,总能和水面保持合适的高度,也方便管理。

5.5.4　功能和组成

游船码头设计可繁可简,对于较大型的游船,一般停靠在轮渡码头,该类码头功能复杂、规模较大,但建

议设在风景区的水路入口或景区游览线上的轮渡码头,虽然其功能类似一般轮渡码头,布置较复杂、规模较大,但也应侧重考虑造型设计,将它视为风景类建筑来对待。本文仅重点分析一般风景区和城市公园中的小型游船码头,它基本是由售票室、管理室、储藏室、休息等候区、码头区等组成。有些规模较大,接待任务较重,根据功能需要可增加职工休息室、卫生间等,功能再复杂可增设接待室、茶室、小卖部等,有些也可简化,一个临水花架、水榭、平台均可以作为一个简化的游船码头使用。例如,秦皇岛市南戴河游乐中心就是以一个歇山顶仿古水榭结合临水平台做一简易的游船码头使用。常用的码头形式的各组成部分的功能如下。

1)售票室和检票室

采用大高窗,应注意朝向,避免西向。如果朝西,最好在前面设置遮阴篷,与办公室联系紧密;注意室内通风,最好有穿堂风,售票室做售票处和回船时退押金和回收船桨用,设置面积一般控制为 $10\sim12$ m^2;检票室在人流较多时,维护公共秩序极有必要,设置面积一般控制为 $6\sim8$ m^2,有时也可以采用检票箱和活动检票室的形式,方便、灵活且节省造价。

2)办公室

位置应选择在和其他各处有便捷联系的地方,是管理部分的主要房间,设置面积控制为 $15\sim18$ m^2,注意室内空间应宽敞,通风采光应较好,并应设有接待办公用的家具,如沙发、办公桌椅等。

3)休息室

职工休息用,应选择在较僻静处,并应有较好的朝向,通风采光较好,设置面积控制为 $10\sim12$ m^2,并且和其他管理用房有便捷的联系。

4)管理室

播音、存放船桨和对外联系用,设置面积控制为 15 m^2。

5)卫生间

职工内部使用,选择较隐蔽处,设置面积控制为 $5\sim7$ m^2,并且应和其他管理用房联系紧密。

6)维修储藏间

尽可能靠近水边的码头,上、下水较容易。

7)休息等候空间

亭、廊、榭等园林游息建筑的组合,根据任务书的要求,决定其组成和规模,主要创设一个休息停留的空间,有时可以创设一个内庭空间,结合水池、假山石、汀

步进行布置,既做划船人候船用,也为一般游人观赏景物休息用,常是亭、花架、廊、榭等游赏型建筑组合成景。

8)茶室、小卖店或(部)

有时码头规模较大、较复杂,可结合茶室、小卖店或(部)布置,一方面丰富游客活动的内容,另一方面也可增加经济效益,是"以园养园"的良好形式。

9)码头区

候船的露台供上、下船用,应有足够的面积,面积根据停船的大小、多少而定,一般高出平常水位的 $30\sim50$ cm,并且应紧贴水面,有亲水感。

10)集船柱桩或简易船坞

它主要是使游船停靠方便,并且具有遮风避雨的保护功能。

5.5.5 人流路线的组织

1)工作人员和游人的人流组织

一般分区设置与空间布局时应注意避免工作人员和游人的活动路线相交叉,以免互相干扰,有的管理区可单独设置入口。

2)游人上、下船的路线组织形式

第一,上、下船的人流不进行分流,凭票上、下船,是一种开放型的管理方法,节省管理工作人员,但因人流不分管理较混乱;第二,上、下船人流分开,设检票处,增加管理人员,人流管理较有序。

候船平台上人流应畅通避免拥挤,故应将出入人流分开,以便尽快疏散;平台适宜的朝向和遮阴措施,平台的长度至少不小于两只船长度的 4 m 左右,留出上、下船的人流和工作人员的活动空间,一般进深为 $2\sim3$ m。

5.5.6 平面空间布局

通常较复杂的码头平面按功能进行分区,大的方面可以分成三个大区:管理区、游人活动区、码头区。其具体可分为:管理区:售票室、办公室、休息室、厕所、维修储藏室;游人活动区:休息亭廊、小卖部、储藏室、茶室;码头区:等候露台。

进一步进行平面布局时应注意,整个码头应视为一个建筑整体,布局合理,管理用房联系紧密,办公管理区应和游人休息区有方便的联系,以方便管理;管理区尽可能集中,避免工作人员的交通路线和游人活动路线的交叉。平面组合时,在满足面积要求的前提下,运用构成的有关知识进行组合和划分空间,但应有一

定的设计母体,做到即统一又有变化,并尽可能靠近一个合适的比例,如黄金矩形、方根矩形、柯·勒布西埃模数体系等比例关系,并且各种形体组合时应首先满足功能的前提下,形体之间应有一定的几何关系,如方和圆的组合,做到设计富有理性和秩序性,并应注意平面的开合收放变化,有一定的对比关系。

5.5.7 立面造型与竖向设计

立面造型应较丰富,对于码头而言本身要成景,应有一定的风景建筑的特点,造型丰富,有虚实对比关系,并注意运用块材构成的有关知识进行形体的加减、组合,使形体丰富,各空间的室内地坪应有变化,如某水位和池岸的高差较大,可做上、下层的处理(从池岸观是第一层,从水面观是第二层)和设置台阶式,建筑低临水面,有一定的亲水感,屋顶变化也较丰富,平、坡屋顶均可,两者组合有立面上的对比关系,使立面更加丰富,平屋顶的水平线条与水的平线条相调和,了解水位的标高,最高、最低水位,以确定码头平台的标高。

北京紫竹院公园码头,水陆高差较大,面水做第二层,面陆做第一层。第二层休息停留,第一层售票、管理、储存、靠船平台,功能布局合理,竖向设计有特色,造型也有园林特色;广州烈士陵园公园码头,靠船平台和游廊组合,靠船平台和陆地分开,避免干扰;北京玉渊潭公园,竖向设计有特色,休息等候和靠船平台分层,立面造型新颖丰富,平面布局过于简单,屋顶风格统一;福建武夷山星村筏船码头(图 5-33),集码头、接待、小型旅馆为一体,造型采用民居的形式,具有内庭空间,为两层建筑。

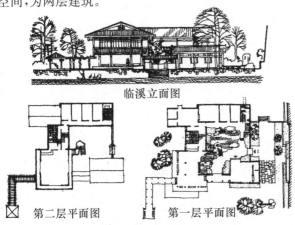

临溪立面图

第二层平面图　　第一层平面图

图 5-33　福建武夷山星村筏船码头

5.5.8 其他设计要点

1)风格塑造

游船码头建筑的设计既要和整体环境的建筑风格相协调,又要有码头建筑的性格,飘逸、富有动感,屋顶做成帆形、折板顶或圆穹顶等,以便和水的性格相符。如沈阳南湖公园游船码头不系舟的设计,造型犹如一个即将启航的华丽游艇停泊在碧绿的湖岸,迎接广大游客的到来。对于建筑风格而言,它可以是现代的,可以是仿古的,可以是东方的,也可以是欧式的,也可以是富有当地建筑的民族特色。

2)整体环境的协调

将码头各个组成部分看成一个建筑组群来对待,从整体上进行把握,可以结合游人等候设置一内庭空间,在其中布置一些能够体现建筑性格和水有关的雕塑、壁画、汀步、置石、隔断等园林建筑小品,应尽可能和水有关系以便进行点题,同时应该注意,从码头选址开始,就应注意借景、对景、观景的考虑,使码头即可观景又可成景,以便和整体环境相协调。以上海深潜赛艇俱乐部(图 5-34)为例,由于基地处于水杉密林中,为了减少对植被的破坏,建筑师确定了整体设计策略,将单个艇库作为基本单元,通过翻转、镜像、穿插等手法,把三个"艇库单元"拼接在一起,组成了俱乐部入口、走廊以及辅助功能用房等空间。在本项目中,从林间到水边,从室外到室内再到室外,整个通达的路径上,建筑师希望游客从视线到感知都是连续而流畅的。为实现这一追求,建筑师格外留意在空间转换上的处理。整个行进过程中,建筑犹如一幅叙事性长卷徐徐展开,这是一种流动的呈现,而非瞬时的定格拍摄,犹如赛艇运动中的一个长镜头,随着赛艇在水面上快速滑行,视线看到的景物不断变化,连续、流畅,带着一种"一镜到底"的畅快。

图 5-34　上海深潜赛艇俱乐部

3）植物配置

选择耐水湿树种，如垂柳、大叶柳、旱柳、悬铃木、枫香、柿、蔷薇、桧柏、紫藤、迎春、连翘、棣棠、夹竹桃、丝棉木、白蜡、水松等园林植物进行配景美化。在池边水中如果点缀菖蒲、花叶菖蒲、荷莲、泽泻等水际植物，则更富有自然水景的气氛，但应注意植物的配置不能影响码头的作业。

4）安全性问题

码头建筑的临水性，并且儿童使用的机会较多，安全隐患较多，在具体设计时一定注意其安全性问题，应设置告示栏、栏杆、护栏等安全宣传和保护措施。

习题

1.举例说明服务类园林建筑在总体布局时有哪些利用地形的设计手法。

2.简述服务类园林建筑的设计原则。

3.阐述游客接待中心平面组织的基本要求。

4.阐述展陈建筑平面设计要点。

5.阐述餐饮建筑的空间组成及设计手法。

6.阐述园厕布局的处理手法及设计要点。

7.阐述游船码头规划设计选址、布点需考虑的因素及设计要点。

【学习目标】

1. 了解园林建筑小品的作用；

2. 了解园林建筑小品的种类；

3. 掌握园林建筑小品的设计要点；

4. 理解园林建筑小品的应用形式。

【学习重点】

1. 园林建筑小品在应用中的注意事项；

2. 各类园林建筑小品的设计要点。

园林建筑小品是指园林中体量小巧、功能简单、造型精美、选址恰当的小型建筑设施,在园林中起到美化环境的作用。其既具有简单的使用功能,又具有一定的装饰性和艺术特点。这些建筑小品以其丰富多彩的内容、轻巧美观的造型,在园林中起着点缀环境,美化景色,烘托氛围,深化园林意境的作用,同时又可满足各种游览活动的需要,因而成为园林中不可缺少的一个组成部分。

本章中所介绍的园林建筑小品主要包括景墙、雕塑、花池、蹬道、园桌、园凳、栏杆、隔断等。

6.1 园林建筑小品的作用

6.1.1 点景装饰

园林小品在园林中可以起到点缀风景的作用,形成园林构图中的中心或是主题,渲染环境氛围,深化园林意境,让游人在游览中感悟园林环境表达的内涵。

园林环境主题表达比较隐晦,园林建筑小品如雕塑、景墙等可以起到画龙点睛的作用,表达园林环境主题。如在南京大屠杀纪念馆大量的使用了景墙,强化了纪念馆的场所精神,让参观者直观地感受到了这场浩劫所带来的悲痛氛围(图6-1)。

图6-1 南京大屠杀纪念馆纪念墙

园林建筑小品的另一个作用,就是运用小品的装饰性来提高园林建筑的可观赏性,对整个园林空间起着积极的装饰美化作用。例如,上海静安雕塑公园中的梅园,镜面水池上的雕塑对整个环境起到了很好的装饰作用(图6-2)。同时,由于园林小品本身就是一件艺术品,大多数园林里的建筑小品都具有很强的艺术欣赏效果。

图 6-2　上海静安雕塑公园梅园水池雕塑

6.1.2　界定空间

　　园林建筑小品也可以把园林环境中的各种园林元素有机地组织起来,形成过渡性的空间和连续性的序列,引导游人根据既定路线进行游览。例如,景墙可以划分空间,形成丰富的空间层次;栏杆、门洞、园桥等导向性强的园林建筑小品可有效地组织、划分空间层次,给人们带来了丰富的空间体验。江南园林中与墙体相结合的门洞(图 6-3A),似断非断,将空间进行了有效划分,形成了园中园,又保留了空间的连续性。而现代景观中栅栏式的隔断(图 6-3B)将空间界定开来,似隔非隔,丰富了空间的层次性。

A　　　　　　　　　　　　　　　　B

图 6-3　园林建筑小品的界定空间

6.1.3　渲染气氛

　　园林小品所占面积往往不大,但采用变幻无穷、不拘一格的艺术手法。因此,园林建筑小品除具有组织景观、界定空间作用外,常常把那些功能作用较明显的桌椅、踏步以及灯具、匾额等予以艺术化、精致化,同时赋予园林小品不同的文化内涵,以便渲染周围的气氛,增强空间的感染力,传递文化精神。例如,苏州博物馆中心庭园(图 6-4)采用现代几何形体的假山石,配以传统园林的青砖白墙,渲染出古朴、幽静的氛围。

图 6-4　苏州博物馆

6.2 景墙、花窗与门洞

景墙是在园林空间内分隔空间、控制视线,同时兼具装饰与表达主题、文化的景观性墙体,景墙的造景作用不仅以其优美的造型来表现,更重要的是以其在园林空间中的构成和组合中体现出来。

在中国古典园林中,景墙的空间变化丰富,层次分明。景墙作为建筑的延续穿插在景景之中,对空间起到了遮挡、中介、过渡、引导等作用。中国古典园林讲究"隔则深、畅则浅",忌浅露而追求意境之深邃,而景墙可以将小空间串通迂回,小中见大,层次深远,很好地满足了这种园林文化对于空间的需求。景墙可以独立成景,也可以与周围的山石、花木、灯具、水体等构成一组景物。

在现代园林设计中,景墙已经成为必不可少的景观元素,无论是在景观表现,还是在内涵表达上,景墙都具有独特的优势。通过景墙的融入,人们可以享受到丰富的景观及其情感内涵。在传统做法的基础上,现代景墙越来越广泛地使用新材料、新技术。

园林景墙上的门洞、花窗,在造景上有着特殊的地位与作用,不仅装饰各种墙面,造型生动优美,更使园林空间通透,流动多姿。孤立的门洞和花窗的欣赏效果是有限的,但如果能与园林环境配合,构成一定的意境则情趣倍增。不仅如此,还可利用门洞、花窗外的景物,构成"框景""对景",极大地丰富了园林的空间层次。

6.2.1 景墙

1)景墙的功能

景墙是园林要素的载体。通过色彩、质感、肌理、造型等可以营造出不同氛围的园林空间。景墙的应用多与建筑物、植物、水景、灯光等相结合,形成丰富的园林层次,美化园林环境。

(1)文化载体 景墙的文化表达主要采用浮雕、篆刻、彩绘、拼贴等手法,将城市的民俗文化、传统文化、地域文化、宗教文化等融入景墙中,赋予景墙文化内涵,营造出不同视觉效果的景墙。人们可以通过直观的形式来感受这种文化,以陶冶人们的情操,使人的情感和园林环境间达到"情景合一"的效果。

(2)划分空间 景墙可以组织和划分园林空间。

景墙可以对园林空间进行围合、分隔、引导、过渡、渗透等处理。通过空间的虚实结合,对景观空间进行划分,引导游人的游览路线,增强了相邻空间的渗透和过渡,营造更加丰富的景观层次。

2)景墙的分类

(1)装饰性景墙 景观设计中,装饰性景墙对场所意境和氛围的营造是十分重要的。装饰性景墙可以形成多样的姿态、造型、构图满足不同景观需求。在城市公共空间中,装饰性景墙通常又可以分为造型景墙和饰面景墙两种类型。

造型景墙是通过墙体的虚实、凹凸、高低等空间对比的手法,形成的具有观赏价值的立体景墙(图6-5),如有些造型景墙设有门洞、窗口、花格等,用以加强空间变化使景墙更富有趣味性。造型景墙强调造型设计,并采用夸张的艺术手法,借助饰面材料的色彩和质感来加强其景观表现力,营造出不同的景观氛围,点缀空间环境。

图6-5 装饰性景墙

饰面景墙是指通过饰面材料、嵌挂饰品、铁花木饰、遮掩屏风、色彩艺术等手段形成观赏面的立面景墙,它更多的是强调对景墙的外部装饰,将墙体作为承载界面,利用一些有趣的、有特色的饰品或者特殊色彩的艺术搭配形成具有吸引力的观赏面,从而达到美化环境的目的。

(2)标示性景墙 标识性景墙是指墙体上带有某个区域所特有的标志、文字,主要起到标识或指引作用的立面墙体(图6-6)。标识性景墙可以是一个单位或企业的标志和象征,主要以标识功能为主。在标识景墙的设计中,一定要注意墙体风格与整体环境的协调统一，景墙的构架及标志文字的尺度和位置等都要根据所处空间环境以及人的视觉特点来设计。

图 6-6　标识性景墙

（3）文化性景墙　文化性景墙是通过雕刻、嵌挂、绘画、书写等表现文化主题艺术的立面景墙，具有丰富的艺术形态，展示出一定的文化内容和文化精神。常见的主题性景墙和纪念性景墙都可归于文化景墙。如今文化性景墙常被用于城市形象的体现以及城市文化和地域精神的代言，特别是具有特色的文化性景墙，往往会成为一个地段或者一个地区的识别标志，能够为城市空间提供较高的辨识度。例如，著名的湖南省常德市的诗墙（图 6-7）。它以防洪墙作为艺术载体，通过诗、书、画的艺术表达形式，生动的描绘了常德三个辉煌的历史时期，完美地展现了常德市特有的自然风光、民俗风情以及历史人文，成了常德市的代言，成功的宣传和弘扬了常德的地域文化。

图 6-7　文化性景墙

（4）空间性景墙　空间性景墙是具有花窗、花格、窗口、洞口的墙体，也称为花墙。墙上的窗洞门口的形式灵活多变，具有对景与框景的功能，门洞还能引导游览者穿行。花墙能使分隔的空间取得关联、渗透，也能够有效地控制视线与引导游览（图 6-8）。

图 6-8　空间性景墙

3）景墙的设计要点

（1）平面形态　单体景墙的平面形态通常可以归纳为直线形、曲线形和折线形景墙三种形式。如果单体的景墙以不同的方式进行排列和组合，如平行、相交、离散、并置等，那就会产生更多复杂多样的平面形式，同时也会形成更加多样的空间变化。

直线形景墙是最为典型的形态（图 6-9），无论水平方向上，还是垂直方向上都呈直线，形式简单，但却能够展现出刚硬之美，容易突出其材质效果。

图 6-9　直线形景墙

曲线形景墙具有较强节奏和旋律感（图 6-10），能够体现出柔软而优雅的情调。曲线形景墙形态自由灵动，线条流畅优美，在景观空间中具有流动性、导向性与聚集性,使景观空间充满张力,更具动感效果。

图 6-10 曲线形景墙

折线形景墙可以看成是由两条或两条以上直线组合而成的(图 6-11),它的形式介于直线与曲线之间,比直线更灵活,比曲线更硬朗。

图 6-11 折线形景墙

(2)立面形态 景墙的立面形态的塑造,常常通过对景墙实体的"加"或"减"的变化来实现,如门洞、景窗、洞口等形式,这样避免了墙体所造成的封闭、紧迫感,使视线通透,并保持空间的连续性,并有助于增加景观的层次和景深。

景墙的立面形态还可以通过景墙表面的凸凹对比实现(图 6-12)。通过将墙体的局部进行凹进或突出,使墙体呈现出规则的或无序的凹凸起伏变化,增强了景墙墙体的光影变化和立体感,并营造出新颖的景观效果。这种凹凸的效果可以是景墙自身的构件来完成,也可以通过在墙体上进行其他材料装饰来完成。

图 6-12 凹凸景墙

(3)虚实 景墙可以通过形体的凸凹对比和洞口镂空来实现形体的消隐与透空,得到虚实对比,使景墙具有丰富多样的表现形式和艺术气息。这种虚实表现手法就使空间通而不透,隔而不漏,景墙既起到了隔断的作用,又有漏景的作用。通过将墙体局部进行凹进或凸出,使墙体呈现出规则或无序的凹凸起伏变化,这样不仅增强了景墙墙体的光影变化和立体感,同时也使景墙具有新颖的形式,营造出良好的景观效果。这种凹凸的效果可以是景墙自身的构件来完成,也可以通过在墙体上进行其他材料装饰来完成。在景墙上设置门洞、漏窗或者进行艺术镂空,可以使墙面生动、活泼,使园林空间互相通透,人们的视线可以穿过镂空洞口,以强化面的虚实对比,增加面形态的构图层次,打破面的单调感,使空间似隔非隔,景物若隐若现,获得深远的景深效果。

当然,在这里要注意的是,对于墙体的凹凸和镂空都要求适当的比例把握,只有结合实际的环境和构图需要,才能对墙体的形态做到虚实结合,恰到好处。

(4)比例尺度 景墙的比例尺度是指在设计中,对景墙高度、长度的把握。

关于景墙的高度,芦原义信在《外部空间设计》中,基于人眼的高度和墙高之间的关系,对外部空间中"墙"的尺寸进行了概括性的总结(图 6-13)。

当墙的高度低于或等于 30 cm 时,此时墙只能勉强地区分领域。当墙的高度低于或者等于 60 cm 时,人的视线不会受到阻碍,但却可以很好地划分空间,区分领地。此外,还可以为人们提供坐下来休息的空间。当墙的高度达到 1.2~1.5 m 时,当人们在站立或者行走时,景墙所体现的分割空间的特性,但是当人们坐

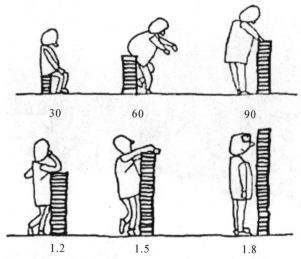

图 6-13　景墙对空间的分割效果(单位:cm)

下,则会处于相对私密的空间之中。同时,这个高度的景墙,能够引起人们的注意,并可以限制人们的行为。当墙的高度达到 1.8 m 或以上时,空间则完全被阻隔,人们不能够获取墙对面空间的任何信息,它一般作为围墙、院墙或园墙等。

景墙长度表达了墙体的连续性,墙的长短决定着这种连续性的强弱。墙体越长,空间的连续性就越强,对空间的围合性强。但是景墙长度超过 10 m 就会引起人的视觉疲劳。墙体越短,连续性就会减弱,对空间的围合性也会降低,此时空间就会显得开敞,而且也不会有很强的方向感。对于景墙的长度需要根据实际的需求进行把握,做到长短适宜,收放自如。

(5)与周围环境融合 景墙运用于城市公共空间中,它的形态必然也会考虑与环境的融合设计。作为空间中的一个组成部分,景墙除了要追求美的感受,而且也要做到实用与艺术的结合,这样才能创造出舒适宜人的景观。在城市公共空间中,景墙并不是孤立存在的,它常常会与建筑、植物、水体、山石等造景元素相结合,利用地形、地貌的变化,形成生动的构图,与园林环境相协调,共同创造优质的公共空间环境。

当景墙作为一个视觉焦点存在于空间之中时,它与周边空间环境的关系联系密切。作为个体的景墙对于整体环境来说,它具有一种从属关系,两者的结合并不是简单地相互叠加,而是通过某种特殊的方式相互联系,达到整体上的和谐统一。景墙通过自身特有的形式表现语言和表达方式力求与环境相互融合,进而创造良好的空间环境。例如,利用景墙的形式、色彩、材质和主题内容等对空间进行合理的组织与划分,对流动性空间进行视觉引导和延伸,从而影响人们在空间环境中的心理感受、行为表达和视觉效果,进而形成一个多样化的空间氛围。

(6)材料与质感 在景墙的设计中,材料的选择尤为重要,直接影响着景观效果的品质。材料不仅是墙体实现创意设计的媒介,也是整体造型塑造的基本要素。赖特这样评价过:"所有材料都是美丽的,然而这种美的取得,基本上甚至完全取决于设计师运用它们的水平高低。"一件成功的设计作品,不仅取决于材质本身,同时也是设计师对材质的理解及恰当的运用和表现。

景墙的材料可以归纳为人工材料和自然材料(表 6-1)。自然材料是指从自然中可以直接获取的材料(部分也需要人工对其外在形态进行加工),如植物、木材、石材、土等;人工材料则是由人工合成的材料(通过改变原始物质的物理及化学性质所生成的新物质),如混凝土、砖、瓷砖、瓦片、金属等。

表 6-1　景墙材料的使用情况

材料		使用情况
人工材料	混凝土	可塑性强,用作墙体本身的构筑,表面往往会形成非常粗犷的效果。平滑而冰冷,却缺乏生气,能产生距离感
	贴面瓷砖	指在景墙墙体表面进行贴面装饰,具有美观、易清洗、耐磨、耐酸、抗性好,使用寿命长,而且不容易褪色,对所需的图案比较容易装饰,可以增景观墙的强肌理感,色彩也较为丰富
	文化石	具有粗糙的质感,色彩也较为丰富,表现沉稳,能够创造多种肌理效果
	金属	可塑性强,持久耐磨,尤其是色泽突出,极具现代感,如铝、钢、不锈钢等突显现代气息,而铜古朴厚重,铁则华丽、优雅,本身质感与光影配合较好
	玻璃	包括有机玻璃等,感觉光滑而细腻,轻薄而无质量感
	瓦片	瓦片是古老的建筑材料,经过不同的堆叠,可形成别具一格的通透效果

续表 6-1

	材料	使用情况
自然材料	植物	植物种类丰富,但草本植物的使用维护成本较高,常使用爬山虎、常春藤、凌霄、五叶地锦等,可分隔空间、调节小气候、减弱噪声、美化环境。营造出自然、亲切、生动的空间
	水体	包括静水和动水,动水多采用喷泉,跌水等形式创造出自然的亲切感
	木材	拥有自然纹理和较好的可塑性,给人的感觉亲切自然,无论是观感还是触感均舒适宜人,但易损伤、易燃,维修保养较为复杂
	石材	最早的建筑材料之一,质地坚硬,具有较好的耐磨性和耐久性。常见石材有花岗岩、大理石、砂岩、板岩、卵石等
	竹	有很高的力学强度,抗拉、抗压能力强,富有韧性和弹性,体现生态环保

景墙的材料选择应因地制宜,注重材料和技术与当地的自然条件、文化传统的协调。因地制宜地选择地域性的材料,造价低廉、运输方便、施工技艺成熟。这些材料的色彩、质地、肌理、甚至气息都与人们的生活息息相关,构成了人们内心深处的记忆和情感,这些材料的运用容易使游览者产生共鸣感。如天然石料朴实、自然,适用于室外庭园及湖池岸边;而精雕细琢的石材适用于室内或城市广场、公园等地方。

在现代景观中,采用自然材料的生态景墙(图6-14)被应用广泛。例如,水景墙和绿化景墙,可以调节小气候、降低污染和噪声、缓解城市热岛效应,同时增加了城市公共空间的绿化面积,并营造出人与自然和谐可持续发展的景观环境空间。

图 6-14　生态景墙

4)景墙的构造设计

景墙的构造常见的有砖结构、钢筋混凝土结构、钢结构、木结构及其他。砖结构与钢筋混凝土结构是最常见的,其内部以结构材料砌筑、外部铺贴或喷涂饰面材料,既保证了墙体的坚固性和安全性,又充分发挥饰面材料形态、质感与颜色多样的特点,从而提高景墙的观赏性。钢构景墙、木构景墙、玻璃景墙、石筑景墙等形式的景墙也是常见的类型。

(1)砖结构景墙　砖构造景墙(图6-15)常用砖和水泥砂浆进行砌筑,埋在地下的基础需要做"放大脚"的处理,用以支撑地面以上的部分。当景墙高度超过1.5 m或者长度超过4 m,则应该对其结构进行加固。结构加固可根据实际情况增加构造柱,压顶梁或地梁。构造柱可以帮助景墙抵御侧风荷载,同时能将基础做得更深,更加牢固,支撑更大的垂直荷载。压顶梁则可帮助增加景墙的整体刚度,同时抵御侧风荷载与不均匀沉降。地梁则可保证景墙的基础处于同一个水平高度上,抵御不均匀沉降。构造柱、压顶梁与地梁常用钢筋混凝土结构,施工方便,造价低。经过结构加固后体量可突破一般砖砌结构的局限。石砌景墙和砖砌景墙结构相似,用石材代替砖进行砌筑。

图 6-15　砖结构景墙

（2）钢筋混凝土结构景墙　钢筋混凝土结构景墙（图6-16）整体刚度更强。钢筋混凝土结构会根据侧向荷载的大小，配置双层双向的钢筋，再浇筑混凝土。其厚度根据景墙高度与侧向荷载的大小综合考虑。其基础亦需要用"放大脚"处理，基础埋深也要根据景墙高度与侧向荷载的大小综合考虑。但当长度过大或高度过高的时候，还是需要利用构造柱对结构进行加强，并可通过打桩、压实、换土等方式加强地基。但钢筋混凝土景墙的造价相对较高，而且工程施工比较麻烦，在条件允许的情况下，还是应该尽量地选择使用砖砌景墙。

图6-17　钢结构景墙

第一种情况的钢结构需要根据景墙的造型设计来确定。该类型的景墙造型通透轻巧，对基础的垂直荷载以及风力的侧向荷载都不大。因此，基础的做法简单，不需考虑其能否产生不均匀沉降或其他变形。第二种情况的钢结构景墙通常是根据饰面材料需要，必须用钢龙骨架固定。其做法是先用钢筋混凝土做出框架，包括基础、构造柱、地梁等结构，再通过这些结构固定好钢的龙骨架，最后在做饰面材料。钢结构景墙的优点是施工比较方便，景墙墙体本身也比较轻巧，缺点是钢构件时间长了容易生锈腐蚀，因此要尽量避开潮湿的环境，而且造型受到钢结构的影响，不能过于自由。

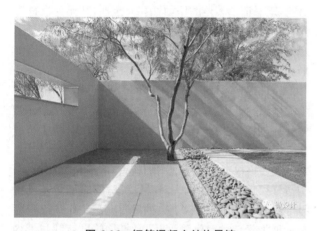

图6-16　钢筋混凝土结构景墙

（3）钢构景墙　钢构景墙（图6-17）可分成两种不同的情况：一是把钢结构也当成是景墙装饰的一部分或全部，如高技派、解构主义或现代主义风格一样；二是景墙的饰面材料使用块材，内部用钢结构做成的龙骨架的形式进行支撑。

知识链接：相关术语解读

（1）构造柱　在砌体房屋墙体的规定部位，按构造配筋，并按先砌墙后浇灌混凝土柱的施工顺序制成的混凝土柱，通常称为混凝土构造柱，简称构造柱（图6-18）。

一字形墙

T字形墙

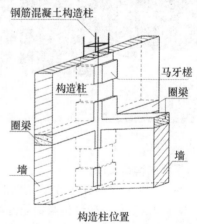

构造柱位置

图6-18　构造柱（单位：mm）

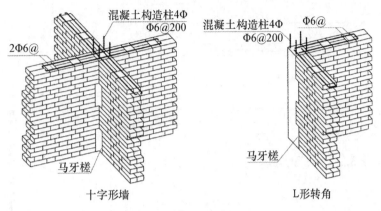

十字形墙　　　　　　　　L形转角

图 6-18　(续)

(2)压顶梁　压顶梁一般用于砖石砌体构件上,采用混凝土或钢筋混凝土浇筑,增强砌体整体稳定或锚固压顶上其他钢筋混凝土构件钢筋(图 6-19)。

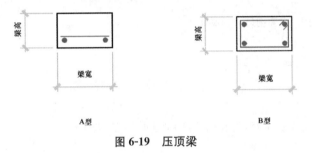

A型　　　　　　　　　　B型

图 6-19　压顶梁

(3)地梁　地梁俗称为地圈梁,圈起来有闭合的特征,与构造柱构成抗震限裂体系,减缓不均匀沉降的副作用(图 6-20)。

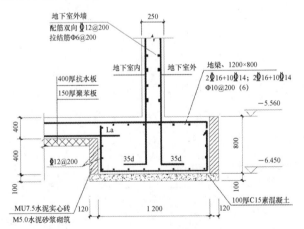

图 6-20　地梁(单位:mm)

(4)放大脚　放大脚是建筑工程上的基础的部分,呈梯形状上窄下宽(图 6-21)。

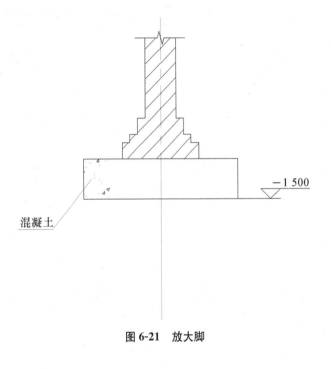

图 6-21　放大脚

5)景墙图例

具体景墙图例,如图 6-22 至图 6-26 所示。

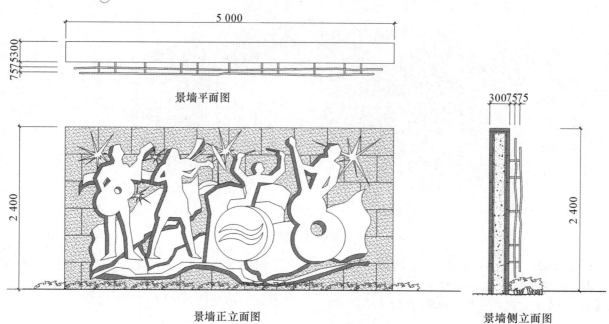

景墙平面图

景墙正立面图　　　　　景墙侧立面图

图 6-22　人物景墙的平面图、立面图(单位 mm)

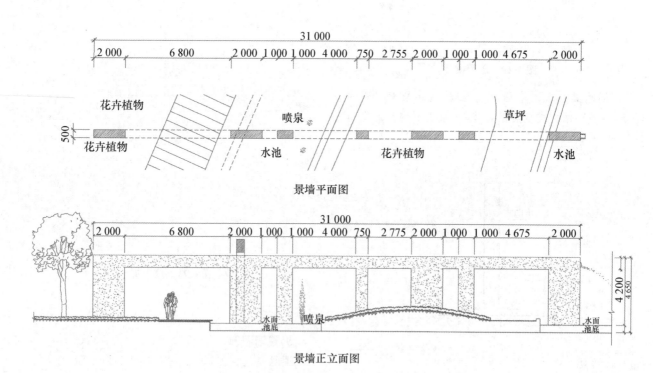

花卉植物

喷泉　　　　　　草坪

花卉植物　　　　　水池　　　　花卉植物　　　　水池

景墙平面图

喷泉

景墙正立面图

图 6-23　空间景墙的平面图、立面图(单位:mm)

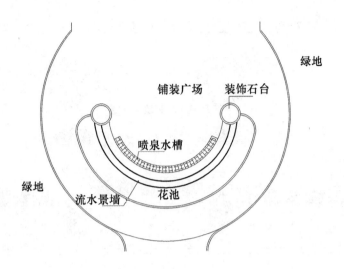

景墙平面图

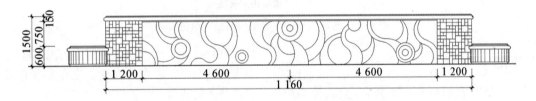

景墙正立面图

图 6-24　跌水景墙的平面图、立面图（单位:mm）

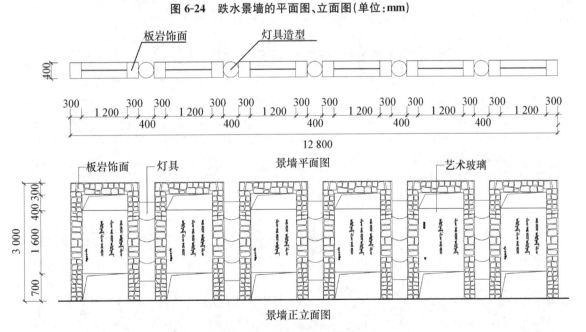

图 6-25　屏风围墙的平面图、立面图（单位:mm）

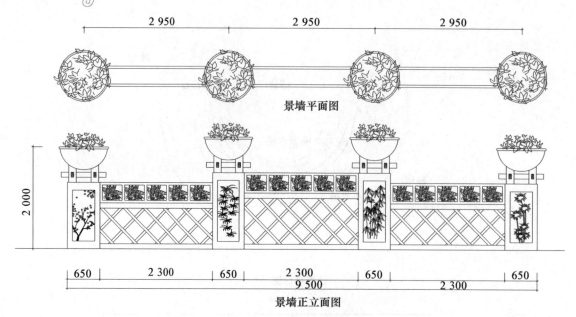

景墙平面图

景墙正立面图

图 6-26　花钵围墙的平面图、立面图(单位:mm)

6.2.2　花窗

在园林建筑中,窗洞就其位置而言,大致分为两类:一类属于园墙中的窗洞口,另一类属于分隔房屋内外的窗洞口。

窗洞口延伸出各式窗洞,形状多变,有六角形、方形、圆形等,将园林景象作为图案与窗洞相连,形成一幅天然图画。在窗扇的设置上也有丰富的图案,形成各式精致的花窗。

1)花窗图案的分类

花窗的花纹图案较为丰富,构图可分为几何形体和自然形体。

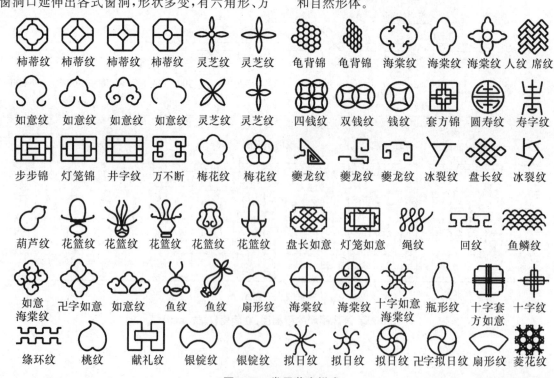

柿蒂纹	柿蒂纹	柿蒂纹	柿蒂纹	灵芝纹	灵芝纹	龟背锦	龟背锦	海棠纹	海棠纹	海棠纹	人纹 席纹
如意纹	如意纹	如意纹	如意纹	灵芝纹	灵芝纹	四钱纹	双钱纹	钱纹	套方锦	圆寿纹	寿字纹
步步锦	灯笼锦	井字纹	万不断	梅花纹	梅花纹	夔龙纹	夔龙纹	夔龙纹	冰裂纹	盘长纹	冰裂纹
葫芦纹	花篮纹	花篮纹	花篮纹	花篮纹	花篮纹	盘长如意	灯笼如意	绳纹	回纹		鱼鳞纹
如意海棠纹	卍字如意	如意纹	鱼纹	鱼纹	扇形纹	海棠纹	海棠纹	十字如意海棠纹	瓶形纹	十字套方如意	十字纹
绦环纹	桃纹	献礼纹	银锭纹	银锭纹	拟日纹	拟日纹	拟日纹	卍字拟日纹	扇形纹	菱花纹	

图 6-27　常用花窗样式

(1)几何形体 几何形体多由直线、弧线、圆形等组成。全用直线的有万字、宝胜、六角景、菱花、书条、缝环、冰纹等;全用弧线的有鱼鳞、线纹、球纹、秋叶、海棠、葵花、如意、波纹等;用两种或两种以上线条构成的有夔纹、万字海棠、六角穿梅花和各式灯景等,还有四边为几何图案,中间加琴棋书画等物的式样。

(2)自然形体 自然形体取材范围广泛。属于花卉题材的有松、柏、牡丹、梅、竹、兰、菊、芭蕉、荷花、佛手、桃、石榴等;属于鸟兽的有狮、虎、云龙、蝙蝠、凤凰和松鹤图、柏鹿图等;属于人物故事的多以小说传奇、佛教和戏剧中的某些场面为题材。

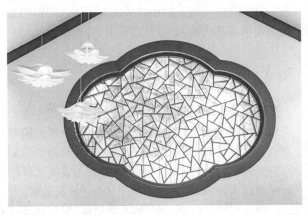

图6-28 常见花窗

2)花窗的设计要求

一般来说,在构图上,以直线组成的图案较为简洁大方,曲线图案较为生动活泼。直线与曲线组合时,通常以一种线条为主。直线和曲线都应避免过于短小或细长,以免产生笨拙、纤弱和零乱的感觉。

6.2.3 门洞

门洞是指园林中为联系和组织景观空间,能让人通行并与墙结合设置的建筑小品。又有其形象是一个洞口,又具有门的作用,所以习惯上称之为门洞。门洞使两个分隔的空间相互联系和渗透,一般与园路、围墙结合布置,共同组成游览路线。因此,通过门洞的巧妙运用,可以是庭园环境产生园中有园、景外有景、步移景异的景观艺术效果。

1)门洞的分类

门洞的形式要结合具体的环境条件,同时考虑人流的多少及造景的目的等。例如,月牙形门洞观赏性很强,但不适合人流量大的场所;直方形门洞则适合于人流量大的场所,但观赏价值却不如月牙形和圆形,因此,在具体设计时必须综合考虑。常见的门洞的形式可分为以下两类。

(1)几何形 几何形包括圆形、横长形、直长形、圭形、多角形、复合形等(图6-29、图6-30)。

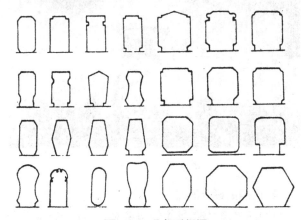

图6-29 几何形门洞

图6-30 圆形门洞

(2)仿生形 仿生形包括海棠、桃、李、石榴水果形,葫芦、汉瓶、如意等。(图 6-31、图 6-32)

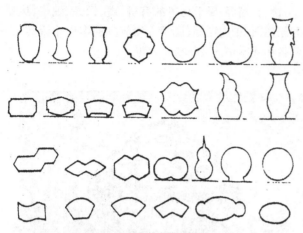

图 6-31 仿生形门洞

图 6-32 汉瓶门洞

2)门洞的设计要点

(1)从寓意出发,注重使用功能 充分考虑通过门洞的人流量,以确定适宜的门洞宽度。寓意"曲径通幽"的门洞,则多选用狭长形,使景物藏多露少,使庭园空间与景色显得更为幽深莫测。为获得"别有洞天"的效果,可选择较宽阔的门洞形式,如月门、方门等,以便多显露一些"洞天"景色,吸引观赏者视线。

(2)从整体效果出发,考虑艺术风格和谐统一 门洞的设置,无论采用哪种形式,都要考虑与墙及周围山石、植物、建筑物等相协调。苏州沧浪亭中的汉瓶门的曲线本属烦琐,但由于它在颜色与形状上同园中芭蕉取得恰当的对比效果,却显得新颖。为了达到良好的景观效果,需考察框景、对景、衬景和前、中、后的结合。直线形的门洞要防止生硬、单调,曲线形的门洞要

注意避免矫揉造作。

(3)门洞应用时,要注意边框的处理方法 传统式庭园中,一般门洞内壁为满磨青砖,边缘只留厚度为 3~4 cm 的条边,做工精细,线条流畅,格调优美秀雅。在现代公共庭园中,门洞边框多用水泥粉刷,条边则用白水泥,以突出门框线条。门洞内壁也有用磨砖、水磨石、斧凿石(斩假石)、贴面砖或大理石等。门洞边框与墙边相平或凸出墙面少许,显得清晰、明快。

6.3 雕塑、喷泉与标牌

在传统园林中雕塑大多是以装饰的角色出现。随着时代的进步和艺术的发展,设计师们将现代园林和现代雕塑结合起来,把室外的场地作为雕塑塑造的对象,把园林当作空间的雕塑,现代雕塑与现代园林的界限越来越模糊,从而使雕塑和园林成了有机整体。

园林雕塑是园林点景、成景的要素,对园林环境有画龙点睛的作用,也有连接园林要素、引导和指示方向、汇聚视线的作用。

6.3.1 园林雕塑

园林雕塑应用广泛,内容丰富,形式多样,但可以从不同角度加以分类:按功能可分类纪念性雕塑、主题性雕塑、装饰性雕塑、功能性雕塑、展览性雕塑;从雕塑所处的环境可分为广场雕塑、街道雕塑、园林雕塑、庭园雕塑;从使用的材料可分为水泥雕、石雕、木雕、陶雕、瓷雕、玻璃钢雕、金属雕、植物雕塑等。

1)按其功能分类

(1)纪念性雕塑 纪念性雕塑(图 6-33、图 6-34)主要是为纪念历史人物、历史事件以及业绩等,如曼德拉纪念雕塑、上海淞沪抗战纪念雕塑等。在纪念性雕塑的环境中,一般雕塑为环境空间的主体,处于中心或主导位置,并控制和统领整体环境景观,同时,对所处环境具有一定的标识性。

(2)主题性雕塑 主题性雕塑(图 6-35)主要作用是揭示建筑和环境的主题思想。这类雕塑要求与建筑或环境紧密结合,将建筑或环境无法表达的主题思想,以雕塑的形式表达出来,使环境的主题更为鲜明突出。例如,法国为了祝贺美国独立 100 周年赠送给美国的自由女神像,现在已成为美国最具有标志性的城市雕塑之一。

图 6-33　曼德拉纪念雕塑

图 6-34　上海淞沪抗战纪念雕塑

图 6-35　工业主题雕塑

现代雕塑的主题大多数比较隐晦,不像传统的主题雕塑表现内容比较具体,现代主题性雕塑多采用抽象造型、运用隐喻、象征的表现手法。例如,由丹宁霍夫和马钦斯基合作的柏林市中心抽象雕塑,两根金属柱扭结在一起像是在拥抱,隐喻东西合力、东西文化的交融,作品矗立在东、西柏林之间。

(3)装饰性雕塑　园林雕塑中大多数都是装饰性雕塑(图 6-36),它的主要作用是装饰和美化环境。装饰性雕塑要有艺术美感和感染力,能够陶冶人们的情操,给人们带来美的享受。这类作品布置灵活,可大可小,可主可从。雕塑题材内容广泛,其表现形式较为自由多样,从超级写实到变形、抽象等形式都可以应用。

图 6-36　装饰性雕塑

(4)功能性雕塑　功能性雕塑(图 6-37)是从功能要求出发,采用雕塑手法完成的一种雕塑,既具有装饰性的美感,又具有一定的实用功能。如园林中的座椅、果皮箱、儿童玩具等都以雕塑的手法塑造出具有一定美感的园林小品。

图 6-37　功能性雕塑

(5)展览性雕塑　它指在一定范围内,将各类雕塑作品做成展览式布置(图 6-38),让观众集中观赏作品。这是景观雕塑中的一种独特类型,在我国多以雕塑公园的形式出现。如深圳世界之窗雕塑公园、武汉江滩雕塑公园等。雕塑公园中展览的可以是一个雕塑家的

作品,也可以是围绕一个或多个主题展出的作品,这些雕塑作品经过严格的整体设计展陈在公园中。

图6-38　展览性雕塑

同一个景观雕塑可以属于不同的类型,如北京王府井商业步行街雕塑,既是装饰性雕塑,也是展览性雕塑。

2)按其表现形式分类

它主要有圆雕、浮雕及透雕三种表现方式。前两种方式较为常见,而透雕的使用相对较少。圆雕又称立体雕塑,可以从四周全方位环绕观赏。浮雕一般只能在前方范围内观赏,一般依附于墙壁、建筑的外壁或内壁等载体上。透雕一般可从正、反两个面观赏,即将浮雕的背景部分做镂空处理,形成一种"穿透"的视觉效果,常见于镂空景墙中的窗花等小品。

3)按使用的材料分类

它可分为水泥雕、石雕、木雕、陶雕、瓷雕、玻璃钢雕、金属雕、植物雕塑等。

4)景观雕塑的设计要点

(1)与环境相结合　景观雕塑在取材、布局、造型设计上应与园林环境相协调,相互衬托,相辅相成,而且要掌握雕塑周围环境的性质、功能、情调氛围、尺度和比例等,从而使其与周围的环境构成有机的整体。环境衬托雕塑的艺术效果,雕塑突出环境的个性,并提高环境的整体美。通过雕塑与环境形成的互动关系,

孕育出清新的视觉空间,并放射出其他的艺术无法取代的独特艺术魅力。此外,景观雕塑也要与本地的人文环境相统一,还应注重民族特色,体现区域性的历史人文精神。

(2)空间尺度　景观雕塑作品所处环境空间的规模是决定作品尺度的重要因素。一般来说,在开放性的、较大的空间中,景观雕塑应有较大的尺寸和规模,反之则相应缩小。如在封闭性的城市建筑环境中,则由房屋、车辆、广场等作为参照。在尼罗河三角洲,大漠孤烟,长河落日的自然风光中,只有规模宏大的金字塔群和狮身人面像才能与之相衬。因此,雕塑与所在环境有一个恰当的比例关系,才能保证景观雕塑的艺术感染力最大化。

景观雕塑作品的类型及环境中所占的地位和分量,也是决定作品尺度的重要因素。如标志性景观雕塑的尺度比较大,这样才能保证其观赏的易见性和标识性。

景观雕塑作品的尺寸不能仅仅从平面图或立面图上来计算,雕塑是在空间中感受的,必须从空间透视的角度来确定起尺寸。而且,观赏者往往是在运动中进行观看的。一般情况下,雕塑的空间尺度感和前面景墙的尺度感是相同的。雕塑的高度不大于最远视距的1/3,不小于最远视距的1/5,留出合理的观赏距离。

此外,景观雕塑的尺度还与特定的创作意图有关,为了取得特殊的艺术效果,应该突破一般性的规则,采取独特的表现方法。我国山西大同云冈石窟的第16窟、第18窟,窟内进深才十几米,可是,主佛雕像高达16～17 m,垂直视角几乎为60°,有意给敬佛的信徒们造成巨大的仰角,以超人的尺度、硕大的体积、渲染佛法无边的威严和崇高。

(3)材质与技术　在材料方面,雕塑的材料多种多样,石材、金属、木材、石膏、混凝土都是比较传统的材质,另外,玻璃、陶瓷、纤维、一些感光材料都成为现代雕塑家比较青睐的新材质(表6-2)。

表6-2　雕塑材料与质感

分类	材料名称	使用情况
石材	花岗岩、大理石、玄武岩、砂岩	使用较多,种类多,且采料方便,质地坚硬,体积大,价格便宜。同种石材由于不同的加工方法和表面处理,可以获取极为不同的艺术感觉

续表6-2

分类	材料名称	使用情况
金属材料	青铜	青铜是运用的最为广泛,加入一定比例的锡和铅,有良好的流动性、硬度和韧性,氧化膜又有很好的保护作用。青铜具有极好的耐久性,质感细腻,色泽古朴深沉,但铸造工艺较为复杂
	铜器、钢、不锈钢	锻造成型的方法,工艺较简便易行,节约成本,但强度及耐久性都不如铸件,适用于大型作品,多用于一些处理较简洁概括的作品 钢基本上是用焊接、铆接工艺着色钢。不锈钢高强度和耐久防蚀,经抛光后表面较光泽,但工艺过程较复杂,且耗资巨大
	铝合金	有银白色光泽,又有体轻的优点,适用于装饰性作品
	钛合金	在不同光线照射下,能呈现出变化丰富的光泽,质感独特
陶瓷	陶器	最古老的雕塑材质之一,受加工工艺的局限,较多被用于小型作品。可以用釉陶或马赛克贴面,以形成独特的鲜艳装饰效果
	琉璃	以陶土为坯料,外施含铅的琉璃釉,经烧制而成。琉璃有相当的强度,既耐雨水抗风化,又不褪色,但制作工艺复杂
混合材料	混凝土	具有价廉、工艺比较简单、能真实反映作品风貌、模拟石材效果等优点
	高分子聚合材料	因具有体轻、工艺简便、造价低廉、易于修整、能模拟各种材质的表面效果等多种优点,而常被用作景观雕塑的材质

景观雕塑作品材质的固有美感,是景观雕塑艺术表现不可缺少的因素,作者在作品构思阶段就必须把它包含在内,使之成为增添作品魅力的重要元素。材质选择范围和使用方法几乎是无止境、不断发展和丰富的。在科学技术的成果中,许多新材料有待雕塑家们去尝试探索。

5)雕塑图例

具体雕塑图例,如图6-39和图6-40所示。

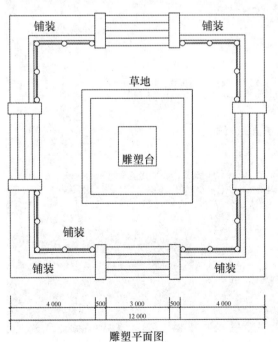

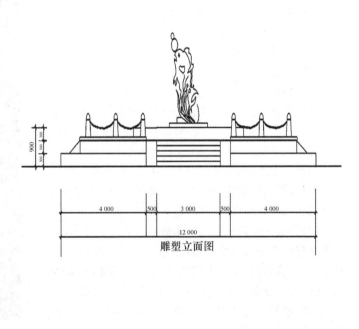

图6-39 鲤鱼雕塑的平面图、立面图(单位:mm)

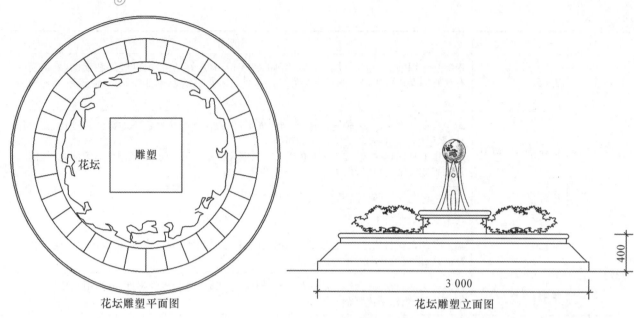

花坛雕塑平面图　　　　　　　　　　　　花坛雕塑立面图

图 6-40　花坛雕塑的平面图、立面图(单位:mm)

6.3.2　喷泉

喷泉是由压力喷出后形成的各种动态水景,起到装饰和渲染的作用。喷泉的细小水珠同空气分子撞击,产生大量的负氧离子,具有湿润空气、减少尘埃、降低气温的作用,有益于改善城市面貌和增进居民身心健康。随着科学技术突飞猛进的发展,大量的高新技术应用在喷泉工程中,各式各样的花样喷泉使人们的视觉和听觉上有了更多愉悦的享受。喷泉常用于城市广场、公共建筑、园林小品等室内外空间。

1)喷泉的分类

(1)壁泉　壁泉(图 6-41)是指水葱墙壁、石壁和玻璃板上喷出,顺流而下,形成水帘和多股水流。如果用砖石砌成的参差不齐的墙面,墙面的凹凸变化,水从墙面的各个缝隙流出,就会产生动听的声响;如果要形成完整的水帘效果,则需要增加水的压力,避免水流紧贴墙面,使水帘与墙壁形成空隙。壁泉多用于广场、小区入口、景墙处、庭园灯的环境中。

(2)涌泉　涌泉(图 6-42)是指水由下向上冒出,不会形成较高喷射的水景。涌泉高度为 0.6~0.8 m,源源不断,喷涌而出,能够形成丰富的白色泡沫,极富动感,可以设置在静水环境中来渲染气氛,也常与步道、景墙、雕塑等结合使用。涌泉也是广场、小区、水池、庭园环境中常见的形式。

图 6-41　壁泉

图 6-42　涌泉

(3)跳泉　跳泉(图 6-43)是一种高科技水景艺术，在计算机的控制下，喷出的水流分毫不差地落在地面的受水孔中，由此实现了水从一个水坛跳跃到另一个水坛，在跳跃过程中，水流形成一条条或者一串串晶莹剔透的水段，水段长度、出水的速度及跳跃的时间可以调节变化。该水景动态性强，极具趣味性，可以营造欢快活泼的水景，主要适用于酒店、购物中心、银行、小区等的广场环境中。

图 6-43　跳泉

(4)雾化喷泉　雾化喷泉(图 6-44)由做足微孔喷泉组成，水流通过微孔喷出，看似雾状，多呈柱形和球形，利用特别的喷雾喷头，喷出雾状水流，将少量水喷洒到大范围空间内，造成雾气蒙蒙的效果，当有灯光或阳光照射，可呈现彩虹当空的景象。

(5)雕塑喷泉　雕塑喷泉(图 6-45)指的是水借助形态各异的雕塑喷流而出，具有抽象性的雕塑赋予水景一定的意义。

图 6-44　雾化喷泉

图 6-45　雕塑喷泉

(6)旱喷泉　旱喷泉又叫旱地泉(图 6-46)，也是当前园林景观中常见的水景形式。旱喷泉不需要储水池，喷射设备放置在地下，喷头和灯光均设置在盖板下端，喷水时，水柱通过盖板箅子或花岗岩铺装孔喷出，而后流下落到广场硬质铺装上，沿地面坡度排出。旱

图 6-46　旱喷泉

喷泉不占用休闲空间,并为人们提供了观赏玩乐的场所。不喷水时,不影响交通和人群活动;喷水时,更具有亲水性。这类喷泉非常适合于宾馆、饭店、商场、大厦等建筑前的广场,或者形成广场的主题空间。

(7)组合喷泉 组合喷泉将各种喷泉形式进行组合搭配,喷水形式丰富多样,可以形成一定的规模,造就有气势、层次丰富的喷泉或彩色音乐喷泉。

2)喷泉设计

(1)喷头设计 喷泉的造型取决于其喷头的类型。喷头是喷泉的一个重要组成部分,作用是把一定的水经过喷嘴的造型,形成各种预想的、绚丽的水花,喷射在水面的上空。喷头应耐磨性好,不易锈蚀,由一定强度的黄铜或青铜制成。目前,国内外经常使用的喷头式样很多。例如,射流喷头、喷雾喷头、环形喷头、旋转喷头、扇形喷头、多孔喷头、变形喷头、吸力喷头、蒲公英形喷头、组合式喷头。

(2)喷水池设计 喷水池是喷泉的主要组成部分,维持正常的水位以保证喷水。其基本结构由基础、防水层、池底、池壁、压顶等部分组成。

6.3.3 标牌

标牌具有标志、说明、指示灯多种功能。标牌的设置方式有独立式、墙面固定式、地面固定式和悬挂式等,它们各有特点,具体根据环境特点和经济成本而选择。标牌被定义为人类具有识别和传达信息功能的象征性视觉符号,主要分为以下几类。

1)环境标牌

环境中的标牌是一种大众传播的符号,是用形态和色彩将具有某种意义的内容表达出来的造型活动。环境标牌一般由文字、标记、符号等要素构成。它以认同为基本标准,对提高城市公共空间环境的质量和效率,起着不可或缺的作用。标牌运用的材料较为广泛,常用的有玻璃、石材、陶瓷、搪瓷、不锈钢以及其他金属、化学材料等,制作方法以印制、镂刻、喷漏、电脑喷绘为主。环境标牌包括方向标牌、方位标牌、说明标牌、信息标牌、功能标牌等标牌类型。

(1)方向标牌 方向标牌的作用是帮助人在陌生环境中发现路径和目的地所在,比如航空港、地铁站、旅游景区、公园、商业街等公共场所的方向标志牌。方向标牌应以易读性、可视性及位置适当为基本要求(图6-47)。

图6-47 方向标牌

(2)方位标牌 方位标牌是指在某一特定的环境中提供使用者一个参考标准的标牌。它被用来说明环境内个体间的地理位置及其关系,清楚明了的方位图能使外来者对所处环境感到便利和安全,如地图、方位图、楼层平面图等(图6-48)。

图6-48 方位标牌

(3)说明标牌 说明标牌是为了某种用途而设计的解释性标牌,一般是针对较为特别的主题,如地理特征、景点由来、古迹历史等进行说明。特定环境的说明不仅有助于了解环境内的个体,而且说明本身的设计也称为环境中的另一个世界形象(图6-49)。

(4)功能标牌 功能标牌是指将环境空间按不同的功能进行分类的标牌说明。功能标牌作为一种记号,只有在某些认同和规定的基础上,才能表达和指示空间的意义,例如,男、女洗手间的人体标牌语言或文字,更需简单而直接(图6-50)。

图 6-49　说明标牌

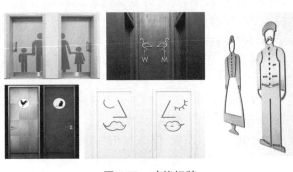

图 6-50　功能标牌

2)交通标牌

在同一个景区环境中,如果各种交通工具、速度、运输手段等不同,则需要一些交通标牌来控制。交通标牌包括指示标牌、指路标牌、禁令标牌、辅助标牌、旅游区标牌等(图 6-51)。

图 6-51　交通标牌

3)公共设施标牌

公共设施标牌即城市、景区内一般设施的引导性标牌以及具有一定文化特征的观光标牌。其设计独特性强调了标牌应该简单明了,具有较强的科学性、解释性,尽可能采用国际、国内通用的符号传达信息(图 6-52)。

图 6-52　公共设施标牌

6.4　花池、园桥与汀步

6.4.1　花池

花池是指边缘用砖石围护起来的种植床,床内种植花卉、灌木、乔木,或配置山水雕塑以供观赏。花池是中国古代庭园、宅园中常见的应用形式。花池土面的高度与地面标高相差不大,高度不超过 600 mm,常用于城市公园、广场、街道等开放空间环境中。花台植物种植多以低矮的花灌木为主,花池的面积较小,适合近距离观赏。花池应环境景观的地形、位置的变化需要加以"随形"变化。我国古代多自然形状的花池,采用自然山石堆叠而成。现代园林中,花池多与假山、坐凳、建筑、墙体等相结合,形成高低错落、变化有致的园林空间。

1)花池的类型

(1)按种植内容分

①草坪花池。一块修剪整齐而均匀的草地,边缘稍加整理或布置成行的瓶饰、雕像、装饰花栏等称为草坪花池。它适合布置在楼房、建筑平台前沿形成开阔的前景,具有布置简单、色彩素雅的特点(图 6-53)。

②花卉花池。在花池中既种草又种花,并可利用它们组成各种花纹或动物造型称为花卉花池。池中的

图 6-53　草坪花池

毛毡植物要常修剪,保持 4～8 cm 的高度,形成一个密实的覆盖层。适合布置在街心花园、小游园和道路两侧(图 6-54)。

图 6-54　花卉花池

③综合花池。花池中既有毛毡图案,又在中央部分种植单色调低矮的一、二年生花卉称为综合花池。如把花色鲜艳的紫罗兰或福禄考等种在花池毛毡图案中央,鲜花盛开时就可以充分显示其特色。也可在中央适当点缀花木或花丛,都很有趣(图 6-55)。

(2)按固定方式分

①可动式。可动式预制装配,可以搬动、堆砌、拼接,常用来弥补绿化设计的不足或临时布景之需。

②固定式。固定式一般有方形、圆形、正多边形,地形起伏处还可以顺地势做成台阶跌落式。

(3)按组合方式分

①独立式。独立式可根据空间的大小决定花池的大小。小型花池内的植物配置较简单,而大型花池内

图 6-55　综合花池

的植物配置讲究立体搭配,异常丰富。

②组合式。组合式花池的布置可以结合墙面、隔断、台阶、照明、椅凳、标志灯及其他建筑小品,构成立体的丰富的园林景观(图 6-56)。

(4)按空间位置分

这种方式可分为铺式、镶式、顶式、吊式等(图 6-57)。

2)花池的作用

(1)消除空旷,不阻隔大空间。

(2)阻隔行人、车辆,保持适当的观赏距离。

(3)疏导路线、人流,起引导的作用。

(4)能够很好地适应各个空间。

(5)障景或遮丑,后面有不需要看到的建筑或空间。

3)花池的设计要点

(1)花池设计往往要根据园林的风格来确定饰面材料和造型线条的样式。

(2)花池结合地形高差、平面形状、自身造型、饰面材料等可以营造出丰富多样的形式。

(3)较长的台阶或坡道旁边的花池通常应跟随高差作斜面或跌级设计,花基通常应高出地面。

(4)自然放坡距离不足又希望尽量降低挡土墙高度时,常用跌级花池来处理高差。

(5)在露天开放性环境中,种植容器应考虑采用材质细腻,具有一定保温能力,不会引起盆内过热和干燥的材料为主。设在室内景观中的容器可取材于陶瓷制品甚至金属材料,以求得与舒适环境和谐,强化环境气氛。

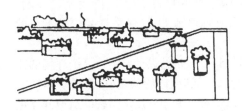

墙壁与花池结合

栏杆与花池结合

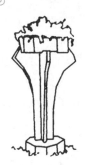

装饰标志与花池结合

隔断与花池结合

台阶与花池结合

扶手与花池结合

图 6-56　花池组合方式

立式　　架式　　铺式　　支式　　吊式

镶式　　顶式　　挂式　　叠式　　拼式

图 6-57　花池样式

6.4.2　园桥

园桥是水面上的道路,可以组织游览路线和交通,并联系水面的景点。园桥本身也是园林景观,点缀水面上的景观,分割水面空间,增加水面景观层次。

1)园桥的分类

(1)拱桥　拱桥的拱桥是利用小块石材建造大跨度工程的创造,一般布置在大水面上,其立面造型优美,呈圆弧状,有"长虹偃卧,倒影成环"的形容(图6-58)。

(2)梁桥　梁桥是最原始的独木桥,一般建设在园林中的小河、溪流宽度不大的水面上或水面宽而不深的水面上,可建设桥墩形成多跨的梁桥。梁桥上要求平坦,便于人车通行。梁桥包括木梁桥、石梁桥和钢筋混凝土梁桥(图6-59)。

图 6-58　拱桥

图 6-59　梁桥

(3)浮桥 整个桥用竹或是木材连接在一起,漂浮于水面之上,无桥墩。一般是在较宽水面通行的简单的、临时性的建筑。浮桥可利用船或浮筒来代替桥墩上的梁架,用绳索拉紧固定即可通行,免去了桥墩等基础工程措施(图6-60)。

图6-60 浮桥

(4)吊桥 吊桥又称铁索桥,布置在急流深涧,高山峡谷间,桥下不方便建设桥墩。随着科学技术的进步,可建造跨度更大,造型优美的吊桥,为游人带来美的感受和惊险、刺激的体验(图6-61)。

图6-61 吊桥

2)园桥的设计要点

(1)园桥的组成 园桥可以分为上部结构和下部支撑结构。上部结构包括桥面和栏杆,是园桥的主体部分。桥面层要求安全、防滑,栏杆既能起到安全防护的作用,又能丰富桥体造型。此外,园桥的栏杆根据环境的特点,可以不设突出桥的造型轻盈,同时也使游人更加亲近自然,如在浅水滩,不设栏杆,下部结构包括桥墩(或拱)和桥台等支撑部分,它们是园桥的

基础部分,要求选择的材料坚固耐用,耐水流冲刷。桥梁应与水流成直角相交为宜,尽量减少对水流的阻力。

(2)园桥设计 园桥的设计要结合周围环境的艺术效果,否则就成了纯交通的公路桥,失去了园桥的美化环境,丰富园林空间的作用。园桥的造型和体量的选择,必须结合其所处的环境和地理位置特点。一般园桥要求美观优雅,与周围的环境相衬,还要与园内的其次它景观相呼应,才能点缀水面景观,增加水面景观层次。

大型水面空间开阔,水流湍急的位置,宜建体量较大、较高的多孔桥,使桥的体量和水体环境相协调。如颐和园的十七孔桥,长为150 m,宽为8 m,它与大型的昆明湖和湖心岛的体量相衬。桥的长度要延伸至岸边硬地,避免水侵蚀桥体,以免产生危险。

小水面上布置园桥,宜选择低临水面的平桥或曲桥,给人以亲近自然之感。在水体景观设计时,小水宜聚、不宜散。因此,可将园桥可偏于水面一侧,尽量不要打破水面的整体感。为了增加水面景观层次,延长水上游览时间,也可以设置平曲桥。平曲桥使游人观赏周围景观的角度不断变化,并为游人增添了游览的情趣。

平静的小水面或小溪涧、浅滩中,常设贴近水面的小桥。这种小桥为游人提供了跨越水面的便利条件,同时也给游人带来了无尽的乐趣。在设置这类时,必须保证游人的安全。

(3)园桥的选址 园桥应作为园林道路系统的一部分,与园路相连接,以方便组织交通,根据交通情况要求,如桥上是否行车、桥下是否通航、载重能力与净空高度等,确定园桥的跨度和高度大小。

园桥应能够有机的组织游览路线与观景点,起到组织景区分隔与联系的作用,并与环境景观相协调。在小水面设桥要注意割而不断,重点在于增加空间层次、扩大空间效果。考虑到园桥结构的经济合理,可根据水体的宽窄、水位的深浅、水流的大小以及岸边地质条件等考虑,尽量选窄处架桥,桥中线与水流中线相垂直,这样可以减少水流对园桥基础的冲刷,增加桥的稳定性。

(4)园桥的细部处理 栏杆是丰富桥体造型的重要因素,栏杆的高度虽然主要满足安全需要,也要与桥体大小宽度相协调,其造型宜简洁。有的小桥不设栏杆,或只设单面栏杆,以突出桥的轻快造型,同时产

生人行其上如临水面之感,极尽惊险之趣。

灯具具有良好的桥体装饰效果,在夜间游园时,更有指示桥的位置及照明的作用。灯具可结合桥的体形、栏杆及其他装饰物统一设置,使其更好地突出园桥的景观效果,尤其是夜间的景观。

桥岸桥与岸相接处,有显示桥位、引导交通的作用,必须处理得当以免生硬呆板,常以灯具、雕塑、山石、花木等丰富桥体与岸壁的衔接,尽量使园桥融入周围环境之中,同时,适当扩大岸边的空间,以便于人流的集散。

3)园桥图例

具体园桥,如图 6-62 至图 6-64 所示。

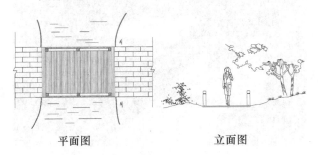

平面图   立面图

图 6-62　木平桥的平面图、立面图(1)

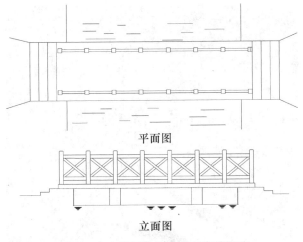

平面图

立面图

图 6-63　木平桥的平面图、立面图(2)

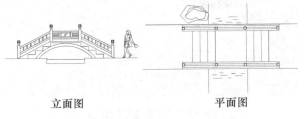

立面图   平面图

图 6-64　石拱桥的平面图、立面图

6.4.3　汀步

汀步又称步石,也是常说的跳桥。它是在小溪间、浅滩中、平静的水池中散置的石块,用来代替桥梁,联系两岸的交通,供人步行。汀步类似桥,但比桥更临近水面,形式简洁、活泼、自然,趣味性更强,成为现代水景设计常见的形式,质朴自然,别有情趣。汀步也可以应用于地面草坪上,使游人近距离的观赏自然,并避免游人践踏草坪。

在中国古典园林中,常以零散的叠石点缀于窄而浅的水面上,使人易于蹑步而行,其名称叫"汀步",或叫"掇步""踏步",《扬州画舫录》也有"约略"一说,日本又称为"泽飞"。这种形式来自南方民间,后被引进园林,并在园林中大量运用,北京中南海静谷、苏州环秀山庄、南京瞻园等俱有。汀步在园林中虽属小景,但并非可有可无,恰恰相反,细节之处却是更见匠心。

1)汀步分类

(1)自然式　利用天然石材或是仿石材自然式布置。设在自然石矶或假山石驳岸之间,仿石块、荷叶或木桩造型,容易取得协调效果。

(2)规则式　有圆形、方形等造型,可用石材雕琢或耐水材料砌塑而成,适用于规整的环境。

2)汀步设计要求

在设置汀步时,必须保证游人的安全。汀步的基础要坚实、平稳,面石要坚硬、耐磨、防滑。为了方便,靠岸的石块要紧贴岸边。此外,汀步仅限于游人量不大的道路使用。多采用天然的岩块,如凝灰岩、花岗岩等,也可以使用各种美丽的人工石。砂岩则不宜使用。石块的形状,表面为防滑做成龟甲形,不可在石块表面雕饰凹槽,以防止积水及结冰。

汀步布置的间距应考虑人的步幅,我国成年人步幅为 56~60 cm,石块的间距可为 8~15 cm,石块不宜过小,一般应为 40 cm×40 cm 以上。汀步不宜过高,高出水面 6~10 cm 为宜。

安置汀步石块时,长边应与前进的方向相垂直,这样可以给人一种稳定的感觉。汀的布置石需能表现出韵律的变化,使作品具有生机和活跃感,富有音乐律动的美。设计者应充分考虑其周围环境特点,创造出与地形、地貌组合和谐的、具有个性的汀步。

我国传统园林,以处理水面见长,在组织水面风景中,桥和汀步是必不可少的组景要素,具有联系景点、

组织引导游览路线、点缀景色、增加风景层次的作用。

6.5 蹬道、台阶与铺地

6.5.1 蹬道与台阶

台阶和蹬道是一种特殊形式的园路,在园林建筑中主要作为垂直方向的联系手段,具有空间引导性,用以解决地形高差的问题。在构图上,它打破水平构图的单调感,增强了竖向空间的变化,丰富空间层次,增加空间的观赏性。

1)蹬道与台阶的类型

蹬道是局部利用天然山石、裸露岩石等凿出,或利用钢筋混凝土做的仿树桩、假山石等做成的上山的台阶。在自然风景区中多用此法,且依山就势开凿的蹬道,要保持自然的情趣,不可过多地使用现代的材料和造型。在现代园林设计中,多用蹬道的形式代替梯级,使自然的蹬道与周围环境结合,形成了自然山林的氛围,同时也增加了游人攀爬的兴趣。

梯级又称台阶,在现代园林中使用广泛,种类繁多,按材料不同可分为天然石材台阶、混凝土台阶、塑石台阶、竹木台阶等。空间类型可分为园路式、挡土墙式和立体式(图 6-65 至图 6-72)。

图 6-66 台阶与挡土墙结合

图 6-67 台阶与环境结合

图 6-65 台阶与种植池结合

图 6-68　台阶与花卉、植物结合

图 6-69　台阶与草本植物结合

图 6-70　台阶与绘画结合

图 6-71　台阶与水景观结合

图 6-72　台阶与草坪结合

(1)园路式　园路式梯级主要解决基本的交通联系功能为主,造型简单、风格朴实,多就地取材。可以用树桩、石板、混凝土等材料做成自然的造型,将其与周围环境相协调。

(2)挡土墙式　对于地形起伏变化不大,高差为 50 cm 以内的坡地上,应设置梯级并在其两端形成挡土墙。此类梯级在平面上曲折多变,在立面上形成了多样的空间,如在台阶两端形成了斜坡或挡土墙,可以种植植物,丰富空间层次。

(3)立体式　立体式梯级多用在高差变化的坡地上,且坡地的面积比较大,并与植物种植池相结合,突出绿化配景的效果。绿色的植物种植,打破了大面积的梯级的单调感,丰富了梯级的空间层次。

2)蹬道与台阶设计要点

梯级和蹬道设计要根据地面的坡度的大小而定。当坡度低于 12°时,不宜做台阶,适宜做成坡地;当地面坡度超过 12°,应设置梯级;当坡度超过 20°时,必须设置梯级;当坡度超过 35°时,在梯级一侧应设扶手栏杆;当坡度达到 60°时,则应做成蹬道。

梯级每节踏步的尺寸应符合人体的尺度。一般室外的踏步的高为 12~16 cm,宽为 30~35 cm,以高为 15 cm,宽为 35 cm 最佳。梯级的级为 8~11 级,最多不超过 19 级,当台阶超过 3 m 或改变攀登方形时,应设 1~3 m 的休息平台,供游人中途歇息。

梯级和蹬道设计应充分结合地形的变化,使台阶随地形起伏、曲折自如。同时,也可以引入瀑布跌水、花坛、花池、路灯等装饰性小品,丰富垂直空间的景观层次,增强游人的攀爬乐趣。

此外,梯级和蹬道的设计要注意安全防护。如踏面应做防滑处理,并保持 1% 的排水坡度。在平缓地段设置台阶时,要有提醒游人的标记,避免游人不注意绊倒。为了方便夜间行走,可以在台阶上设置照明装置。

6.5.2 铺地

园林设计中,在游人活动较为频繁的地方都要对地面予以铺装处理,这就是所谓的铺地。室内地面为了防潮及较少起沙,一般都要铺设水磨方砖。室外月台等大多使用条石铺地使其平坦。而在园路、走廊、庭园、山坡蹬道等处为防止积水或风雨侵蚀则常以砖、瓦、条石、不规则的石板、卵石以及碎瓷、缸片等材料,或单独使用,或相互配合,组成丰富多彩的各种精美图案,极具装饰效果。

对于园林意境的创造,园林铺地也会产生重要的作用,它除了本身的造型美之外,还赋予了图案纹样以文化内涵,并与周围环境结合,使园林更赋有意趣和诗意。铺地类型有以下几种。

(1)几何式图案铺地 它包括四方式、六角式、八角式、球门式、席纹式、斗纹式、香草边式、冰裂纹式、波纹式等(图 6-73、图 6-74)。

(2)植物式图案铺地 它包括海棠式、莲花式、万年青式、牡丹式、菊花式、山茶花式、石榴式等(图 6-75)。

(3)动物式图案铺地 它包括金鱼式、仙鹤式、梅花鹿式、凤凰式、蟾蜍式等(图 6-76)。

(4)器物式图案铺地 它包括金银锭式、葫芦式、宝剑式、聚宝盆式等。

(5)文字式图案铺地 它包括福字式、禄字式、寿字式、囍字式等。

(6)组合式图案铺地 它包括三元及第式、必定如意式、鹿鹤同春式、松鹤延年式、暗八仙式、凤穿牡

丹式等。

图 6-73 四方式铺地

图 6-74 波纹式铺地

图 6-75 荷花式铺地

图 6-76　仙鹤式铺地

6.6　园桌、园凳与园灯

6.6.1　园桌

园桌是园林中常见的服务小品设施，其造型丰富、风格多样，数量众多，是园林中必不可少的服务设施。园桌为游人就座休息、眺望远景、聊天、野餐、下棋、打牌等提供了方便，同时也以其优美精巧的造型，点缀园林景观，并发挥了组景和点景的功能。在道路边，河湖岸边，林荫广场下，园桌、园凳比比皆是，成为不可缺少的园林设施。

园桌设计具有以下几方面的要点。

(1)位置选择　园桌的设计应考虑人在户外休息时的心理习惯和活动规律，结合所处环境的特点和人的使用要求，来决定它的安放位置、座位数量和造型的特点。如南方气候温热，园桌宜设置在通风处；北方夏季干热、冬季寒冷，宜设置在落叶树的树荫下。园桌的设置应面向环境优美、视线良好的活动区域，以便为游人提供有景可赏的休息设施。

园桌设在园路两旁时，应退出人流路线，以免干扰人流路线，妨碍交通。如在园路尽头或园路拐弯处设置座椅可以形成小的聚会空间，避免人的干扰。在广场设置座椅时，一般采用周边式布置，可以保证交通流畅，同时有效的利用广场的景观空间。

园桌的布局因地制宜，灵活多样，可单独设置，也可与其他园林建筑小品组合在一起，如雕塑、假山石、花架、水池、花坛、大树等，这样可以形成良好的景观效果，同时为游人提供休憩的空间。

(2)尺度要求　园桌的设计应符合人体的尺度要求，使人坐着感觉自然舒服，不紧张。园桌的尺度设计体现了"人性化设计"的理念。园桌的高度为70～80 cm；四人桌宽度为70～80 cm。在儿童活动场所，可以降低尺寸，满足儿童的需求。桌面宜光滑，不存水。选材宜就地取材，造型不能有棱角，以免游人受伤。

6.6.2　园凳

园林作为供游人休息的场所，设置座凳是十分必要的，园椅座凳除了具有使用功能外，还具有组景和点景的作用。在公园绿地中设置形式优美的园椅座凳具有舒适游人的效果。

园椅座凳设置的位置多为园林中有特色的地段如池边、岸沿、沿旁、台前、洞口、林下、花间，或草坪道路转折处等。有时一些不便于安排的零散地也可以设置几组座凳加以点缀，甚至有时在大范围组景中，也可以运用座凳来分割空间。

园凳根据不同的位置、性质、其所采用的形式，足以产生各种不同的情趣。组景时主要取其与环境的协调。园凳既可以单独设置，也可以成组设置，既可以自由分散设置，也可以有规律地连续布置。园凳还可以和花坛等其他小品组合，形成一个整体。

1)园凳的分类

(1)直线形　直线形由纯直线构成的园凳，制作简单、造型简洁，常在下部带有向外倾斜的脚，扩大脚底面积，给人一种稳定的平衡感(图6-77)。

图 6-77　直线形园凳

(2)曲线形 曲线形由曲线构成的园凳,柔和丰满、流畅温馥、婉转曲折、和谐生动、自然得体,从而取得变化多样的艺术效果(图6-78)。

图6-78 曲线形园凳

(3)仿生或模拟形 仿生或模拟形是指借生活中遇见的某种生物形体而得到的启示,模拟生物构成,以"拟化"出最合理的设计。例如,造型取蛇体游动的流畅透迤,取得视觉上的轻巧韵律之感(图6-79)。

2)园凳的设计要求

(1)尺寸要求 一般座面宽为400~450 mm,相当于人的肩宽;座面的高度为380~400 mm,以适应人体脚步至膝关节的距离;附设靠背的座椅,靠背长为350~400 mm,根据环境场所空间的不同,其尺寸可以适当调整。

由于园凳的主要用途是供游人休息,所以要求其造型符合人体工程学的要求,就座舒适、有一定曲线。而座椅的适用程度主要取决于坐板与靠背的组合角度及椅凳各部分的尺寸是否恰当。

图6-79 模拟形园凳

(2)位置选择 园凳作为休憩类园林小品宜选在游人需要停留休息之处以及有景可赏之处,如广场周边、林荫路旁、湖面沿岸、山腰休息台地等。

其设置的距离与数量和园林的多种因素有关。首先,与园林的性质有关,居民区的小游园、街心花园等游人密集区,并且停留、就座、休息时间长,因此,园凳设置的密度要求较大。而大型自然风景区园凳设置密度则相对较小些。在自然风景区中,休息设施的最大距离不宜超过400 m。其次,水体四周、小气候条件好,或者功能上属于安静休息去的地段应设设置座椅。设在道路两旁的园凳,应退出人流路线之外,以免人流干扰、妨碍交通。

(3)材料选择 园凳应坚固耐用,不易损坏、积水、积尘,有一定的耐腐蚀性、耐锈蚀的能力,便于维护。

在表面处理上,除喷漆工艺外,还可以对木材进行染色;使用混凝土、铝合金或镀锌板等材料也可以使园凳具有良好的视觉效果。

6.6.3 园灯

园灯既具有照明的使用功能,又具有点缀、装饰园林环境的造景功能。白天可以利用灯的造型点缀景观,装饰环境,夜晚则为游人照明道路,增强景观的外部造型,利用灯光提供绚丽的照明效果,塑造出层次丰富园林景观。

1)园灯的类型

在园林环境中,园灯的种类很多,可以从不同角度进行分类。按灯具高度可分为高杆灯、路灯、庭园灯、地埋灯及水下灯等。

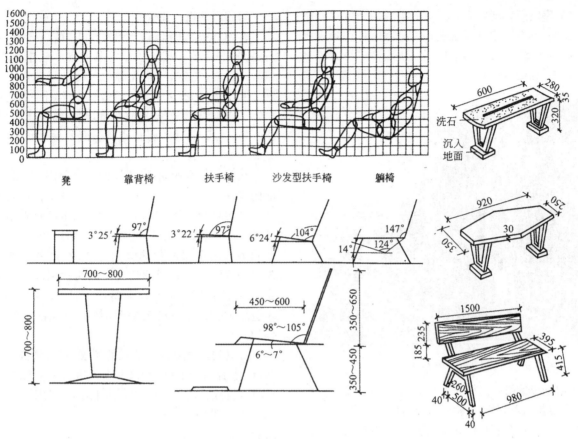

图6-80　园凳尺寸(单位:mm)

(1)高杆灯　主要应用于大面积场所的水平照明,高度可达15~50 m,照度均匀,眩光效应较低。主要使用于高速路、立交桥、机场、港口、广场、停车场等大型空旷场所,在景观照明中,主要以广场、停车场、道路交叉口为主(图6-81)。

(2)路灯　高度为6~9 m,提供城市主干道和行车道照明的工具。路灯的首要功能是为行人和车辆提供安全的照明。在园林环境中,路灯因服务的道路类型不同,还具有美化环境的作用。因此,路灯要求坚固结实,造型美观,并与周围的环境相协调(图6-82)。

图6-81　高杆灯

图6-82　路灯

(3)庭园灯　高度为 3～5 m,主要用于景观园路沿线照明,具有一定的景观装饰性。庭园灯在景观照明中的应用非常广泛,包括广场、公园、住宅小区等户外开放空间(图 6-83)。

图 6-83　庭园灯

(4)低位置灯　高度为 1.2 m 以下,应用于景观照明中主要是指草坪灯、护栏灯、地埋灯、低位投射灯、水下灯等。低位照明低于人的视点,容易引起人们的注意,要求具有精美的造型(图 6-84)。

图 6-84　低位置灯

2)园灯的设计要点

在园林中常用的电光源有白炽灯、卤钨灯、荧光灯、发光二极管(LED 灯)、高强度气体放电灯(HID 灯)、光纤灯、霓虹灯等,光源的照度和显色性各不相同。低压 12 V 的卤钨灯已成为园林照明的主流光源。LED 是半导体冷光源,没有热量,没有辐射,LED 灯节能高效,体积小,可以做成点、线、面各种形状,属于典型绿色照明光源。

在园林景观照明中,光源的选择要满足其景观功能的需求。草坪灯、地埋灯、水景灯、轮廓照明灯等小功率光源可以选择 LED 灯、光纤灯、节能灯等节能光源,也可选用太阳能灯具。而道路两侧、植物、庭园等照明多选用金属卤化物灯作为光源,这种光源寿命长,灯效高。例如,园林建筑的照明常用泛光照明结合 LED 灯轮廓照明。LED 灯电压低、发热量小且易于造型,可以勾勒建筑轮廓,并使一些古建筑得以保护。

灯具的选择要符合造景的需求,并与周围环境相协调,特别注意灯具在夜晚和白天的景观效果的变化。同时,选择的灯具要节能,安全低压,如太阳能、LED、光纤等小型灯具。常用灯型的基本特点,如表 6-3 所列。

表 6-3　常用灯型的基本特点

光源种类	光效(lm/W)	特征
白炽灯	10～14	光源色彩偏黄,常用于轮廓照明,水上照明等,价格便宜
荧光灯	60～80	光谱接近日光,是一种应用广泛的灯源
高压汞灯	55～60	建筑物立面和植物的投光照明,广场照明等
金属卤化物灯	60～90	适合于显示性要求较高的场所
高压钠灯	55～60	泛光灯照明,不适合植物照明
低压钠灯	200	适合于轮廓照明、重点照明,桥、门等建筑照明
光纤灯	150～250	室外水下水景照明、建筑物或构筑物轮廓照明
LED 灯	70	应用广泛,轮廓照明、植物照明、建筑照明等

3)景观照明方式

(1)泛光照明 泛光照明通常通过投光灯来实现，目的是大量增加被照物体相对于周围环境的光的强度，使被照物体从周围环境中分离出来。投光灯是利用反射或玻璃透镜将光线聚集投光照明器内，以获得高光强照明的灯具。其投光照明器可改变照明方向和面积的大小。照明器的光束角小，光束窄，投射距离远且面积小，形成掠射照明，突出墙面的质感；光束角小则大光束宽，投射距离近且面积大，形成"墙面漫射"。投光灯光色好，所用的照明器功率小，在园林景观照明中得以广泛应用。

投光灯选择不同的方向可以产生不同的灯光效果。园林中常用上投照明和下投照明，即用投光灯从上往下照，或从上往下照，光线区域呈伞形。下投照明光线柔和，多用于必要的安全照明和外观照明。上投照明多用于树木、雕塑、建筑的正面或墙面的照明，光源从树叶的背面照射，可以很好地体现树叶、树枝的质感。

(2)轮廓照明 采用线状光源或由点光源组成的线形来勾勒出各种园林构筑物的结构、装饰物的线条。此种照明适合大型的园林建筑物，如传统园林建筑、小桥、花架等的照明。照明的维护费用大，处理不当会影响白天的景观效果。常用的光源有霓虹灯、LED 灯、光纤照明系统等。

(3)月光照明 利用灯具的设置形成月光的效果。将灯具安放在树上，一部分向下照射，将树枝树叶斑驳的影子投在地上；一部分向上照射，显示树木的整体轮廓，两种光在树冠里交汇，形成满月下树木的样子。

4)园林要素景观的照明

(1)植物照明 对于植物的照明，应首先研究植物的形状特征，掌握基本的照明方式，并选择适合的光源类型，合理控制光束角，选择合适的光色。植物照明的基本方式为上投照明和下投照明。乔木、灌木、花草可以根据各自的形态和配置形式合理设置植物照明。

上投照明可应用于乔木、灌木的装饰照明，光从树叶的下方向上照射，树的整体轮廓和叶的形态显示比较清晰。下投照明可以用于草坪，花卉和地被植物等低矮植物照明。

植物的装饰照明光源的选择要与植物的色泽相结合。一般适用于植物色泽的光源有金卤灯、卤素灯和荧光灯。其中，卤素灯和荧光灯可形成 3～5 m 的光照区域，适合灌木和小乔木。金卤灯可形成 6～8 m 的光照区域，适合表现中等和高大的树木。用彩色光照明时，应与植物的色彩一致，不宜用彩灯改变植物色彩。

灯具光束角度的大小，与树木的形态有直接的关系。常规树形照明，光束角最大不要超过 35°；垂直树形，如垂柳等，投光方向应为 15°～40°；柱状树，如圆柏等，应使用窄光束照明，强调树木的质感；小灌木最适合下投照明。

此外，植物照明中，一般主要照射树冠，且不成熟的小树不适宜装饰照明。投光灯的位置不提倡安放在树上，以免影响树木生长。

(2)水景照明 水景照明是园林景观独有的照明方式，根据水的形态可分为动态水和静态水照明。根据灯的位置可分为水上照明、水下照明。

水上照明常用泛光灯安置在附近的建筑或树上，采用下投照明，使水面光较均匀。这种照明安置和维护费用低，一般的室外灯都可以使用。

水下照明是将照明灯具安装的水面之下。水下照明与水结合可产生魔幻的效果，喷出的水流在夜晚的灯光下多姿多彩，潺潺的水流在光线的照射下，显得灵动妖娆。水下照明灯具中，光纤灯具有独特的优势被广泛应用。光纤灯在水下可以变换多种颜色，而光源不在水中，提高了使用的安全性。

静态水如池塘、湖面等可以采用水上照明和水下照明。水下照明着重表现水池的形状、池壁、装饰材料的质感。也可以用窄光束的水上照明，体现波光粼粼的景象。

动态水可细分为喷泉、瀑布、涌泉、溪流、跌水、水帘等。对于瀑布或水幕的照明灯具应安装在水流下落出的水池底部。对于流水或落差小的跌水，灯具应安装在水流下落处或阶梯底部。喷泉照明的灯具应安放在喷嘴周围以及喷水水花散落处。对于在对水环境的照明应注意两个问题：一是解决水与光环境视觉上的协调统一；二是解决好电与水环境之间的安全问题。

(3)园林建筑及雕塑小品的照明 园林建筑照明主要采用泛光照明和轮廓照明相结合的方式。首先，采用泛光照明将园林建筑整体从周围的环境中分离出来。其次，用轮廓照明将建筑的外轮廓进行加强。为了突出建筑的顶，可以在建筑檐口处安置上射照明，突出屋面的质地。为了突出建筑细部结构，可以在建筑内部构建中设置投光灯，增强照明效果。彩色光在建

筑物外观照明中尽量谨慎使用。景观雕塑照明常用上射照明和下射照明两种方式。

对于360°观赏的立体雕塑，下射照明可在纹理细部的下面创造阴影，对人物雕塑照明光可使友善的表情变得恐怖及丑陋，这时从侧向补光，以减少阴影，一般情况下宽光束更为适宜。但是多数的情况是没有下射照明的灯位，上射照明成了唯一的选择。上射照明灯具若离雕塑过近，将会产生拉长的阴影，对于雕塑的表现将带来消极的影响。将灯具离开雕塑一定距离，用以减少阴影。

对于180°范围的雕塑或浮雕，照明灯具通常位于雕塑前方。在雕塑的正面布置灯具，质感不明显。在雕塑两侧设置灯具，光线更加自然，用一个窄光束一个宽光束进行照射，质感更加强烈，也可使用正面泛光照明，侧面掠射照明，增强雕塑的质感和细节。当然也可以不照射雕塑，只照明雕塑背景，形成雕塑剪影的效果。

雕塑照明设计要将雕塑主体、基座、环境景观元素统一考虑，并根据雕塑的材质和纹理以及反光灯特点控制整体的照明亮度，及雕塑各部分之间的亮度比例。

5）园灯设计注意事项

（1）避免眩光 产生眩光的原因主要有：一是光源位于眼睛水平线上、下30°视角内；二是直接对视没有防护措施的光源易于产生眩光。避免眩光解决的措施有如下几种：确定恰当的高度，使光源位于产生眩光的范围之外或将直接光源换成散射光源，如加乳白色灯罩等；还可以在安置灯具时，将光源隐藏起来，避免人眼接触产生眩光。在园林景观照明中，多采用低压系统，不用埋设管线。可用变压器将高压转为12 V电压不会对人产生危险。

（2）保留透视线，强调景深 夜晚的灯光看着觉得近在咫尺，其实却相距很远，灯光具有误导尺度感的作用。可以利用这种特性营造透视和层次感。可以采用散点透视，也可用一点透视增强景深。在一点透视时，可采用远景亮度最强，前景次之，中景最暗的方式来增强景深，这种方式可拉开近景和远景之间的空间位置，使空间层次感更强。在夜晚，通过灯光将园林景观营造出不同于白天的全新的景观效果，展现出全新的景观层次。

（3）绿色照明 它指通过科学的照明设计，采用高效率、寿命长、安全和性能稳定的电器产品，创造一个高效、舒适、安全、经济、有益环境的体现现代文明的照

明。随着科学技术的发展，LED灯、光纤灯、节能灯、太阳能灯等新型的灯具在城市照明中被广泛运用，也为实现绿色照明提供了技术支持。

（4）避免光污染 广义地说，光污染是过量的光辐射，包括可见光、紫外与红外辐射对人体健康和人类生存环境造成的负面影响的总称。例如，玻璃幕墙的反射和折射，建筑、道路、广场及交通的照明，园林山水的照明所产生的溢散光、天空光、眩光、反射光。在园林照明中，要严格控制照明的运行时间，在使用频率较低的时段，关闭部分照明；使用投光灯或聚光灯时，务必将光瞄准被照物，应特别注意光束角的应用，并增加反射板和遮光装置来控制溢散光；对于颜色较浅反射性强的材质，要降低照明的强度；照明灯具远离房屋等措施都可以有效地减少光污染。

知识链接：相关术语解读

（1）光照度 它是指发光体照射在被照物体单位面积上的光通量，即光源照在物体上强弱用照度表示。

（2）显色性 它指光源对物体颜色呈现的程度，通常叫显色指数，用Ra表示。

（3）光束角 它指在垂直光束中心线之一平面上，光强度等于50%最大光强度的两个方向之间的夹角。光束角反应在被照墙面上就是光斑大小和光强。同样的光源若应用在不同角度的反射器中，光束角越大，中心光强越小，光斑越大。

6.7 栏杆、花格和隔断

6.7.1 栏杆

栏杆在园林环境中，起到分割空间和安全防护的作用，同时也可以美化环境，点缀装饰园林，丰富园林空间层次。栏杆是园林空间中重要的装饰小品和边装，应用的范围广，数量多，选用的材料丰富，如石材、竹材、木材、金属、钢筋混凝土等皆可选。此外，曲折道路两侧的栏杆，可以组织疏导人流交通、划分活动区域。园桌、园凳还可以与亭、廊、花架等建筑结合在一起，尤其是设在风景优美地段，园林更加秀丽。

1）栏杆的功能作用

（1）防护作用 普通性质的栏杆多依附于建筑物，

而园林中的栏杆则多为独立设施，并具有较好的防护功能。一般而言，防护功能的栏杆常设在园地环境的四周与城市道路结合的部位，具有明显范围界定的防护功能。

(2)分隔空间的作用　园林栏杆是划分园林空间的要素之一，多用于开敞空间或特定局部空间的分隔。开阔的原理空间，给人以空旷之感，若以栏杆的形式进行功能性的空间划分，不但不会阻断空间，反而会使空间之间的功能联系更为紧密。

(3)装饰作用　栏杆是装饰性很强的园林小品之一。对园林环境中的栏杆，美观实用是考虑的第一因素。

2)栏杆的设计要点

(1)位置的选择　栏杆的位置选择要与其功能结合。作为防护性栏杆，一般设在交通危险地段，如岸边、崖边、桥上、码头等，应保证其坚固、稳定、通透、美观。如自然风景区盘山道上设置的防护性栏杆，多用透空栏杆，以保证自然景色的完整性。

一般设在活动区域，或绿地、花坛、草地、树池的周围作为分割性或装饰性栏杆使用，要求造型美观、简洁，栏杆宜矮，忌烦琐，否则易喧宾夺主(图6-85)。

(2)尺度的要求　园林栏杆尺度要与环境相适宜，使游人产生宜人的尺度感。如在开阔的空间设置栏杆，人们可以倚栏远眺，给人以依附和安全感。在小空间设置小尺度的栏杆，通过对比，可以扩大空间的尺度感。

栏杆的高度由其功能确定。维护性栏杆高度为90～120 cm；悬崖石壁上的防护性栏杆为110～120 cm；分割性栏杆为60～80 cm；装饰性栏杆为15～40 cm；坐凳式栏杆为35～45 cm，如图6-85所示。

图6-85　栏杆

栏杆要求坚固耐用，以免增加安全隐患。栏杆的立柱要保证有足够结实的基础，立柱间的距离不宜过大，一般为2～3 m。

(3)与环境的协调　栏杆设置要与周围环境相协调，才能得到相得益彰的效果。在狭长的环境中，宜采用贴边布置，以充分利用空间；在宽敞的环境中，可采用展示性栏杆围合空间，构成一定可视范围的环境；在背景景物优美的环境中，可采用轻、通透的造型，便于视景连续；反之，则采用实体墙。

栏杆的式样繁多，但其造型需与周边的环境风格相配合。如在宏伟的环境内，必须配合坚实而有庄重感的栏杆，在精致的环境内，则要小巧玲珑。

栏杆的形式和虚实也与其所在环境，组景有密切的关系。例如，临水宜多设置空栏，避免视线受到过多的阻碍，以便更好地观赏园林水景。

6.7.2　花格与隔断

凡在园林中起分隔空间作用，同时它本身也构成园林中之一景的镂花或园林小品，均可称之为空间隔断。它的特点是功能简化明了，体量玲珑小巧典雅别致，形式多种多样。它对丰富园景、增添园趣起着明显作用，为人们所喜闻乐见。花格是隔断的常见装饰方式，嵌入隔断之中。花格的形式通常为万字花格、扇形花格、炉桥花格、人字花格、套格、连脚挽、寿字圈和冰梅纹等。隔断的分类有以下几种。

(1)景窗式　该形式常见于园林围墙。景墙不仅可使平板的墙面产生变化，而且在分隔景区时，可使空间似隔非隔，景物若隐若现，富于层次。该形式在我国古典园林中比比皆是。其景窗的形式有方长、横长、直长及其多种变化变形，还有圆形、六角形、八角形、扇形等。窗框的做法除去常用砖砌之外，当代较多的用预制混凝土框或水泥砂浆粉制。有的是在景框内，用铁片、钢筋做骨架，然后以麻丝逐层裹塑成多种不同形象。有的用小青瓦、塑砖排成多种多样图案，或嵌以琉璃竹节，彩色玻璃。空间窗上可放置小盆花，后面可配置翠竹山石、棕榈、芭蕉及常绿小乔木。

(2)博古式 该形式常与柱、墙成为一体，组成不规则的几何图形，使柱子之间的墙壁似有非有，空间似隔非隔，造成通透并富有装饰趣味的效果。博古式可根据格子的大小，分配以小型树桩或山水盆景，也可以插花或树根造型，均能给人以美的享受。博古式的做法过去常用名贵木材制作外，现在常采用混凝土或水磨石预制板。

(3)花格式 该形式多用混凝土花格或水磨石花格预制或拼砌。同样两种花格，由于组成方式不同，可以拼砌成几种不同的花样。为造成虚实对比之效果，花格底部常砌上一定高度的砖墙，花格上部以混凝土压顶，并分别用瓷砖贴面或水刷石加以装饰。花格两侧或与柱相接；或与园林建筑连为一体。因花格经济美观，经久耐用，近年来，在园林建筑中极为普遍。

(4)栅栏式 该形式多以垂直于地面平行排列的板片或金属杆组成。为不使过于单调，板片中可嵌以水磨石预制板。无论是花斗，还是预制板都要注意高低错落。看似栅栏或隔断是与混凝土预制框相连，组成造型新颖别致的景门。栅栏的材料多用水磨石、大刀片或方钢、圆钢其距离一般在 15 cm 左右。近年来，空间隔断在园林中更多的则是任意两种形式的组合。这样显得更富于变化，容易与周围环境协调搭配组成园景。

景窗式

博古式

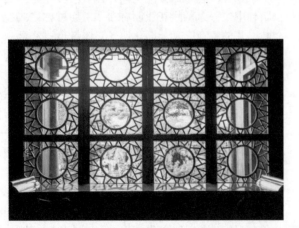
花格式

栅栏式

图 6-86　隔断类型

习题

1.园林建筑小品在园林中的作用有哪些?

2.园林建筑小品的设计要点有哪些?

3.在园林中,园灯的照明方式有哪些?

4.结合本地的某公园的照明情况,分析园林照明的注意事项有哪些?

5.分析景墙在园林中的作用,并实测你周围的园林环境中的景墙。

参考文献

北京市建设委员会.中国古建筑修建施工工艺[M].北京:中国建筑工业出版社,2011.

成玉宁.园林建筑设计[M].北京:中国农业出版社,2009.

程双红.浅析园林景观设计中的立意[J].广东园林,2013(2):26-30.

戴秋思,杨玲.古典园林建筑设计[M].重庆:重庆大学出版社,2014.

窦奕.园林小品及园林小建筑[M].合肥:安徽科学技术出版社,2003.

杜汝俭,李恩山,刘管平.园林建筑设计[M].北京:中国建筑工业出版社,1986.

封云.相地因借——中国园林的造园之法[J].同济大学学报(社会科学版),2003,14(1):9-13.

冯楚盼.现代景观中景墙设计研究[D].广州:华南理工大学,2014.

冯钟平,中国园林建筑[M].2版.北京:清华大学出版社,2000.

华予.现代公园景观小品设计研究[D].南京:南京林业大学,2012.

《建筑设计资料集》编委会.建筑设计资料集[M].2版.北京:中国建筑工业出版社,1994.

蓝力民.城市标志性景观、标志性建筑与地标概念辨析[J].城市问题,2013(4):7-10.

李慧峰.园林建筑设计[M].北京:化学工业出版社,2011.

李鑫.景观照明设计与应用[M].2版.北京:化学工业出版社,2014.

李延龄.建筑设计原理[M].北京:中国建筑工业出版社,2011.

梁美勤.园林建筑.北京:中国林业出版社,2003.

梁思成.《营造法式》注释[M].北京:新知三联书店,2013.

梁思成.清式营造则例[M].北京:中国营造学社,1934.

刘敦桢.中国古代建筑史[M].2版.北京:中国建筑工业出版社,1984.

刘福智.风景园林建筑设计指导[M].北京:机械工业出版社,2007.

刘欢昱子.园林景观照明初探[D].北京:北京林业大学,2007.

刘先觉,潘谷西.江南园林图录:庭园,景观建筑[M].南京:东南大学出版社,2007.

刘先觉.现代建筑理论[M].北京:中国建筑工业出版社,1998.

刘霄峰.古典园林的启迪——析中国古典园林对现代建筑设计之影响[J].中国园林,2004(8):8-11.

刘晓平.当代标志性建筑的比较认知与批评模式探讨[J].中外建筑,2015(1):72-77.

卢济威,王海松.山地建筑设计[M].北京:中国建筑工业出版社,2001.

陆琦,岭南园林艺术[M].北京:中国建筑工业出版社,2004.

马辉.景观建筑设计理念与应用[M].北京:中国水利水电出版社,2010.

孟兆祯.风景园林工程[M].北京:中国林业出版社,2012.

宁荣荣.李娜.园林建筑设计从入门到精通.北京:化学工业出版社,2016.

彭科,黄耀志.城市景观中的标志性建筑空间形态与文化[J].低温建筑技术,2008(2):23-24.

彭一刚.建筑空间组合论[M].北京:中国建筑工业出版社,1983.

苏晓毅.中国园林建筑的艺术魅力[J].南京林业大学学报(人文社会科学),2004(1):89-91.

孙卫华,俞海洋.名城名胜地区标志性建筑设计浅论[J].南方建筑,2006(1):77-80.

王受之.世界现代建筑史[M].北京:中国建筑工业出版社,1999.

王晓俊,陈蓉,王萌.园林建筑设计[M].南京:东南大学出版社,2004.

魏晓,董莉莉.民用建筑设计原理[M].武汉:华中科技大学出版社,2016.

吴雪梅.基于景观空间内涵表达的雕塑艺术应用研究[D].长沙:中南林业科技大学,2016.

吴卓珈,园林建筑设计[M].北京:机械工业出版社,2008.

邢双军.建筑设计原理[M].北京:机械工业出版社,2008.

闫寒.建筑学场地设计[M].北京:中国建筑工业出版社,2006.

闫启文.景观雕塑基本概念辨析的再认识[J].青年文学家,2013(4):144-146.

翟红军.论园林中的空间隔断[M].科技信息.2008.03.

张浪,图解中国园林建筑艺术[M].合肥:安徽科学技术出版社,1996.

张良,负禄.园林建筑设计[M].北京:黄河水利出版社,2010.

赵晓峰.禅与清代皇家园林——兼论中国古典园林艺术的禅学渊涵[D].天津:天津大学,2003.

赵长庚,西蜀历史文化名人纪念园林[M].成都:四川科学技术出版社,1989.

周初梅.园林建筑设计[M].北京:中国农业出版社,2009.

周初梅.园林建筑设计与施工[M].北京:中国农业出版社,2002.

周维权.中国古典园林史[M].北京:清华大学出版社,2008.

朱瑾.建筑设计原理与方法[M].上海:东华大学出版社,2009.